U0244237

国家自然科学基金（12426531）

河南省高校科技创新人才计划（22HASTIT019）

GUZI FANGCHENG JINGQUEJIE JIQI
XIANGGUAN XINGZHI YANJIU

孤子方程精确解及其
相关性质研究

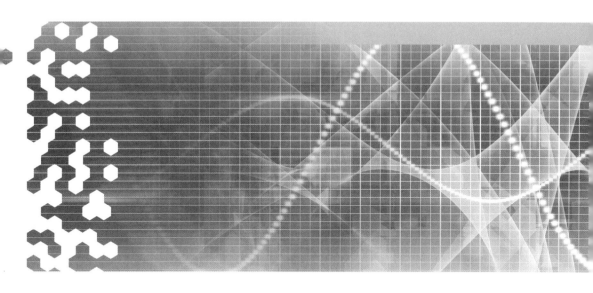

魏含玉 郭汉东 张燕 ◎著

中国财经出版传媒集团

经济科学出版社
Economic Science Press
·北京·

图书在版编目（CIP）数据

孤子方程精确解及其相关性质研究／魏含玉，郭汉东，张燕著．－－北京：经济科学出版社，2025.1.

ISBN 978 – 7 – 5218 – 6144 – 0

Ⅰ. O241.7

中国国家版本馆 CIP 数据核字第 2024W4664Y 号

责任编辑：周国强
责任校对：徐　昕
责任印制：张佳裕

孤子方程精确解及其相关性质研究

GUZI FANGCHENG JINGQUEJIE JIQI XIANGGUAN XINGZHI YANJIU

魏含玉　郭汉东　张　燕　著

经济科学出版社出版、发行　新华书店经销

社址：北京市海淀区阜成路甲 28 号　邮编：100142

总编部电话：010 – 88191217　发行部电话：010 – 88191522

网址：www. esp. com. cn

电子邮箱：esp@ esp. com. cn

天猫网店：经济科学出版社旗舰店

网址：http://jjkxcbs. tmall. com

固安华明印业有限公司印装

710 × 1000　16 开　17 印张　300000 字

2025 年 1 月第 1 版　2025 年 1 月第 1 次印刷

ISBN 978 – 7 – 5218 – 6144 – 0　定价：98.00 元

（图书出现印装问题，本社负责调换。电话：010 – 88191545）

（版权所有　侵权必究　打击盗版　举报热线：010 – 88191661

QQ：2242791300　营销中心电话：010 – 88191537

电子邮箱：dbts@ esp. com. cn）

前　言

随着人类对自然界认知能力的不断提高，以及科学技术研究的不断深入，人们在诸多领域，例如：数学、物理、化学、生物、经济等，都遇到了大量的非线性问题，这些问题往往需要用非线性演化方程或方程组的形式给出，这些非线性关系的存在，使得我们的自然界更加丰富多彩。另外，由于非线性关系的复杂性，才使得这些非线性方程具有更加美妙的数学结构与性质，从而引起数学家与物理学家的极大兴趣。非线性科学和复杂性研究已经成为人们研究的热点，其研究的三个重要主题是混沌、孤子和分形。其中，孤子代表非线性科学中无法预料的有组织行为，它其实是非线性系统中色散与非线性两种作用互相平衡的结果，它的研究在自然科学的各个领域都起着非常重要的作用。它将应用数学与数学物理完美的结合在一起，不仅促进传统数学理论的发展，而且在光纤通信、等离子体、磁流体、浅水波等物理上也表现出非常广阔的应用前景。与此同时，孤立子已渗透到几乎所有的自然科学领域，对数学分支以及数学交叉学科的研究有重要影响和促进作用。

如何求解偏微分方程是一项在理论和应用上都非常重要的课题。寻求方程的精确解不仅有利于了解方程的本质属性和代数结构，而且有助于对它们所反映的现实自然现象进行分析和研究。而非线性偏微分方程的求解难度很大，目前仍有很多重要的方程无法给出其精确解。但在孤子理论中已经有一批行之有效的求精确解的方法，例如，反散射方法、达布变换方法、Lie 群分析方法、Lax 对非线性化方法、Lax 矩阵有限阶展开方法、Hirota 双线性方法、Riemann-Hilbert 方法等等，其中很多都是构造性和代数化的方法。

可积耦合是孤子理论一个新的研究方向，利用 Lie 代数构造可积系统及其可积耦合是近年来研究的热点。可积耦合是在研究可积系统的无中心 Virasoro 对称代数时产生，它是获得新可积系统的重要方法，它们拥有更丰富的数学结构，同时也为多分量可积方程的完全分类提供了思路。

质量守恒、动量守恒和能量守恒是物理学中的三大守恒律。守恒律一直是数学和物理中的重要研究对象，它们可以表示为某些物理量的守恒，通常在数学上也是十分有趣的。无穷守恒律、无穷对称和多 Hamilton 结构是可积系统的三大代数特征，这三个特征通过守恒量、守恒协变量、梯度、递推算子和遗传强对称等实现内在联系，在孤子理论中，守恒律起着重要作用。

本书共分 8 章，第 1 章为绪论，简单介绍 Riemann-Hilbert 方法、Hirota 双线性方法及其性质、常见局域波解介绍、可积耦合、守恒律和自相容源。第 2 章介绍了非齐次五阶非线性 Schrödinger 方程的 Riemann-Hilbert 问题和非线性动力性。第 3 章介绍了双折射或双模光纤中耦合高阶非线性 Schrödinger 方程的 Riemann-Hilbert 方法及其非线性动力性。第 4 章介绍了阿尔法螺旋蛋白中三分量四阶非线性 Schrödinger 系统孤子解及其非线性动力行为研究。第

5 章介绍了广义 BLMP 方程的 Lump 解和 Lump-扭结孤子解。第 6 章介绍了流体力学中广义 $(3+1)$-维 Jimbo-Miwa 方程的高阶 Lump 解、高阶呼吸解和混合解。第 7 章介绍了 $(3+1)$-维广义 Yu-Toda-Sasa-Fukuyama 方程的动力性。第 8 章介绍了几个孤子方程族的可积耦合、守恒律和自相容源。

本书的主要内容是作者近年来在可积系统方面的部分研究成果，其中部分内容已在国内外学术期刊上发表，也有部分成果曾与国内外相关专家讨论过，得到他们的大力支持与帮助，衷心感谢楼森岳教授、屈长征教授、马文秀教授、朱佐农教授、刘甲玉副教授等专家的指导与帮助，特别感谢夏铁成教授、范恩贵教授的热心指导与帮助。本书得到国家自然科学基金（12426531）、河南省高校科技创新人才计划（22HASTIT019）、河南省高等教育教学改革研究与实践项目（学位与研究生教育）（2021SJGLX219Y）和河南省高校人文社会科学研究项目（2025-ZZJH-059）的支持。

由于作者水平有限，书中不当之处，敬请读者批评指正。

作　者

2024 年 3 月

目　　录

第1章

绪　　论

　　孤立子与可积系统的发现及其数学物理特征的深入研究是近年来非线性理论中的重大进展之一，这些系统基本都与非线性问题相关，这些问题需要用非线性演化方程（大多是非线性偏微分方程）来表示。由于非线性关系的复杂性，才使得这些非线性方程具有更加美妙的数学结构与性质，从而激起数学家与物理学家的极大兴趣[1]。非线性科学和复杂性研究已经成为人们研究的热点，其研究的三个重要主题是混沌、孤子和分形。其中，孤子代表非线性科学中无法预料的有组织行为，它其实是非线性系统中色散与非线性两种作用互相平衡的结果，它的研究在自然科学的各个领域都起着非常重要的作用，将应用数学与数学物理完美地结合在一起，不仅促进传统数学理论的发展，而且在一些新兴分支学科上也表现出非常广阔的应用前景。

1.1 Riemann-Hilbert 方法

1900 年，德国数学家希尔伯特（Hilbert）在巴黎数学国际会议上提出了著名的 23 个问题[2]，其中第 21 个问题为具有给定单值群的线性微分方程解的存在性证明，即 Riemann-Hilbert 问题，定义为：

设复平面$\mathbb{C}$上的一条有向路径为 Γ，在 Γ 上存在一个光滑映射 $J(z)$，则由（Γ，J）确定一个 Riemann-Hilbert 问题，即寻找一个 $n \times n$ 矩阵 $m(z)$，且满足：

（1）解析条件：$m(z)$ 在 $z \notin \Gamma$ 上解析；

（2）跳跃条件：$m_+(z) = m_-(z)J(z)$，$z \in \Gamma$；

（3）规范条件：$m(z) \rightarrow \mathbf{I}_n$，$z \rightarrow \infty$。

其中，$m_\pm(z)$ 表示正负区域内当 $z' \rightarrow z$ 时 $m(z)$ 的极限，即：

$$m_\pm(z) = \lim_{z' \rightarrow z} m(z'), \ z' \in (\pm)$$

图 1.1 显示，当沿着 Γ 行走时，通常把位于路径左侧的区域称为正区域，而位于路径右侧的区域称为负区域。可积系统的 Riemann-Hilbert 方法起源于 1975 ~ 1979 年马纳科夫（Manakov）、沙巴特（Shabat）和扎哈罗夫（Zakharov）的工作。此后 Riemann-Hilbert 方法逐渐成为研究现代数学问题的一个有效的分析工具，它在孤子理论中得到了广泛的应用。在 20 世纪 80 年代初，金博（Jimbo）等首次将 Riemann-Hilbert 方法用于量子精确可解模型。在 20 世纪 80 年代末和 90 年代。戴夫（Deift）、周星（Zhou）和伊茨（Its）进一步发展了该方法。1991 年，富克茨（Fokas）和伊茨（Its）给出了正交多项式和矩阵模型的 Riemann-Hilbert 方法。随后，该方法帮助解决了随机矩阵和随机排列中正交多项式渐近性中一些长期存在的问题。Riemann-Hilbert

方法在研究具有特定初始数据可积系统的精确解和长时间渐近性方面起着关键作用。

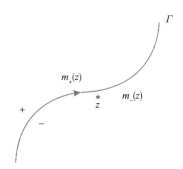

图 1.1 Riemann-Hilbert 问题的解析区域和跳跃曲线

Riemann-Hilbert 方法在研究具有特定初始数据可积系统的精确解和长时间渐近性方面起着关键作用。近些年，国内外学者利用该方法在可积系统的多孤子解研究中取得了很大进展，研究成果丰富。美国南佛罗里达大学马文秀教授研究了耦合 mKdV 系统等[3-6]，郭柏灵院士团队研究了耦合导数非线性 Schrödinger 方程等[7]，范恩贵教授团队研究了 Kundu 型方程等[8,9]，耿献国教授团队研究了广义 Sasa-Satsuma 方程等[10,11]，贺劲松教授团队研究了二分量 GI 方程等[12]，王灯山教授团队研究了广义耦合非线性 Schrödinger 方程等[13]，夏铁成教授团队研究了 N 耦合 Hirota 方程等[14]。

1.2 Hirota 双线性方法

1971 年，日本著名学者广田（Hirota）提出了求解孤子方程的双线性方法（又称 Hirota 方法或直接方法），这种方法的实质是通过相似变换，将孤子方程简化为双线性形式，进而改写成双线性导数方程。然后利用摄动方法将一个级数展开形式的解代入到双线性方程中，比较方程中参数的同次幂系数，通过截断可以得到原方程的单孤子解、双孤子、3-孤子解等具体的表达式，并且通过数学归纳法可以得出 N-孤子解的一般表达式。Hirota 双线性方法以双线性导数为工具，只与求解的方程有关，而不依赖于方程的 Lax 对，因而它具有简洁、直观的鲜明特点，已经有效地解决大量的非线性偏微分方程的求解问题[15]。

近年来，许多学者一直致力于双线性方法的各种推广和应用，使双线性方法得到了更好的发展和拓宽。该方法不仅可以求得孤波解，还可以求出其他形式的解（如周期解、共振解、有理解、呼吸解、Lump 解、怪波解等）。例如：大石（Oishi）推得了孤子与波纹的碰撞解[16]；广田（Hirota）、伊托（Ito）求得孤子的共振解[17]；萨苏玛（Satsuma）、阿布罗维茨（Ablowitz）、松野（Matsuno）和马文秀都以双线性方法为基础，分别以不同的技巧求得 KP 方程的 Lump 解[18,19]；此外，还有国内学者楼森岳、胡星标、陈登远、张大军、邓淑芳、张翼、陈勇、柳银萍等人都对此方法的发展作出了巨大贡献。

1.2.1　双线性 D-算子定义

定义 1.1　假设 $f(x, y, z, t)$ 和 $g(x, y, z, t)$ 是关于变量 x，y，z，t 的可微函数，引入新的微分算子 D 记为：

$$D_x^l D_y^m D_z^n D_t^r (f \cdot g) = \left(\frac{\partial}{\partial x} - \frac{\partial}{\partial x'} \right)^l \left(\frac{\partial}{\partial y} - \frac{\partial}{\partial y'} \right)^m \left(\frac{\partial}{\partial z} - \frac{\partial}{\partial z'} \right)^n$$

$$\times \left(\frac{\partial}{\partial t} - \frac{\partial}{\partial t'} \right)^r f(x, y, z, t) g(x', y', z', t') \big|_{x'=x, y'=y, z'=z, t'=t}$$

$$(1.1)$$

为了深刻理解 Hirota 双线性方法，下面给出常见的低阶 Hirota 双线性导数：

$$D_x D_t f \cdot g = f_{xt} g - f_x g_t - f_t g_x + f g_{xt}$$

$$D_x^2 f \cdot g = f_{xx} g - 2 f_x g_x + f g_{xx}$$

$$D_x^3 f \cdot g = f_{xxx} g - 3 f_{xx} g_x + 3 f_x g_{xx} - f g_{xxx}$$

$$D_x^4 f \cdot g = f_{xxxx} g - 4 f_{xxx} g_x + 6 f_{xx} g_{xx} - 4 f_x g_{xxx} + f g_{xxxx}$$

$$D_x^4 f \cdot f = 2 \left(f_{xxxx} f - 4 f_x f_{xxx} + 3 f_{xx}^2 \right)$$

1.2.2 双线性导数的基本性质

性质 1.1 函数 $f(x, t)$ 与本身的奇数次双线性导数为零，即如果 $m + n$ 是奇数，那么：

$$D_x^m D_t^n f \cdot f = 0$$

性质 1.2 如果交换函数 $f(x, t)$ 和 $g(x, t)$ 的双线性导数的次序，则：

$$D_x^m D_t^n f \cdot g = (-1)^{m+n} D_x^m D_t^n g \cdot f$$

性质 1.3 双线性导数作用于常数 1 和任意函数 $f(x, t)$，以下等式成立：

$$D_x^m D_t^n 1 \cdot f = D_x^m D_t^n f$$

性质 1.4 双线性导数作用于任意两个指数函数时，以下等式成立：

$$D_x^m D_t^n e^{\eta_1} \cdot e^{\eta_2} = (p_1 - p_2)^m (\omega_1 - \omega_2)^n e^{\eta_1 + \eta_2}$$

其中，

$$\eta_i = p_i x + \omega_i t + \eta_i^0, \quad (i = 1, 2)$$

作为性质 1.4 的一种特殊情况，当双线性导数作用于同一个指数函数时，结果为零，即：

$$D_x^m D_t^n e^{px + \omega t + \eta} \cdot e^{px + \omega t + \eta} = 0$$

性质 1.5 对任意函数 f，g，h，以下等式恒成立：

$$D_x(D_x f \cdot g) \cdot h + D_x(D_x g \cdot h) \cdot f + D_x(D_x h \cdot f) \cdot g = 0$$

若记 $D_x(f \cdot g)$ 为 $[f, g]$，则上式可以写成 Jacobi 恒等式，即：

$$[[f, g], h] + [[g, h], f] + [[h, f], g] = 0$$

以上两式暗含了 Hirota 双线性 D-算子与 Lie 代数之间有着一定联系。

借助于 D-算子，通过适当的因变量变换可以将很多非线性演化方程化为双线性方程。常见的因变量变换包括：有理变换 f/g、对数变换 $\alpha\ln(f)_x$ 和双对数变换 $i[\ln(f/g)]_x$ 三种。通过 Painlevé 检测方法，利用齐次平衡法思想可以确定具体方程对应的变换形式，接下来我们利用具体方程来详细介绍三种变换。

第一种：对数变换。

对于 KdV 方程 $u_t + 6uu_x + u_{xxx} = 0$ 做变换，可得：

$$u = -2\,(\ln f)_{xx} \tag{1.2}$$

可以得到方程的双线性形式为：

$$D_x(D_t + D_x^3)f \cdot f = 0 \tag{1.3}$$

其中，f 是变量 x、t 的函数。在这个因变量变换过程中，我们用到了对数变换的导数与双线性算子之间的对应关系。

$$2\frac{\partial^2}{\partial x^2}\ln f = \frac{D_x^2 f \cdot f}{f^2}$$

$$2\frac{\partial^2}{\partial x \partial t}\ln f = \frac{D_x D_t f \cdot f}{f^2}$$

$$2\frac{\partial^4}{\partial x^4}\ln f = \frac{D_x^4 f \cdot f}{f^2} - 3\left(\frac{D_x^2 f \cdot f}{f^2}\right)^2 \tag{1.4}$$

而这些关系的取得都是借助以下公式：

$$2\cosh\left(\delta\frac{\partial}{\partial x}\right)\ln f = \ln[\cosh(\delta D_x)f \cdot f] \tag{1.5}$$

将其按照 e 指数的幂级数展开，通过取不同幂次的系数得到的。

第二种：有理变换。

对于经典的非线性 Schrödinger 方程，如下：

$$iu_t + u_{xx} + 2\,|u|^2 u = 0 \tag{1.6}$$

做变换，可得：

$$u = \frac{g}{f} \tag{1.7}$$

可以得到方程的双线性形式为：

$$(iD_t + D_x^2)g \cdot f = \lambda g f$$

$$D_x^2 f \cdot f - 2\,|g|^2 = \lambda f^2 \tag{1.8}$$

其中，g 是关于变量 x，t 的函数，λ 是双线性化过程中引入的任意分离常数。

在上面推导过程中，我们用到了有理变换及其导数与双线性算子之间的对应关系，如下：

$$\frac{\partial}{\partial x}\frac{g}{f} = \frac{D_x g \cdot f}{f^2}$$

$$\frac{\partial^2}{\partial x^2}\frac{g}{f} = \frac{D_x^2 g \cdot f}{f^2} - \frac{g}{f}\frac{D_x g \cdot f}{f^2}$$

$$\frac{\partial^3}{\partial x^3}\frac{g}{f} = \frac{D_x^3 g \cdot f}{f^2} - 3\frac{D_x g \cdot f D_x g \cdot f}{f^2 \quad f^2} \tag{1.9}$$

而这些等式都是借助以下关系式得到：

$$\exp\left(\delta\frac{\partial}{\partial x}\right)\frac{g}{f} = \frac{\exp(\delta D_x)g \cdot f}{\cosh(\delta D_x)f \cdot f} \tag{1.10}$$

第三种：双对数变换。

对于如下 mKdV 方程：

$$u_t + u_{xxx} + 6u^2 u_x = 0 \tag{1.11}$$

做变换，可得：

$$u = i\left(\ln\frac{g}{f}\right)_x \tag{1.12}$$

可以得到方程的双线性形式为：

$$(D_t + D_x^3)g \cdot f = 3\lambda D_x g \cdot f$$

$$D_x^2 g \cdot f = \lambda g f \tag{1.13}$$

在上述过程中，用到了有理变换及其导数与双线性算子之间的对应关系，如下：

$$\frac{\partial}{\partial x}\left(\ln\frac{g}{f}\right) = \frac{D_x g \cdot f}{gf}$$

$$\frac{\partial^2}{\partial x^2}\left(\ln\frac{g}{f}\right) = \frac{D_x^2 g \cdot f}{f^2} - \frac{g}{f}\frac{D_x^2 f \cdot f}{f^2}$$

$$\frac{\partial^3}{\partial x^3}\left(\ln\frac{g}{f}\right) = \frac{D_x^2 g \cdot f}{gf} - \left(\frac{D_x^2 g \cdot f}{gf}\right)^2 \tag{1.14}$$

这些关系式是利用以下等式得到的：

$$2\sinh\left(\delta\frac{\partial}{\partial x}\right)\ln\left(\frac{g}{f}\right) = \ln\left[\exp(\delta D_x)g \cdot f\right] - \ln\left[\exp(-\delta D_x)g \cdot f\right]$$

$$2\cosh\left(\delta\frac{\partial}{\partial x}\right)\ln\left(\frac{g}{f}\right) = \ln\left[\cosh(\delta D_x)g \cdot g\right] - \ln\left[\cosh(-\delta D_x)f \cdot f\right]$$

$$2\sinh\left(\delta\frac{\partial}{\partial x}\right)\ln(gf) = \ln\left[\exp(\delta D_x)g \cdot f\right] + \ln\left[\exp(-\delta D_x)g \cdot f\right] \tag{1.15}$$

1.3 常见局域波解介绍

1.3.1 Lump 解

萨苏玛（Satsuma）和阿布罗维茨（Ablowitz）在求解 KPI 方程、二维非线性 Schrödinger 方程时，用 Hirota 双线性方法对孤子解取长波极限得到的一种特殊有理精确解，这种有理解称为 Lump 解[19]。后来，胡星标教授根据纳卡穆拉在 1981 年提出的广义双线性 Bäcklund 变换[20]，通过非线性叠加公式求出 KPI 方程的 1-Lump 解，研究发现这与早期萨苏玛（Satsuma）给出的结果一致，并且根据非线性叠加公式，将 1-Lump 解归结到 M-Lump 解。2015年，马文秀教授提出了用纯代数方法结合计算机符号计算直接获得 Lump 解，通过这个方法得到的 Lump 解比原有意义的范围更加广泛，从而将 Lump 解推向了一个新的研究阶段。

1.3.2 呼吸解

塔基（Tajiri）和新井（Arai）利用孤立子对复化（谱参数成对取共轭）得到包括呼吸子在内的周期解以及由孤立子解与周期解所组成的混合解[21-23]。海特（Hietarinta）和广田（Hirota）[24]、吉尔森（Gilson）和尼莫（Nimmo）[25]、赫尔多（Heredero）等[26]运用 Pfaffian 方法得到 dromion 解[24-26]。奥塔（Ohta）和杨建科用双线性方法和 KP 系列约化方法得到怪波解[27]。但是对于高阶怪波解，他们只考虑了其中两种情况的高阶怪波模式，但遗漏了一些高阶怪波模式没有考虑。由于用摄动方法所求得的孤立子解并不能直接用行列式的形式表达，这导致了对高阶孤立波解的动力学性质研究的困难。

1.3.3 怪波解

海洋怪波是在海况很好的情况下在短时间内突然出现的大振幅波浪，这种"来无影去无踪"的波破坏性极大并且很难预测。显然，海洋怪波对海上航行的船只和建筑结构有极大的破坏性。因此，海洋怪波一直是船舶建造、海洋工程、海洋波浪、海洋灾害等方面的重要研究课题。2007 年，物理学家宣布观测到了光学怪波，这极大地推动了怪波在光学、等离子体、流体力学、玻色 - 爱因斯坦凝聚等领域中的发展。

1.4 可积耦合

近年来，利用 Lie 代数构造可积系统及其可积耦合一直是人们研究的热点[28-33]。可积耦合在研究可积系统的无中心 Virasoro 对称代数和孤立子时产生的[34,35]，它是获得新的可积系统的重要方法。

设

$$u_t = U(u) \tag{1.16}$$

为已知的可积系统，称下面这个更大的可积系统：

$$\begin{cases} u_t = U(u) \\ v_t = S(u, v) \end{cases} \tag{1.17}$$

方程（1.17）为公式（1.16）的可积耦合。特别地，如果方程（1.17）的第二个方程对 v 是非线性的，我们称方程（1.17）是公式（1.16）的非线性可积耦合[36,37]。构造非线性可积耦合是可积理论的重要研究课题之一，因为它具有更丰富的数学结构和物理意义，所以寻找可积耦合已成为一个重要话题。最近几年，很多寻找可积耦合的方法已被发现，例如摄动方法、直接方法、半单直和 Lie 代数方法、建立新的 Loop 代数方法等[28-39]。

然而不久，研究者们发现获得可积耦合比较简单的方法 - 扩大谱问题方法。为了得到可积系统的可积耦合，需要引进一个比较复杂的扩大谱矩阵[36,40]如下：

$$\overline{U} = \begin{bmatrix} U(u) & 0 \\ U_a(v) & U(u) + U_a(v) \end{bmatrix} \tag{1.18}$$

扩大的零曲率方程为：

$$\overline{U}_t - \overline{V}_x + [\overline{U}, \overline{V}] = 0 \tag{1.19}$$

其中，

$$\overline{V} = \overline{V}(\overline{u}) = \begin{bmatrix} V(u) & 0 \\ V_a(\overline{u}) & V(u) + V_a(\overline{u}) \end{bmatrix} \tag{1.20}$$

并且 $\overline{u}$ 由 u 和 v 组成，由此可以得到：

$$\begin{cases} U_t - V_x + [U, V] = 0 \\ U_{a,t} - V_{a,x} + [U, V_a] + [U_a, V] + [U_a, V_a] = 0 \end{cases} \tag{1.21}$$

这是公式（1.16）的一个可积耦合，由于交换子 $[U_a, V_a]$ 关于耦合变量可以生成非线性项，所以称为公式（1.16）的非线性可积耦合。

取 $\overline{W}$ 为驻定零曲率方程的解，如下：

$$\overline{W}_x = [\overline{U}, \overline{W}] \tag{1.22}$$

然后，使用相关的变分恒等式[41,42]，即：

$$\frac{\delta}{\delta \overline{u}} \int \langle \overline{W}, \overline{U}_\lambda \rangle \mathrm{d}x = \lambda^{-\gamma} \frac{\partial}{\partial \lambda} \lambda^{-\gamma} \langle \overline{W}, \overline{U}_{\overline{u}} \rangle \tag{1.23}$$

其中，γ 是常量，来构造可积耦合的 Hamilton 结构[42]，在变分恒等式中，$\langle \cdot, \cdot \rangle$ 是非退化的、对称的、双线性运算，并且我们构造 Lie 代数方程（1.24）用于求孤子方程的非线性可积耦合。

$$\overline{g} = \left\{ \begin{pmatrix} A & B \\ 0 & A+B \end{pmatrix}, A, B \in sl(2) \right\} \tag{1.24}$$

1.5 守恒律和自相容源

守恒律一直是数学和物理中的重要研究对象，它在讨论孤子族的可积性方面发挥着重要作用。1968 年，自从缪拉（Miura），加德纳（Gardner）和克鲁斯卡（Kruskal）等首次提出 KdV 方程无穷多守恒律以来[43]，人们建立了多种方法求孤子方程的无穷守恒律，例如借助乘子直接构造无穷守恒律[44]，利用拉格朗日方法构造演化方程的无穷守恒律等[45]，夏铁成等建立了超可积 G-J 族的无穷守恒律[46]，纳加非肯（Nadjafikhah）等给出了广义拟线性双曲方程的无穷守恒律[47]。相比较，在考虑孤子方程非线性可积耦合的守恒律较少。

带自相容源的孤子方程（SESCS）[48-51] 是孤子理论中的一个重要组成部分，在物理上可以产生非恒定速度孤立波，因此可以导出各种动力学物理模型。在应用上，这些模型通常被用于描述不同孤立波之间的相互作用，并与流体力学、固体物理、等离子体物理等一些问题有关。如何获得孤子方程可积耦合的自相容源是一个令人关注的话题，具有重要的研究意义。曾云波，马文秀，胡星标等学者作出了很大的贡献[52]，其中，胡星标等提出的源生成方法，首次将常数变易法的思想进行推广，应用到研究带源的孤子方程这一类非线性发展方程，可以称为非线性的常数变易法。

第 2 章

非齐次五阶非线性 Schrödinger 方程的 Riemann-Hilbert 问题和非线性动力性

2.1 非齐次五阶非线性 Schrödinger 方程

自从扎布斯基（Zabusky）和克鲁斯卡（Kruskal）在 1965 年首次给出了孤子的概念[53]，人们开始对孤子相关的广泛理论和实验验证，以及研究它的一些重要应用，例如，光纤通信、超流体、等离子以及其他的一些应用[54-57]。众所周知，当色散效应和非线性效应平衡时，局部非线性波在介质中可以形成孤子[58]。另外，耗散和非线性间的动态平衡也能稳定孤立波[59]。

在半经典极限和连续极限下，具有不同相互作用的 Heisenberg 铁磁模型被视为一类非线性演化方程，并与非线性自旋激发和非线性 Schrödinger（NLS）方程相联系[60-62]。此外，非线性自旋激发有望应用于自旋电子器件和磁性器件，例如，磁场传感器和高密度数据存储[63,64]，NLS 方程可以描述 Heisenberg 铁磁中非线性自旋激发的动力学特性[65]。当铁磁自旋链与位置有关时，NLS 方程应当修正为非齐次 NLS 方程[66]。在一定的约束条件下，非齐次 NLS 方程被发现是可积的，并承认以非线性自旋激发孤子形式存在[67,68]。

本章中我们考虑一个非齐次五阶非线性 Schrödinger 方程，形式如下[69-71]：

$$iq_t - i\varepsilon q_{xxxxx} - 10i\varepsilon q_{xxx} - 20i\varepsilon q_x q^* q_{xx} - 30i\varepsilon |q|^4 q_x - 10i\varepsilon(|q|^2 q)_x$$

$$+ (fg)_{xx} + 2q[f|q|^2 + \int_{-\infty}^{x} f_{x'}(x') |q(x', t)|^2 dx'] - i(hq)_x = 0 \quad (2.1)$$

其中，$q(x, t)$ 是一个复函数，t 和 x 分别表示缩放时间坐标和空间坐标。f 和 h 表示自旋链上不同位置双线性和双二次交换相互作用的变化。

$$\begin{cases} f = f_1 x + f_2 \\ h = h_1 x + h_2 \end{cases} \quad (2.2)$$

方程（2.1）中，f_j，$g_j(j=1, 2)$ 是实常数，ε 是一个摄动参数，* 是复共轭。

方程（2.1）是由非齐次 Heisenberg 铁磁生成的，而且具有延展结构，它描述了位置相关的 Heisenberg 铁磁自旋链的动力学行为[72]。它在一些工作中已经被研究，并探讨了其一些重要的性质和有趣的结论。例如，王等得到了无穷多守恒定律，并表示了 1-孤子解和 2-孤子解，利用 Darboux 变换研究了怪波对[70,71]。

受杨[73]工作的启发，本书主要工作就是利用基于反散射变换 Riemann-Hilbert 方法[74]研究方程（2.1）孤子解和呼吸解。值得注意的是，这种方法在研究非局域方程时也非常有效。例如，它最近被用来研究非零背景下

Kundu-Eckhaus 方程[75]，非消失渐近边界条件修正非线性 Schrödinger 方程[76]

和三耦合方程 Lakshmanan-Porsezian-Daniel 模型[77]等。

2.2 Riemann-Hilbert 问题

本部分主要研究矩阵 Riemann-Hilbert 问题。方程（2.1）具有如下形式

的 Lax 对[66-68]进行分析：

$$\psi_x = U\psi = (i\lambda\Lambda + U_1)\psi \tag{2.3a}$$

$$\psi_t = V\psi = (16i\varepsilon\lambda^5\Lambda + V_1)\psi \tag{2.3b}$$

其中，$\psi = (\psi_1, \psi_2)^T$ 是谱函数，$\lambda \in C$ 是复谱参数，这里：

$$\Lambda = \mathrm{diag}(-1, 1, 1)$$

$$U_1 = \begin{pmatrix} 0 & q \\ -q^* & 0 \end{pmatrix}$$

$$V_1 = \begin{pmatrix} A & B \\ -B^* & -A \end{pmatrix} \tag{2.4}$$

这里 $\delta = \mathrm{diag}(1, 0, 0)$ 和 $(V_1)_{kj}$ 是一个 3×3 矩阵，元素为：

$$A = 8i\varepsilon\lambda^3\varepsilon|q|^2 + 4\lambda^2\varepsilon(qq_x^* - q_xq^*) - 2if\lambda^2 - 2i\lambda\varepsilon(qq_{xx}^* + q^*q_{xx} - |q_x|^2$$

$$- 3|q|^4) - ih\lambda + \varepsilon(q^*q_{xxx} - qq_{xxx}^* + q_xq_{xx}^* - q_{xx}q_x^* + 6|q|^2q^*q_x$$

$$- 6|q|^2q_x^*q) + i\int_{-\infty}^x f_{x'}(x')|q(x', t)|^2\mathrm{d}x' - if|q|^2$$

$$B = 16\varepsilon\lambda^4q + 8i\lambda^3\varepsilon q_x - 4\lambda^2\varepsilon(q_{xx} + 2|q|^2q) - 2i\lambda\varepsilon(q_{xxx} + 6|q|^2q_x) + 2f\lambda q$$

$$+ \varepsilon(q_{xxxx} + 8|q|^2q_{xx} + 2|q|^2q_{xx}^* + 4|q_x|^2q + 6q_x^2q^* + 6|q|^4q) + i(fq)_x$$

$$+ hq$$

由零曲率方程 $U_t - V_x + [U, V] = 0$ 生成方程（2.1），假设 Lax 对方程

（2.3）中的势函数 q，当 $x \to \pm\infty$ 时衰减到 0。从方程（2.3）得：

$$\psi \propto e^{i\lambda \Lambda x + 8ir\lambda^4 \Lambda t}$$

引入变换,

$$\psi = J e^{i(\lambda x + 16\varepsilon\lambda^5 t)\Lambda} \qquad (2.5)$$

利用上面变换,Lax 对方程 (2.3) 化简为:

$$J_x - i\lambda[\Lambda, J] = U_1 J \qquad (2.6a)$$

$$J_t - 16i\varepsilon\lambda^5[\Lambda, J] = V_1 J \qquad (2.6b)$$

接下来,引进方程 (2.6a) 的矩阵 Jost 解 $J_\pm$ 如下:

$$J_+ = ([J_+]_1, [J_+]_2)$$

$$J_- = ([J_-]_1, [J_-]_2) \qquad (2.7)$$

有渐近条件,

$$\begin{cases} J_- \to I, & x \to -\infty \\ J_+ \to I, & x \to +\infty \end{cases} \qquad (2.8)$$

其中,每个 $[J_\pm]$ 由 Volterra 型积分方程唯一确定,即:

$$J_-(x, \lambda) = I + \int_{-\infty}^{x} e^{i\lambda(x-\eta)\Lambda} U_1(\eta; \lambda) J_-(\eta; \lambda) e^{-i\lambda(x-\eta)\Lambda} \mathrm{d}\eta \quad (2.9a)$$

$$J_+(x, \lambda) = I - \int_{x}^{+\infty} e^{i\lambda(x-\eta)\Lambda} U_1(\eta; \lambda) J_+(\eta; \lambda) e^{-i\lambda(x-\eta)\Lambda} \mathrm{d}\eta \quad (2.9b)$$

对方程 (2.9) 直接分析可得 $[J_-]_1$,$[J_+]_2$ 对 $\lambda \in C^+$ 解析且连续到 $\lambda \in C^+ \cup R$,$[J_+]_1$,$[J_-]_2$ 对 $\lambda \in C^-$ 解析且连续到 $\lambda \in C^- \cup R$。这里 C^+ 和 C^- 分别是上下 λ - 直线。

利用 Abel 恒等式并令 $\det J_-$ 在 $x = -\infty$ 取值,$\det J_+$ 在 $x = +\infty$ 取值,发现当 $\lambda \in R$ 时 $\det J_\pm = 1$。因为 $J_- E$ 和 $J_+ E$ 都是谱问题方程 (2.6a) 和方程 (2.6b) 矩阵解,其中 $E = e^{i\lambda\Lambda x}$,因此它们线性相关。

$$J_- E = J_+ E \cdot S(\lambda), \quad E = e^{i\lambda\Lambda x}, \quad S(\lambda) = \begin{pmatrix} s_{11} & s_{12} \\ s_{21} & s_{22} \end{pmatrix}, \quad (\lambda \in R) \quad (2.10)$$

易得 $\det S(\lambda) = 1$。

一个 Riemann-Hilbert 问题与两个矩阵函数紧密相关：一个在 C^+ 解析，另外一个在 C^- 解析。为了考虑 $J_\pm$ 的解析性质，给出 λ 定义在 C^+ 的第一个解析函数表示为：

$$P_1(x,\ \lambda) = ([J_-]_1,\ [J_+]_2)(x,\ \lambda) \tag{2.11}$$

并具有渐近行为即当 $\lambda \in C^+ \to \infty$ 时 $P_1 \to I$。

将 $J_\pm$ 的逆矩阵按行考虑，如下：

$$\begin{cases} J_+^{-1} = \begin{pmatrix} [J_+^{-1}]^1 \\ [J_+^{-1}]^2 \end{pmatrix} \\ J_-^{-1} = \begin{pmatrix} [J_-^{-1}]^1 \\ [J_-^{-1}]^2 \end{pmatrix} \end{cases} \tag{2.12}$$

其满足边值条件，当 $x \to \pm\infty$ 时 $J_\pm^{-1} \to I$。可得方程（2.6a）的伴随散射方程为：

$$K_x = i\lambda[\Lambda,\ K] - KU_1 \tag{2.13}$$

利用方程（2.10）得：

$$E^{-1}J_-^{-1} = R(\lambda) \cdot E^{-1}J_+^{-1} \tag{2.14}$$

其中，$R(\lambda) = (r_{ij})_{2\times2}$ 是 $S(\lambda)$ 的逆矩阵。因此，在 C^- 解析的矩阵函数 P_2 定义如下：

$$P_2(x,\ \lambda) = \begin{pmatrix} [J_-^{-1}]^1 \\ [J_+^{-1}]^2 \end{pmatrix}(x,\ \lambda) \tag{2.15}$$

类似于对 P_1 分析，可得 P_2 在充分大 λ 的渐近行为，当 $\lambda \in C^- \to \infty$ 时 $P_2 \to I$。

将方程（2.7）代入方程（2.10）得：

$$([J_-]_1,\ [J_-]_2) = ([J_+]_1,\ [J_+]_2) \times \begin{pmatrix} s_{11} & s_{12}e^{-2i\lambda x} \\ s_{21}e^{2i\lambda x} & s_{22} \end{pmatrix} \tag{2.16}$$

从中可得 $[J_-]_1$ 为：

$$[J_-]_1 = s_{11}[J_+]_1 + s_{21}e^{2i\lambda x}[J_+]_2 \tag{2.17}$$

于是 P_1 可以被重新写为以下形式:

$$P_1 = ([J_-]_1, [J_+]_2) = ([J_+]_1, [J_+]_2) \times \begin{pmatrix} s_{11} & 0 \\ s_{21}e^{2i\lambda x} & 1 \end{pmatrix} \quad (2.18)$$

另外,把方程 (2.12) 代入方程 (2.14),可得:

$$\begin{pmatrix} [J_-^{-1}]^1 \\ [J_-^{-1}]^2 \end{pmatrix} = \begin{pmatrix} r_{11} & r_{12}e^{-2i\lambda x} \\ r_{21}e^{2i\lambda x} & r_{22} \end{pmatrix} \begin{pmatrix} [J_+^{-1}]^1 \\ [J_+^{-1}]^2 \end{pmatrix} \quad (2.19)$$

由此可得 $[J_-^{-1}]^1$ 表达式为:

$$[J_-^{-1}]^1 = r_{11}[J_+^{-1}]^1 + r_{12}e^{-2i\lambda x}[J_+^{-1}]^2 \quad (2.20)$$

最后 P_2 可表示为:

$$P_2 = \begin{pmatrix} [J_-^{-1}]^1 \\ [J_+^{-1}]^2 \end{pmatrix} = \begin{pmatrix} r_{11} & r_{12}e^{-2i\lambda x} \\ 0 & 1 \end{pmatrix} \begin{pmatrix} [J_+^{-1}]^1 \\ [J_+^{-1}]^2 \end{pmatrix} \quad (2.21)$$

在正则归一化条件下,$P_{1,2}$ 在 $C^{\pm}$ 解析,$P_{1,2} \to I$,$\lambda \in C^{\pm} \to \infty$ 和 $r_{11}s_{11} + r_{12}s_{21} = 1$,一个期望的 Riemann-Hilbert 问题可以得到:

$$P_2 P_1 = \begin{pmatrix} 1 & r_{12}e^{-2i\lambda x} \\ s_{21}e^{2i\lambda x} & 1 \end{pmatrix} \quad (2.22)$$

2.3 非齐次五阶非线性 Schrödinger 方程的 N-孤子解

基于上面 Riemann-Hilbert 问题,我们现在寻找非齐次五阶非线性 Schrödinger 方程 (2.1) 的 N-孤子解。为了达到这一目标,通过将带有零点的 Riemann-Hilbert 问题转化成一个不带零点的正则问题。非正则性表明 $\det P_1$ 和 $\det P_2$ 在它们的解析域上有一定的零点,于是可得:

$$\det P_1 = s_{11}(\lambda), \quad \lambda \in C^+ \quad (2.23a)$$

$$\det P_2 = r_{11}(\lambda), \quad \lambda \in C^- \quad (2.23b)$$

这告诉我们 $\det P_1$ 和 $\det P_2$ 分别与 s_{11} 和 r_{11} 含有相同的零点。

根据上面分析，现在有必要研究零点解析性质。显然，位势矩阵 U_1 具有对称关系。

$$U_1^\dagger = -U_1$$

这里 † 表示矩阵的 Hermitian 共轭。可得：

$$J_\pm^\dagger(\lambda^*) = J_\pm^{-1}(\lambda) \tag{2.24}$$

于是方程（2.11）和方程（2.21）重写为：

$$P_1 = J_- H_1 + J_+ H_2$$
$$P_2 = H_1 J_-^{-1} + H_2 J_+^{-1} \tag{2.25}$$

这里 $H_1 = \mathrm{diag}(1, 0)$ 和 $H_2 = \mathrm{diag}(0, 1)$。取方程（2.25）Hermitian 共轭并利用方程（2.24）得：

$$P_1^\dagger(\lambda^*) = P_2(\lambda)$$
$$S^\dagger(\lambda^*) = R(\lambda) \tag{2.26}$$

其中，$\lambda \in C^-$。进一步可得 $s_{11}^*(\lambda^*) = r_{11}(\lambda)$，其表明 s_{11} 的每个零点 λ_k，对应产生 r_{11} 的每个零点 λ_k^*。因此，我们假设 $\det P_1$ 在 C^+ 含有 N 个简单零点 $\{\lambda_j\}_1^N$，$\det P_2$ 在 C^- 含有 N 个简单零点 $\{\hat\lambda_j\}_1^N$，这里 $\lambda_j = \lambda_j^*$，$1 \leq j \leq N$。这些零点和非零向量 v_j 和 $\hat v_j$ 构成完整的通用离散数据，满足以下条件：

$$\begin{cases} P_1(\lambda_j) v_j = 0 \\ \hat v_j P_1(\hat\lambda_j) = 0 \end{cases} \tag{2.27}$$

对方程（2.27）取 Hermitian 共轭并利用方程（2.26），可得：

$$\hat v_j = v_j^\dagger, \quad (1 \leq j \leq N) \tag{2.28}$$

将方程（2.27）中对 x 和 t 求偏导，再利用 Lax 对方程（2.6a）和方程（2.6b），于是有：

$$P_1(\lambda_j)\left(\frac{\partial v_j}{\partial x} - i\lambda_j \Lambda v_j\right) = 0 \tag{2.29a}$$

$$P_1(\lambda_j)\left(\frac{\partial v_j}{\partial t} - 16 i r \lambda_j^5 \Lambda v_j\right) = 0 \tag{2.29b}$$

可得：

$$v_j = e^{i\lambda_j \Lambda x + 16ir\lambda_j^5 \Lambda t} v_{j,0} , \quad (1 \leqslant j \leqslant N) \tag{2.30}$$

这里 $v_{j,0}$ 是复常数。由方程（2.28）可以得到：

$$\hat{v}_j = v_{j,0}^{\dagger} e^{-i\lambda_j^* \Lambda x - 16ir\lambda_j^{*5} \Lambda t} , \quad (1 \leqslant j \leqslant N) \tag{2.31}$$

我们研究的 Riemann-Hilbert 问题方程（2.22）对应于无反射情况。因此，Riemann-Hilbert 问题的解可以表示为：

$$P_1(\lambda) = I - \sum_{k=1}^{N} \sum_{j=1}^{N} \frac{v_k \hat{v}_j (M^{-1})_{kj}}{\lambda - \hat{\lambda}_j} \tag{2.32a}$$

$$P_2(\lambda) = I + \sum_{k=1}^{N} \sum_{j=1}^{N} \frac{v_k \hat{v}_j (M^{-1})_{kj}}{\lambda - \hat{\lambda}_j} \tag{2.32b}$$

其中，M 是一个 $N \times N$ 矩阵。

$$M = (M_{kj})_{N \times N} = \left(\frac{\hat{v}_k v_j}{\lambda_j - \hat{\lambda}_k} \right)_{N \times N} , \quad (1 \leqslant k, j \leqslant N)$$

这里 $(M^{-1})_{kj}$ 表示 M^{-1} 的第 (k, j) 位置元素。从方程（2.32a）可得：

$$P_1^{(1)} = - \sum_{k=1}^{N} \sum_{j=1}^{N} v_k \hat{v}_j (M^{-1})_{kj} \tag{2.33}$$

因此，可得方程（2.1）的一般 N-孤子解公式如下：

$$q(x, t) = -2i \sum_{k=1}^{N} \sum_{j=1}^{N} \alpha_k \beta_j^* e^{-\theta_k + \theta_j^*} (M^{-1})_{kj} \tag{2.34}$$

其中，

$$M_{kj} = \frac{\alpha_k^* \alpha_j e^{-\theta_k^* - \theta_j} + \beta_k^* \beta_j e^{\theta_k^* + \theta_j}}{\lambda_j - \lambda_k^*} , \quad (1 \leqslant k, j \leqslant N)$$

2.4　精确呼吸解和孤子解的动力学行为

本部分，通过分析解的表达式和图形来研究解的性质和动力学行为。

取 $N=2$，可得方程（2.1）的 2-孤子解，如下：

$$q(x, t) = \frac{-2i}{M_{11}M_{22} - M_{12}M_{21}}(\alpha_1\beta_1^* M_{22} e^{-\theta_1 + \theta_1^*} - \alpha_1\beta_2^* M_{21} e^{-\theta_1 + \theta_2^*}$$

$$- \alpha_2\beta_1^* M_{21} e^{-\theta_2 + \theta_1^*} + \alpha_2\beta_2^* M_{11} e^{-\theta_2 + \theta_2^*}) \tag{2.35}$$

其中，

$$M_{11} = \frac{|\alpha_1|^2 e^{-\theta_1^* - \theta_1} + |\beta_1|^2 e^{\theta_1^* + \theta_1}}{\lambda_1 - \lambda_1^*}$$

$$M_{12} = \frac{\alpha_1^* \alpha_2 e^{-\theta_1^* - \theta_2} + \beta_1^* \beta_2 e^{\theta_1^* + \theta_2}}{\lambda_2 - \lambda_1^*}$$

$$M_{21} = \frac{\alpha_2^* \alpha_1 e^{-\theta_2^* - \theta_1} + \beta_2^* \beta_1 e^{\theta_2^* + \theta_1}}{\lambda_1 - \lambda_2^*}$$

$$M_{22} = \frac{|\alpha_2|^2 e^{-\theta_2^* - \theta_2} + |\beta_2|^2 e^{\theta_2^* + \theta_2}}{\lambda_2 - \lambda_2^*}$$

和

$$\theta_j = i\lambda_j x + 16ir\lambda_j^5 t, \ \lambda_j = a_j + ib_j, \ (j=1, 2)$$

如果令 $\alpha_1 = \alpha_2 = 1$，$\beta_1 = \beta_2$ 和 $|\beta_1|^2 = e^{2\tau_1}$，2-孤子解方程（2.35）具有如下形式：

$$q(x, t) = \frac{-2i\beta_1^*}{M_{11}M_{22} - M_{12}M_{21}}(e^{-\theta_1 + \theta_1^*} M_{22} - e^{-\theta_1 + \theta_2^*} M_{12} - e^{-\theta_2 + \theta_1^*} M_{21} - e^{-\theta_2 + \theta_2^*} M_{11})$$

$$\tag{2.36}$$

其中，

$$M_{11} = -\frac{ie^{\tau_1}}{b_1}\cosh(\theta_1^* + \theta_1 + \tau_1)$$

$$M_{12} = \frac{2e^{\tau_1}}{(a_2 - a_1) + i(b_1 + b_2)}\cosh(\theta_1^* + \theta_2 + \tau_1)$$

$$M_{21} = \frac{2e^{\tau_1}}{(a_1 - a_2) + i(b_1 + b_2)}\cosh(\theta_2^* + \theta_1 + \tau_1)$$

$$M_{22} = -\frac{2e^{\tau_1}}{b_2}\cosh(\theta_2^* + \theta_2 + \tau_1)$$

当参数取 $\varepsilon = \dfrac{1}{4}$、$\alpha_1 = \alpha_2 = 1$、$\beta_1 = \beta_2 = 1$、$a_1 = -\dfrac{3}{5}$、$b_1 = -\dfrac{3}{10}$、$a_2 = \dfrac{1}{5}$、$b_2 = -\dfrac{3}{5}$、$\tau_1 = 0$ 时，方程（2.36）的 2-孤子解如图 2.1 所示。（a）为 $q(x,\ t)$ 的实部对应的 2-阶呼吸解；（b）为 $q(x,\ t)$ 的虚部对应的 2-阶呼吸解；（c）为 $|q(x,\ t)|$ 对应的 2-孤子解；（d）为图 2.1（a）的等高线图和传播轨道；（e）为图 2.1（b）的等高线图和传播轨道；（f）为图 2.1（c）在不同时刻沿着 x 轴的传播曲线。

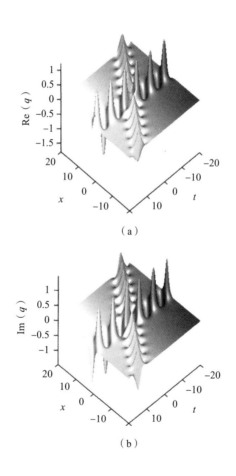

（a）

（b）

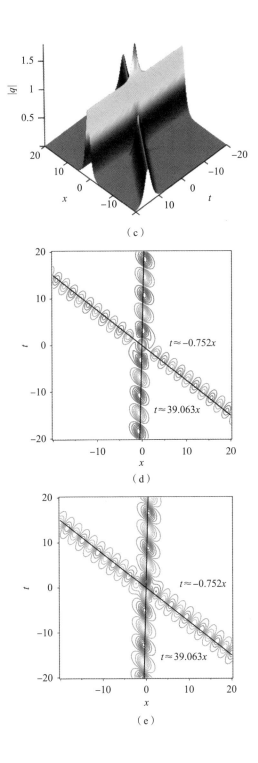

（c）

（d）

（e）

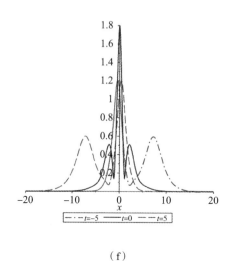

（f）

图 2.1　二阶呼吸解、孤子解及其对应的等高线图和剖面图（ε = 1/4）

图 2.2 把 ε 由 $\dfrac{1}{4}$ 变为 $\dfrac{1}{2}$，其余参数与图 2.1 相同，对应的二阶呼吸解、孤子解，以及对应的等高线图和剖面图。

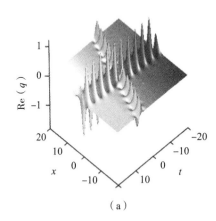

（a）

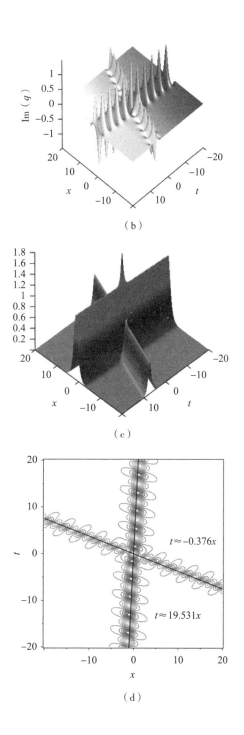

（b）

（c）

（d）

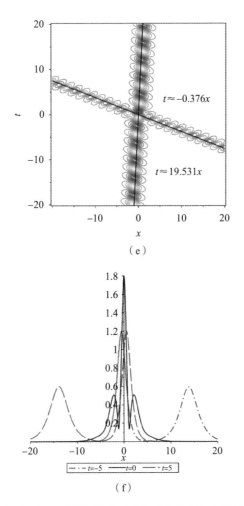

（e）

（f）

图 2.2　二阶呼吸解、孤子解及其对应的等高线图和剖面图（$\varepsilon = 1/2$）

图 2.1 中，2-阶呼吸解的空间结构和包络面图通过 $q_2(x, t)$ 的实部和虚部清晰可见。其中，一个呼吸解沿着直线 l_1：$-b_1 x - 4(b_1^5 + 5a_1^4 b_1 - 10a_1^2 b_1^3) t = 0$ 传播，具有速度 $V_1 = 8(b_1^5 + 5a_1^4 b_1 - 10a_1^2 b_1^3)$ 和周期 $T_{l_1} =$

$$\dfrac{\pi}{\sqrt{a_1^2 + 16(b_1^5 + 5a_1^4 b_1 - 10a_1^2 b_1^3)^2}}$$。另一个呼吸解沿着另一条直线 l_2：$-b_2 x -$

$4(b_2^5 + 5a_2^4 b_2 - 10a_2^2 b_2^3)$ $t=0$ 传播，具有速度 $V_2 = 8(b_2^5 + 5a_2^4 b_2 - 10a_2^2 b_2^3)$ 和周期 $T_{l_2} = \dfrac{\pi}{\sqrt{a_2^2 + 16(b_2^5 + 5a_2^4 b_2 - 10a_2^2 b_2^3)^2}}$。然而，$q(x,\,t)$ 的模表现为基本的 2-孤子解，它们相互作用并在坐标原点处达到最大振幅。

由图 2.1 和图 2.2，我们发现在其他参数不变的情况下，随着 ε 的变大，两个单孤子之间的夹角、波宽、速度增大，但振幅不变。

取 $N=3$ 时，利用公式（2.34），可得方程（2.1）的 3-孤子解，如下：

$$q(x,\,t) = -2i\big[\, \alpha_1 \beta_1^* e^{-\theta_1 + \theta_1^*} (M^{-1})_{11} + \alpha_1 \beta_2^* e^{-\theta_1 + \theta_2^*} (M^{-1})_{12}$$

$$+ \alpha_2 \beta_1^* e^{-\theta_2 + \theta_1^*} (M^{-1})_{21} + \alpha_2 \beta_2^* e^{-\theta_2 - \theta_2^*} (M^{-1})_{22} \,\big] \qquad (2.37)$$

这里 $M = (M_{kj})_{3\times 3}$ 是一个 2×2 矩阵函数。通过选择合适的参数，可以得到 $q(x,\,t)$ 的实部和虚部对应的 3-阶呼吸解和模量对应的 3-孤子解，它们的动力学行为如图 2.3 所示。值得注意的是，特定呼吸解和孤子解右行波的振幅迅速增大。此外，当碰撞发生后，右行波的振幅不再沿原轨道传播，这意味着碰撞是非弹性的。

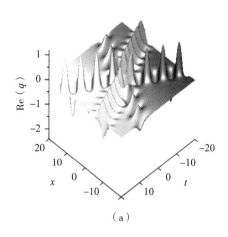

（a）

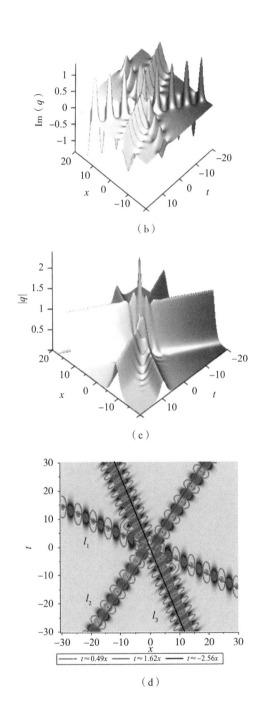

（b）

（c）

（d）

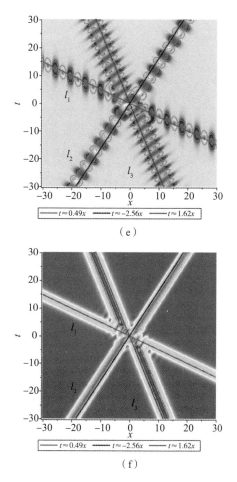

图 2.3　3-阶呼吸解、3-孤子解以及对应的浓度图、等高线图

当取参数 $\varepsilon = \dfrac{1}{4}$、$\alpha_1 = \alpha_2 = 1$、$\beta_1 = \beta_2 = 1$、$a_1 = -\dfrac{3}{5}$、$b_1 = -\dfrac{1}{5}$、$a_2 =$

$-\dfrac{3}{10}$、$b_2 = -\dfrac{3}{5}$、$a_3 = \dfrac{3}{5}$、$b_3 = -\dfrac{2}{5}$、$\tau_1 = 0$ 时，方程（2.37）的 3-孤子解如

图 2.3 所示。（a）为 $q(x, t)$ 的实部对应的 3-阶呼吸解；（b）为 $q(x, t)$ 的

虚部对应的 3-阶呼吸解；（c）为 $|q(x, t)|$ 对应的 3-孤子解；（d）、（e）和

（f）是浓度图和等高线图。

2.5 小　　结

本章主要研究 Heisenberg 铁磁中非齐次五阶非线性 Schrödinger 方程（IF-NLS）多孤子解和呼吸解。首先给出谱分析，建立了 Riemann-Hilbert 问题。然后通过求解无反射特殊 Riemann-Hilbert 问题，我们最后给出了 N-孤子解显式公式。此外，一般 N-孤子解的实部和虚部描述了呼吸子，但模对应于孤波解。我们展示了当它们传播过程时 2-阶孤子和呼吸子解保持稳定的速度、周期和传播轨道。然而，3-孤子解和呼吸子解在它们相互作用时，波不能继续沿同样的直线传播，并且振幅也会迅速增加。

这些结果表明，高阶解不是基本孤子的非线性叠加是需要进一步研究的新型孤子结构。基于 Riemann-Hilbert 方法，非线性最速下降法[78]也被推广到研究孤子方程[79-81]。当然，接下来我们希望非线性最速下降法也应用于本书中的非齐次五阶非线性 Schrödinger 方程和其他非局部可积系统。

第 3 章

双折射或双模光纤中耦合高阶非线性 Schrödinger 方程的 Riemann-Hilbert 方法 及其非线性动力性

3.1　耦合高阶非线性 Schrödinger 方程

在孤子理论中，孤子或孤子信号的发展可能是非线性、色散和扩散的结果，而孤子被称为孤立波，因为其具有稳定的形状，速度和振幅而不受其他孤子的影响。在非线性光学中，光孤子因其在长距离光纤通信中的潜在应用而受到广泛的研究[82,83]。近几十年来，光孤子在非线性波的理论上引起了学者极大的兴趣，并且已经进行了一些实验研究[84,85]。

众所周知，非线性脉冲在单模光纤中的传播已经被典型的非线 Schrödinger（NLS）描述[86,87]，其中仅考虑了群速色散（GVD）和自相位调制（SPM）。为了提高光通信系统中信号的传输质量，在相应的模型中，在相应的模型中已经考虑了高阶色散、自陡峭（SS）、自频移（SFS）和三次五次非线性效应，它更适合于描述飞秒光学脉冲的传播[88,89]。

$$iq_t + q_{xx} + 2q|q|^2 + \gamma_1(q_{xxxx} + 6q_x^2 q^* + 4q|q_x|^2 + 8|q|^2 q_{xx}^* + 2q^2 q_{xx}^* + 6|q|^4 q) = 0$$

(3.1)

其中，$q(x,t)$ 是复包络，γ_1 代表高阶线性和非线性效应的强度。

考虑光通信系统中信号的传输物理环境的复杂性和多样性，需要特别考虑多个波而不是单个波，在这种情况下，NLS-型方程通常被推广到耦合系统[90,91]。例如，多个波的相互作用可能描述更复杂的动力学行为，这是单一解所不能描述的[92]。另外，为了准确描述超短脉冲在实际物理系统中的传播，在数学模型中也应考虑一些高阶效应[93]。

为了描述双折射光纤中受四阶色散、自陡峭（SS）、自频移（SFS）和三次五次非线性项影响的超短脉冲（小于100飞秒），研究人员提出了以下四阶耦合 NLS 方程[94,95]：

$$iq_{1t} + q_{1xx} + 2(|q_1|^2 + |q_2|^2)q_1 + r[q_{1xxxx} + 2(|q_{1x}|^2 + |q_{2x}|^2)q_1$$
$$+ 2(q_1 q_{1x}^* + q_2 q_{2x}^*)q_{1x} + 6(q_1^* q_{1x} + q_2^* q_{2x})q_{1x} + 4(|q_1|^2 + |q_2|^2)q_{1xx}$$
$$+ 4(q_1^* q_{1xx} + q_2^* q_{2xx})q_1 + 2(q_1 q_{1xx}^* + q_2 q_{2xx}^*)q_1 + 6(|q_1|^2 + |q_2|^2)^2 q_1] = 0$$

(3.2a)

$$iq_{2t} + q_{2xx} + 2(|q_1|^2 + |q_2|^2)q_2 + r[q_{2xxxx} + 2(|q_{1x}|^2 + |q_{2x}|^2)q_2$$
$$+ 2(q_1 q_{1x}^* + q_2 q_{2x}^*)q_{2x} + 6(q_1^* q_{1x} + q_2^* q_{2x})q_{2x} + 4(|q_1|^2 + |q_2|^2)q_{2xx}$$
$$+ 4(q_1^* q_{1xx} + q_2^* q_{2xx})q_2 + 2(q_1 q_{1xx}^* + q_2 q_{2xx}^*)q_2 + 6(|q_1|^2 + |q_2|^2)^2 q_2] = 0$$

(3.2b)

其中，$q_1(x,t)$ 和 $q_2(x,t)$ 代表电场的复包络振幅，x 和 t 是沿光纤的归一化距离和延迟时间。方程（1.2）已经在一些工作中进行了研究，并且探索了许多重要的性质和有趣的结论，例如，田等人得到了无穷多守恒律和束缚态孤子，利用达布穿衣变换讨论了向量半有理怪波解和调制不稳定性，使用达布变换求出了高阶作用解和怪波对[96]。

　　基于杨[73]等人的工作，本章利用基于反散射变换的 Riemann-Hilbert 方法[97-101]研究方程（1.2）孤子解和呼吸解。值得注意的是，这种方法在研究非局域方程时也非常有效。例如，它被用来研究非局域聚焦 NLS 方程和一些新的具有物理意义非局域 NLS 方程[102,103]。这种方法也被发展成非线性最速下降法，用来讨论解的长时间渐近行为[104-106]。基于这一思想，人们系统地研究了许多可积方程，如具有步长初值非线性 Schrödinger 方程[107]、耦合 Hirota 方程[108]、具有高阶效应的耦合非线性 Schrödinger 方程[109]、Sasa-Satsuma 方程[110]、多分量 AKNS 可积族[111]等。

3.2　Riemann-Hilbert 问题

　　我们首先通过散射和逆散射变换构建与方程（2.2）相关的矩阵 Riemann-Hilbert 矩阵问题。为此，我们对如下形式的 Lax 对进行分析：

$$\psi_x = U\psi = (i\lambda\Lambda + U_1)\psi \tag{3.3a}$$

$$\psi_t = V\psi = (8ir\lambda^4\Lambda + V_1)\psi \tag{3.3b}$$

其中，$\psi = (\psi_1, \psi_2, \psi_3)^T$ 是向量特征函数，$\lambda \in C$ 是复谱参数，上标 T 代表向量或者矩阵的转置，以及，

$$\Lambda = \mathrm{diag}(-1, 1, 1), \quad U_1 = \begin{pmatrix} 0 & q_1^* & q_2^* \\ -q_1 & 0 & 0 \\ -q_2 & 0 & 0 \end{pmatrix} \tag{3.4}$$

这里 $\delta = \mathrm{diag}(1, 0, 0)$ 和 $(V_1)_{kj}$ 是一个 3×3 矩阵，元素为：

$$v_{11} = 4i\left[1 + r\left(\,|q_1|^2 + |q_2|^2\right)\right]\lambda^2 + 2r\left(q_1^* q_{1x} + q_2^* q_{2x} - q_1 q_{1x}^* - q_2 q_{2x}^*\right)\lambda$$
$$- i\left[3r\left(\,|q_1|^2 + |q_2|^2\right) + r\left(-q_{1x}q_{1x}^* - q_{2x}q_{2x}^* + q_1 q_{1xx}^* + q_2 q_{2xx}^* + q_1^* q_{1xx}\right.\right.$$
$$\left.\left. + q_2^* q_{2xx}\right) + |q_1|^2 + |q_2|^2\right]$$

$$v_{12} = 8rq_1^*\lambda^3 + 4irq_{1x}^*\lambda^2 - 2\left[q_1^* + 2r\left(\,|q_1|^2 + |q_2|^2\right)q_1^* + rq_{1xx}^*\right]\lambda - i\left[q_{1x}^*\right.$$
$$\left. + 3r\left(2\,|q_1|^2 + |q_2|^2\right)q_1^* + r\left(3q_1^* q_2 q_{2x}^* + q_{1xxx}^*\right)\right]$$

$$v_{13} = 8rq_2^*\lambda^3 + 4irq_{2x}^*\lambda^2 - 2\left[q_2^* + 2r\left(\,|q_1|^2 + |q_2|^2\right)q_2^* + rq_{2xx}^*\right]\lambda - i\left[q_{2x}^*\right.$$
$$\left. + 3r\left(2\,|q_1|^2 + |q_2|^2\right)q_2^* + r\left(3q_1^* q_2 q_{1x}^* + q_{2xxx}^*\right)\right]$$

$$v_{21} = -8rq_1^*\lambda^3 + 4irq_{1x}\lambda^2 + 2\left[q_1 + 2r\left(\,|q_1|^2 + |q_2|^2\right)q_1 + rq_{1xx}\right]\lambda - i\left[q_{1x}\right.$$
$$\left. + 3r\left(2\,|q_1|^2 + |q_2|^2\right)q_1 + r\left(3q_1 q_2^* q_{2x} + q_{1xxx}\right)\right]$$

$$v_{22} = -4ir\,|q_1|^2\lambda^2 + 2r\left(q_1 q_{1x}^* - q_1^* q_{1x}\right)\lambda + i\left[3r\,|q_1|^2\left(\,|q_1|^2 + |q_2|^2\right)\right.$$
$$\left. + r\left(-q_{1x}q_{1x}^* + q_1^* q_{1xx} + q_1 q_{1xx}^*\right) + |q_1|^2\right]$$

$$v_{23} = -4irq_1 q_2^*\lambda^2 + 2r\left(q_1 q_{2x}^* - q_{1x}q_2^*\right)\lambda + i\left[3rq_1 q_2^*\left(\,|q_1|^2 + |q_2|^2\right)\right.$$
$$\left. + r\left(-q_{1x}q_{2x}^* + q_1 q_{2xx}^* + q_{1xx}q_2^*\right) + q_1 q_2^*\right]$$

$$v_{31} = -8rq_2\lambda^3 + 4irq_{2x}\lambda^2 + 2\left[q_2 + 2r\left(\,|q_1|^2 + |q_2|^2\right)q_2 + rq_{2xx}\right]\lambda$$
$$- i\left[q_{2x} + 3r\left(2\,|q_1|^2 + |q_2|^2\right)q_2 + r\left(3q_1^* q_2 q_{1x} + q_{2xxx}\right)\right]$$

$$v_{32} = -4irq_1^* q_2\lambda^2 + 2r\left(q_{1x}^* q_2 - q_1^* q_{2x}\right)\lambda + i\left[3rq_1^* q_2\left(\,|q_1|^2 + |q_2|^2\right)\right.$$
$$\left. + r\left(-q_{1x}^* q_{2x} + q_1^* q_{2xx} + q_{1xx}^* q_2\right) + q_1^* q_2\right]$$

$$v_{33} = -4ir\,|q_2|^2\lambda^2 + 2r\left(q_2 q_{2x}^* - q_2^* q_{2x}\right)\lambda + i\left[3r\,|q_2|^2\left(\,|q_1|^2 + |q_2|^2\right)\right.$$
$$\left. + r\left(-q_{2x}q_{2x}^* + q_2^* q_{2xx} + q_2 q_{2xx}^*\right) + |q_2|^2\right]$$

由零曲率方程 $U_t - V_x + [U, V] = 0$ 生成 CH-NLS 方程（3.2），这里的方括号是通常意义的换位运算 $[U, V] = UV - VU$。假设 Lax 对方程（3.3）中的位势函数 q_1 和 q_2，当 $x \to \pm\infty$ 时迅速衰减到 0。从 Lax 对方程（3.3）容易得到关系 $\psi \propto e^{i\lambda\Lambda x + 8ir\lambda^4\Lambda t}$，为了便于讨论，引入下列变换：

$$\psi = Je^{i(\lambda x + 8r\lambda^4 t)\Lambda} \tag{3.5}$$

根据变换方程（3.5），Lax 对方程（3.3）可变换为更简洁的形式，如下：

$$J_x - i\lambda[\Lambda, \ J] = U_1 J \qquad (3.6a)$$

$$J_t - 8ir\lambda^4[\Lambda, \ J] = U_2 J \qquad (3.6b)$$

下面，我们借助 Lax 对方程（3.3）x^- 部分上的直接散射过程构造两个矩阵 Jost 解。

$$J_- = ([J_-]_1, \ [J_-]_2, \ [J_-]_3)$$
$$J_+ = ([J_+]_1, \ [J_+]_2, \ [J_+]_3) \qquad (3.7)$$

具有渐近条件，如下：

$$J_- \to II, \ x \to -\infty$$
$$J_+ \to II, \ x \to +\infty \qquad (3.8)$$

其中，每个 $[J_\pm]_l(l=1, \ 2, \ 3)$ 分别表示矩阵 $J_\pm$ 的第 l 列，I 是 3×3 单位矩阵，$J_\pm$ 是下列 Volterra 积分方程[111]的唯一解。

$$J_-(x, \ \lambda) = I + \int_{-\infty}^{x} e^{i\lambda(x-\xi)\Lambda} U_1(\xi; \ \lambda) J_-(\xi; \ \lambda) e^{-i\lambda(x-\xi)\Lambda} d\xi \quad (3.9a)$$

$$J_+(x, \ \lambda) = I - \int_{x}^{+\infty} e^{i\lambda(x-\xi)\Lambda} U_1(\xi; \ \lambda) J_+(\xi; \ \lambda) e^{-i\lambda(x-\xi)\Lambda} d\xi \quad (3.9b)$$

通过对方程（3.9）的直接分析可知，$[J_-]_1$、$[J_+]_2$ 和 $[J_+]_3$ 在 $\lambda \in C^+$ 解析且连续到 $\lambda \in C^+ \cup R$，$[J_+]_1$、$[J_-]_2$ 和 $[J_-]_3$ 在 $\lambda \in C^-$ 解析且连续到 $\lambda \in C^- \cup R$。其中，

$$C^+ = \{\lambda \mid \arg\lambda \in (0, \ \pi)\}$$
$$C^- = \{\lambda \mid \arg\lambda \in (\pi, \ 2\pi)\}$$

随后我们研究 $J_\pm$ 的性质。借助于 Abel 恒等式并令 $\det J_-$ 在 $x = -\infty$ 取值，$\det J_+$ 在 $x = +\infty$ 取值，发现当 $\lambda \in R$ 时 $\det J_\pm = 1$。此外，$J_- E$ 和 $J_+ E$ 都是方程（3.2a）中谱问题的矩阵解，其中 $E = e^{i\lambda\Lambda x}$，因此它们可以用一个散射矩阵 $S(\lambda) = (s_{ij})_{3 \times 3}$[112]线性相关。

$$J_- E = J_+ E \cdot S(\lambda), \ (\lambda \in R) \qquad (3.10)$$

从方程（3.10）可知 $\det S(\lambda) = 1$，因为 $\det J_\pm = 1$。进一步，根据 J_- 的

性质可知 S_{11} 可以解析延拓到 C^+，$S_{ij}(i, j = 2, 3)$ 可以解析延拓到 C^-。

我们接下来确定两个矩阵特征函数 $P_{\pm}(x, y)$，它们分别解析且连续到上下半平面。在此基础上，利用 Jost 解法 $J_{\pm}$ 的解析性质，导出了一个 Riemann-Hilbert 问题。把关于 λ 定义在 C^+ 的第一个解析函数表示为如下形式：

$$P_1(x, \lambda) = ([J_-]_1, [J_+]_2, [J_+]_3)(x, \lambda) \tag{3.11}$$

然后，把 P_1 在充分大 λ 处展开为渐近级数。

$$P_1 = P_1^{(0)} + \frac{P_1^{(1)}}{\lambda} + O\left(\frac{1}{\lambda^2}\right), \ (\lambda \to \infty) \tag{3.12}$$

将展开方程（3.12）代入谱问题方程（3.6a），并比较 λ 的同次幂系数，得到：

$$O(\lambda): \ -i[\Lambda, P_1^{(0)}] = 0 \tag{3.13a}$$

$$O(1): \ P_{1x}^{(0)} - i[\Lambda, P_1^{(1)}] = U_1 P_1^{(0)} \tag{3.13b}$$

从上式可得 $P_1^{(0)} = I$，即当 $\lambda \in C^+ \to \infty$ 时 $P_1 \to I$。

事实上，为了导出 CH-NLS 系统方程（3.3）的 Riemann-Hilbert 问题，我们应该尝试找到一个在 C^- 解析的函数 P_1。实际上，我们仅需考虑 $J_{\pm}$ 的逆矩阵。

$$J_-^{-1} = \begin{pmatrix} [J_-^{-1}]^1 \\ [J_-^{-1}]^2 \\ [J_-^{-1}]^3 \end{pmatrix}, \ J_+^{-1} = \begin{pmatrix} [J_+^{-1}]^1 \\ [J_+^{-1}]^2 \\ [J_+^{-1}]^3 \end{pmatrix} \tag{3.14}$$

其满足边值条件，当 $x \to \pm\infty$ 时 $J_{\pm}^{-1} \to I$。方程（3.6a）的伴随散射方程定义为：

$$K_x = i\lambda[\Lambda, K] - KU_1 \tag{3.15}$$

通过计算可知，$J_{\pm}^{-1}$ 是伴随方程（3.15）的解。从方程（3.10）容易得到下面的结果：

$$E^{-1}J_-^{-1} = R(\lambda) \cdot E^{-1}J_+^{-1} \tag{3.16}$$

其中，$R(\lambda) = (r_{ij})_{3\times3}$ 是 $S(\lambda)$ 的逆矩阵。因此，在 C^- 解析的矩阵函数 P_2 定

义如下：

$$P_2(x, \lambda) = \begin{pmatrix} [J_-^{-1}]^1 \\ [J_+^{-1}]^2 \\ [J_+^{-1}]^3 \end{pmatrix}(x, \lambda) \tag{3.17}$$

类似于对 P_1 分析，可以得到 P_2 在充分大 λ 的渐近行为，当 $\lambda \in C^- \to \infty$ 时 $P_2 \to I$。

将 Jost 解方程（3.7）代入方程（3.10），可得：

$$([J_-]_1, [J_-]_2, [J_-]_3) = ([J_+]_1, [J_+]_2, [J_+]_3) \times \begin{pmatrix} s_{11} & s_{12}e^{-2i\lambda x} & s_{13}e^{-2i\lambda x} \\ s_{21}e^{2i\lambda x} & s_{22} & s_{23} \\ s_{31}e^{2i\lambda x} & s_{32} & s_{33} \end{pmatrix}$$

$$\tag{3.18}$$

从中可得：

$$[J_-]_1 = s_{11}[J_+]_1 + s_{21}e^{2i\lambda x}[J_+]_2 + s_{31}e^{2i\lambda x}[J_+]_3 \tag{3.19}$$

因此，P_1 可以被重新写为以下形式：

$$P_1 = ([J_-]_1, [J_+]_2, [J_+]_3) = ([J_+]_1, [J_+]_2, [J_+]_3) \times \begin{pmatrix} s_{11} & 0 & 0 \\ s_{21}e^{2i\lambda x} & 1 & 0 \\ s_{31}e^{2i\lambda x} & 0 & 1 \end{pmatrix}$$

$$\tag{3.20}$$

另外，把方程（3.14）代入方程（3.16），我们可得等式，如下：

$$\begin{pmatrix} [J_-^{-1}]^1 \\ [J_-^{-1}]^2 \\ [J_-^{-1}]^3 \end{pmatrix} = \begin{pmatrix} r_{11} & r_{12}e^{-2i\lambda x} & r_{13}e^{-2i\lambda x} \\ r_{21}e^{2i\lambda x} & r_{22} & r_{23} \\ r_{31}e^{2i\lambda x} & r_{32} & r_{33} \end{pmatrix}\begin{pmatrix} [J_+^{-1}]^1 \\ [J_+^{-1}]^2 \\ [J_+^{-1}]^3 \end{pmatrix} \tag{3.21}$$

由此可得 $[J_-^{-1}]^1$ 表达式为：

$$[J_-^{-1}]^1 = r_{11}[J_+^{-1}]^1 + r_{12}e^{-2i\lambda x}[J_+^{-1}]^2 + r_{13}e^{-2i\lambda x}[J_+^{-1}]^3 \tag{3.22}$$

然后 P_2 可以重新表示为：

$$P_2 = \begin{pmatrix} [J_-^{-1}]^1 \\ [J_+^{-1}]^2 \\ [J_+^{-1}]^3 \end{pmatrix} = \begin{pmatrix} r_{11} & r_{12}e^{-2i\lambda x} & r_{13}e^{-2i\lambda x} \\ 0 & 1 & 0 \\ 0 & 0 & 1 \end{pmatrix} \begin{pmatrix} [J_+^{-1}]^1 \\ [J_+^{-1}]^2 \\ [J_+^{-1}]^3 \end{pmatrix} \qquad (3.23)$$

到目前为止，所得到的函数 P_1 和 P_2 分别在 C^+ 和 C^- 解析，且具有渐近性质 $P_{1,2}(x, \lambda) \to I$，$\lambda \in C^\pm \to \infty$。根据上面分析，一个 Riemann-Hilbert 问题[113]可以建立如下所示：

· P_1 和 P_2 分别在 $C^\pm$ 解析；

· $P_2 P_1 = G(x, \lambda)$；

· $\lambda \to \infty$ 时，$P_{1,2} \to I$。

其中，跳跃矩阵为：

$$G(x, t, \lambda) = \begin{pmatrix} 1 & r_{12}e^{-2i\lambda x} & r_{13}e^{-2i\lambda x} \\ s_{21}e^{2i\lambda x} & 1 & 0 \\ s_{31}e^{2i\lambda x} & 0 & 1 \end{pmatrix} \qquad (3.24)$$

且满足 $r_{11}s_{11} + r_{12}s_{21} + r_{13}s_{31} = 1$。

3.3 耦合高阶非线性 Schrödinger 方程 N-孤子解

下面，我们将基于上述 Riemann-Hilbert 问题，推导耦合高阶非线性 Schrödinger 方程（3.3）的 N-孤子解。为此，通过将带有零点的 Riemann-Hilbert 问题转化成一个不带零点的正则问题来解决。另外，有必要指出 $\det P_{1,2}$ 在上下半平面上的零点，并确定 $\ker P_{1,2}$ 在这些零点上的结构。注意到 P_1 和 P_2 的定义，我们立即得到：

$$\det P_1 = s_{11}(\lambda), \quad \lambda \in C^+ \qquad (3.25a)$$

$$\det P_2 = r_{11}(\lambda), \quad \lambda \in C^- \tag{3.25b}$$

从方程（3.25）可知，$\det P_1$ 和 $\det P_2$ 分别与 s_{11} 和 r_{11} 含有相同的零点。

根据上面得到的结论，我们现在研究解析区域中零点的特性。已知位势矩阵 U_1 具有对称关系如下：

$$U_1^{\dagger} = -U_1$$

这里 † 表示矩阵的 Hermitian 共轭。根据上面对称关系和方程（3.16），可得：

$$J_{\pm}^{\dagger}(\lambda^*) = J_{\pm}^{-1}(\lambda) \tag{3.26}$$

为了便于讨论，我们引入两个谱矩阵 $H_1 = \text{diag}(1, 0, 0)$ 和 $H_2 = \text{diag}(0, 1, 0)$，于是方程（3.20）和方程（3.23）表示为以下形式：

$$P_1 = J_- H_1 + J_+ H_2$$
$$P_2 = H_1 J_-^{-1} + H_2 J_+^{-1} \tag{3.27}$$

直接把方程（3.27）第一个公式取 Hermitian 共轭，并利用关系方程（3.11）和方程（3.27）生成

$$P_1^{\dagger}(\lambda^*) = P_2(\lambda)$$
$$S^{\dagger}(\lambda^*) = R(\lambda) \tag{3.28}$$

其中，$\lambda \in C^-$。利用方程（3.28）中的第二个方程，我们进一步推导出 $s_{11}^*(\lambda^*) = r_{11}(\lambda)$，其表明 s_{11} 的每个零点 λ_k 对应产生 r_{11} 的每个零点 λ_k^*。因此，一般情况下假设 $\det P_1$ 在 C^+ 含有 N 个简单零点 $\{\lambda_j\}_1^N$，$\det P_2$ 在 C^- 含有 N 个简单零点 $\{\hat{\lambda}_j\}_1^N$，其中 $\hat{\lambda}_j = \lambda_j^*$，$1 \leq j \leq N$。每个 $\ker P_1(\lambda_j)$ 和 $\ker P_2(\hat{\lambda}_j)$ 分别仅含有一个简单列向量 v_j 和行向量 $\hat{v}_j$。

$$P_1(\lambda_j) v_j = 0$$
$$\hat{v}_j P_1(\hat{\lambda}_j) = 0 \tag{3.29}$$

对方程（3.29）中第一个公式取 Hermitian 共轭并利用方程（3.28），然后比较方程（3.29）的第二个方程，发现特征向量满足关系

$$\hat{v}_j = v_j^{\dagger}, \quad (1 \leq j \leq N) \tag{3.30}$$

对方程（3.30）中第一个公式分别关于 x 和 t 求偏导，再结合 Lax 对方

程（3.6），我们得到下面两个方程：

$$P_1(\lambda_j)\left(\frac{\partial v_j}{\partial x}-i\lambda_j \Lambda x\right)=0 \tag{3.31a}$$

$$P_1(\lambda_j)\left(\frac{\partial v_j}{\partial t}-8ir\lambda_j^4 \Lambda t\right)=0 \tag{3.31b}$$

当对方程（3.31）中的 x 和 t 积分后，可以得到关于 v_j 的表达式如下：

$$v_j=e^{i\lambda_j \Lambda x+8ir\lambda_j^4 \Lambda t}v_{j,0}, \quad (1\leqslant j\leqslant N) \tag{3.32}$$

其中，$v_{j,0}$ 是不依赖于 x 和 t 的常数。利用关系方程（3.32）可以得到：

$$\hat{v}_j=v_{j,0}^{\dagger}e^{-i\lambda_j^* \Lambda x-8ir\lambda_j^{*4}\Lambda t}, \quad (1\leqslant j\leqslant N) \tag{3.33}$$

为了求出 CH-NLS 方程（3.3）的孤子解，我们需要选择跳跃矩阵为 3×3 单位矩阵，在无反射的情况下可以实现这一目标，即意味着散射系数 r_{12}，r_{13}，s_{21}，s_{31} 消失。最后，这个特殊的 Riemann-Hilbert 问题的唯一解可以表示为：

$$P_1(\lambda)=I-\sum_{k=1}^{N}\sum_{j=1}^{N}\frac{v_k\hat{v}_j(M^{-1})_{kj}}{\lambda-\hat{\lambda}_j} \tag{3.34a}$$

$$P_2(\lambda)=I+\sum_{k=1}^{N}\sum_{j=1}^{N}\frac{v_k\hat{v}_j(M^{-1})_{kj}}{\lambda-\hat{\lambda}_j} \tag{3.34b}$$

其中，M 是一个 $N\times N$ 矩阵，定义如下：

$$M=(M_{kj})_{N\times N}=\left(\frac{\hat{v}_k v_j}{\lambda_j-\hat{\lambda}_k}\right)_{N\times N}, \quad (1\leqslant k,\ j\leqslant N)$$

这里 $(M^{-1})_{kj}$ 表示 M^{-1} 的第 (k,j) 位置元素。

接下来，利用散射数据对位势函数 q_1 和 q_2 进行重构。把 $P_1(\lambda)$ 在充分大 λ 展开成级数。

$$P_1=I+\frac{P_1^{(1)}}{\lambda}+O\left(\frac{1}{\lambda^2}\right), \quad (\lambda\rightarrow\infty) \tag{3.35}$$

然后，代入方程（3.6a）重构位势函数。

$$\begin{cases} q_1 = -2i(P_1^{(1)})_{21} \\ q_2 = -2i(P_1^{(1)})_{31} \end{cases} \tag{3.36}$$

其中，矩阵 $(P_1^{(1)})_{21}$ 和 $(P_1^{(1)})_{31}$ 分别是矩阵 $P_1^{(1)}$ 的 （2，1） 和 （3，1） 位置元素。比较方程 （1.34） 中的第一个公式，显然可以得到矩阵如下：

$$P_1^{(1)} = -\sum_{k=1}^{N}\sum_{j=1}^{N} v_k \hat{v}_j (M^{-1})_{kj} \tag{3.37}$$

为了精确地表示高阶耦合非线性 Schrödinger 方程 （3.3） 的显式多孤子解，仅需要设非零复向量 $v_{j,0} = (\alpha_j, \beta_j, \gamma_j)^T$ 和复常数 $\theta_j = i\lambda_j x + 8ir\lambda_j^4 t$，$Im\lambda_j < 0$，$1 \leqslant j \leqslant N$。根据上面所有结论，最终得到了 N-孤子解公式。

$$q_1(x, t) = 2i\sum_{k=1}^{N}\sum_{j=1}^{N} \beta_k \alpha_j^* e^{\theta_k - \theta_j^*} (M^{-1})_{kj} \tag{3.38a}$$

$$q_2(x, t) = 2i\sum_{k=1}^{N}\sum_{j=1}^{N} \gamma_k \alpha_j^* e^{\theta_k - \theta_j^*} (M^{-1})_{kj} \tag{3.38b}$$

其中，

$$M_{kj} = \frac{\alpha_k^* \alpha_j e^{-\theta_k^* - \theta_j} + (\beta_k^* \beta_j + \gamma_k^* \gamma_j) e^{\theta_k^* + \theta_j}}{\lambda_j - \lambda_k^*}, \quad (1 \leqslant k, j \leqslant N)$$

根据假设，方程 （3.38） 中的解可以重新表示为一个更简洁的形式，如下：

$$q_1(x, t) = -2i\frac{\det F}{\det M} \tag{3.39a}$$

$$q_2(x, t) = -2i\frac{\det G}{\det M} \tag{3.39b}$$

其中，F 和 G 是 $(n+1) \times (n+1)$ 矩阵，定义如下：

$$F = \begin{pmatrix} 0 & \beta_1 e^{\theta_1} & \cdots & \beta_N e^{\theta_N} \\ \alpha_1^* e^{-\theta_1^*} & M_{11} & \cdots & M_{1N} \\ \vdots & \vdots & & \vdots \\ \alpha_N^* e^{-\theta_N^*} & M_{N1} & \cdots & M_{N1} \end{pmatrix}$$

和

$$G = \begin{pmatrix} 0 & \gamma_1 e^{\theta_1} & \cdots & \gamma_N e^{\theta_N} \\ \alpha_1^* e^{-\theta_1^*} & M_{11} & \cdots & M_{1N} \\ \vdots & \vdots & & \vdots \\ \alpha_N^* e^{-\theta_N^*} & M_{N1} & \cdots & M_{N1} \end{pmatrix}$$

3.4 精确呼吸解和孤子解的动力学行为

在这一部分，通过分析解的表达式和画出丰富的图形来研究解的性质和动力学行为。

首先，在 $N = 1$ 的情况下，从 N-孤子解方程（3.38）可得 1-孤子解如下：

$$q_1(x, t) = 2i\beta_1 \alpha_1^* e^{\theta_1 - \theta_1^*} \frac{\lambda_1 - \lambda_1^*}{|\alpha_1|^2 e^{-\theta_1^* - \theta_1} + (|\beta_1|^2 + |\gamma_1|^2) e^{\theta_1^* + \theta_1}}$$

（3.40a）

$$q_2(x, t) = 2i\gamma_1 \alpha_1^* e^{\theta_1 - \theta_1^*} \frac{\lambda_1 - \lambda_1^*}{|\alpha_1|^2 e^{-\theta_1^* - \theta_1} + (|\beta_1|^2 + |\gamma_1|^2) e^{\theta_1^* + \theta_1}}$$

（3.40b）

其中，$\theta_1 = i\lambda_1 x + 8ir\lambda_1^4 t$。此外，通过选择参数 $\alpha_1 = 1$，$r = \dfrac{1}{2}$，并设 $\lambda_1 = a_1 + ib_1$ 和 $|\beta_1|^2 + |\gamma_1|^2 = e^{2\tau_1}$，解方程（3.40）表示成 x 和 t 的更简洁形式，如下：

$$q_1(x, t) = -2b_1 \beta_1 e^{2iY} e^{-\tau_1} \mathrm{sech}(2X + \tau_1)$$

（3.41a）

$$q_2(x, t) = -2b_1 \gamma_1 e^{2iY} e^{-\tau_1} \mathrm{sech}(2X + \tau_1)$$

（3.41b）

这里，

$$X = -b_1 x + 16a_1 b_1 (b_1^2 - a_1^2) t$$

$$Y = a_1 x + 4(b_1^4 - 6a_1^2 b_1^2 + a_1^4)t$$

图 3.1 为当参数选择 $r = \dfrac{1}{2}$、$\alpha_1 = \beta_2 = 1$、$a_1 = \dfrac{1}{2}$、$b_1 = -\dfrac{1}{5}$、$\tau_1 = 0$ 时解方程（3.41）中 $q_1(x, t)$ 对应的两种解。（a）为 $q_1(x, t)$ 的实部对应的 1-阶呼吸解；（b）为 $q_1(x, t)$ 的虚部对应的 1-阶呼吸解；（c）为 $|q_1(x, t)|$ 对应的孤子解；（d）、（e）和（f）是图 3.1（a）、（b）和（c）在不同时刻沿着 x 轴的传播样式。

经过分析可以看出解方程（3.41）表现出双曲正割函数特点，在传播过程中具有最大振幅 $H = 2|b_1 \beta_1|e^{-\tau_1}$ 和稳定速度 $V = -32a_1 b_1(b_1^2 - a_1^2)t$。通过选择合适的参数，解方程（3.41）的实部展现出呼吸解的特点，模量退化为孤子解，如图 3.1 所示。这里以 $q_1(x, t)$ 为例进行讨论，$q_2(x, t)$ 具有相似的性质。通过图 3.1（d）和（e）可知，呼吸解沿着直线 l：$-b_1 x + 16a_1 b_1(b_1^2 - a_1^2)t = 0$，对应于 x 轴从正方向往负方向传播，周期为 $T_1 = \dfrac{\pi}{\sqrt{a_1^2 + 16\ (a_1^4 - 6a_1^2 a_1^2 + b_1^4)^2}}$。类似的分析表明，1-孤子解也对应于 x 轴从右边向左边传播。

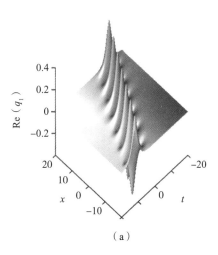

（a）

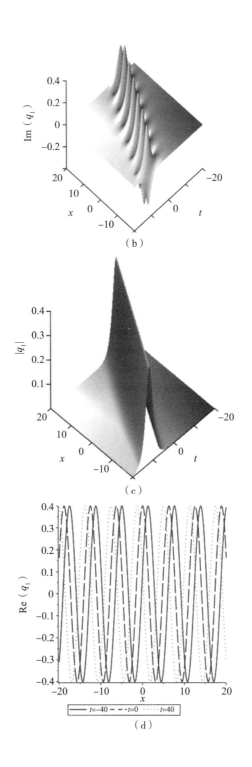

(b)

(c)

(d)

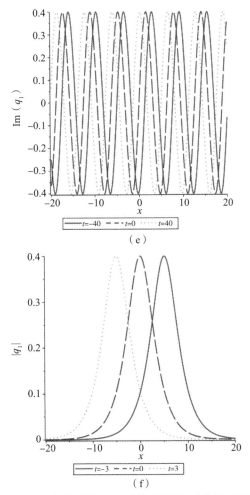

图 3.1　一阶呼吸解、一阶孤子解及其对应的剖面图

在 $N=2$ 的情况下，从方程（3.2）中可以得到 2-孤子解如下：

$$q_1(x,\ t) = \frac{2i}{M_{11}M_{22} - M_{12}M_{21}} \big(\beta_1 \alpha_1^* M_{22} e^{\theta_1 - \theta_1^*} - \beta_1 \alpha_2^* M_{12} e^{\theta_1 - \theta_2^*}$$

$$- \beta_2 \alpha_1^* M_{21} e^{\theta_2 - \theta_1^*} + \beta_2 \alpha_2^* M_{11} e^{\theta_2 - \theta_2^*} \big) \tag{3.42a}$$

$$q_2(x,\ t) = \frac{2i}{M_{11}M_{22} - M_{12}M_{21}} \big(\gamma_1 \alpha_1^* M_{22} e^{\theta_1 - \theta_1^*} - \gamma_1 \alpha_2^* M_{12} e^{\theta_1 - \theta_2^*}$$

$$- \gamma_2 \alpha_1^* M_{21} e^{\theta_2 - \theta_1^*} + \gamma_2 \alpha_2^* M_{11} e^{\theta_2 - \theta_2^*} \big) \tag{3.42b}$$

其中，

$$M_{11} = \frac{|\alpha_1|^2 e^{-\theta_1^* - \theta_1} + (|\beta_1|^2 + |\gamma_1|^2) e^{\theta_1^* + \theta_1}}{\lambda_1 - \lambda_1^*}$$

$$M_{12} = \frac{\alpha_1^* \alpha_2 e^{-\theta_1^* - \theta_2} + (\beta_1^* \beta_2 + \gamma_1^* \gamma_2) e^{\theta_1^* + \theta_2}}{\lambda_2 - \lambda_1^*}$$

$$M_{21} = \frac{\alpha_2^* \alpha_1 e^{-\theta_2^* - \theta_1} + (\beta_2^* \beta_1 + \gamma_2^* \gamma_1) e^{\theta_2^* + \theta_1}}{\lambda_1 - \lambda_2^*}$$

$$M_{22} = \frac{|\alpha_2|^2 e^{-\theta_2^* - \theta_2} + (|\beta_2|^2 + |\gamma_2|^2) e^{\theta_2^* + \theta_2}}{\lambda_2 - \lambda_2^*}$$

和

$$\theta_j = i\lambda_j x + 8ir\lambda_j^4 t, \quad \lambda_j = a_j + ib_j, \quad (j = 1, 2)$$

图 3.2 为当参数 $r = \dfrac{3}{2}$、$\gamma_1 = \dfrac{\sqrt{2}}{2}$、$\alpha_1 = \alpha_2 = 1$、$\beta_1 = \beta_2 = \dfrac{\sqrt{2}}{2}$、$a_1 = -\dfrac{1}{2}$、$b_1 = -\dfrac{1}{5}$、$a_2 = \dfrac{2}{5}$、$b_2 = -\dfrac{3}{10}$、$\tau_1 = 0$ 时方程（3.41）中的 $q_2(x, t)$ 对应的两种解。（a）为 $q_2(x, t)$ 的实部对应的交叉样式 2-阶呼吸解；（b）为 $q_2(x, t)$ 的虚部对应的交叉样式 2-阶呼吸解；（c）为 $|q_2(x, t)|$ 对应的 2-孤子解；（d）为图 3.2（a）的等高线图和传播轨道；（e）为图 3.2（b）的等高线图和传播轨道；（f）为图 3.2（c）在不同时刻沿着 x 轴的传播曲线。

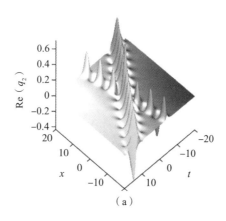

（a）

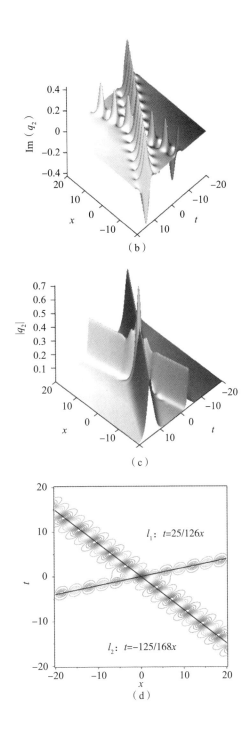

（b）

（c）

（d）

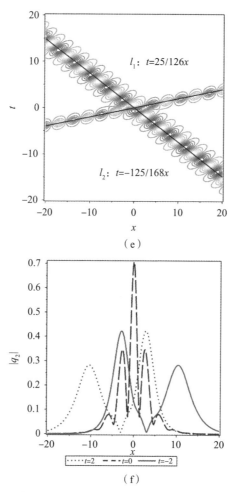

（e）

（f）

图3.2 二阶呼吸解、二孤子解及其对应的等高线图和剖面图

在假设 $\alpha_1 = \alpha_2 = 1$、$\beta_1 = \beta_2$、$\gamma_1 = \gamma_2$ 和 $|\beta_1|^2 + |\gamma_1|^2 = e^{2\tau_1}$ 下，2-孤子解方程（3.42）变得非常清楚。

$$q_1(x,\ t) = \frac{2i\beta_1}{M_{11}M_{22} - M_{12}M_{21}}(e^{\theta_1 - \theta_1^*}M_{22} - e^{\theta_1 - \theta_2^*}M_{12} - e^{\theta_2 - \theta_1^*}M_{21} - e^{\theta_2 - \theta_2^*}M_{11})$$

（3.43a）

$$q_2(x, t) = \frac{2i\gamma_1}{M_{11}M_{22} - M_{12}M_{21}}(e^{\theta_1 - \theta_1^*}M_{22} - e^{\theta_1 - \theta_2^*}M_{12} - e^{\theta_2 - \theta_1^*}M_{21} - e^{\theta_2 - \theta_2^*}M_{11})$$

$$(3.43\text{b})$$

其中，

$$M_{11} = -\frac{ie^{\tau_1}}{b_1}\cosh(\theta_1^* + \theta_1 + \tau_1)$$

$$M_{12} = \frac{2e^{\tau_1}}{(a_2 - a_1) + i(b_1 + b_2)}\cosh(\theta_1^* + \theta_2 + \tau_1)$$

$$M_{22} = -\frac{ie^{\tau_1}}{b_2}\cosh(\theta_2^* + \theta_2 + \tau_1)$$

$$M_{21} = \frac{2e^{\tau_1}}{(a_1 - a_2) + i(b_1 + b_2)}\cosh(\theta_2^* + \theta_1 + \tau_1)$$

图 3.3 中，把 r 变为 $\frac{1}{2}$，其余参数与图 3.2 相同，得到的二阶呼吸解、二孤子解及其对应的浓度图和剖面图。

经过选择适当的参数，解方程（3.43）的空间结构和包络面图在图 3.2 中展示出来。由 $q_2(x, t)$ 的实部和虚部得到的交叉样式 2-阶呼吸解清晰可见。其中，一个呼吸解沿着直线 l_1：$-b_1x + 16a_1b_1(b_1^2 - a_1^2)t = 0$ 传播，具有速度 $V_1 = -32a_1b_1(b_1^2 - a_1^2)t$ 和周期 $T_{l_2} = \dfrac{\pi}{\sqrt{a_1^2 + 16(a_1^4 - 6a_1^2a_1^2 + b_1^4)^2}}$。另一个呼吸解沿着另一条直线 l_2：$-b_2x + 16a_2b_2(b_2^2 - a_2^2)t = 0$ 传播，具有速度 $V_2 = -32a_2b_2(b_2^2 - a_2^2)t$ 和周期 $T_{l_2} = \dfrac{\pi}{\sqrt{a_2^2 + 16(a_2^4 - 6a_2^2a_2^2 + b_2^2)^2}}$。然而，$q_2(x, t)$ 的模表现为基本的 2-孤子解，它们相互作用并在坐标原点处达到最大振幅。图 3.2（c）中的一般 2-孤子实际上表明了两个基本孤子之间的非线性叠加，并且一直有界。

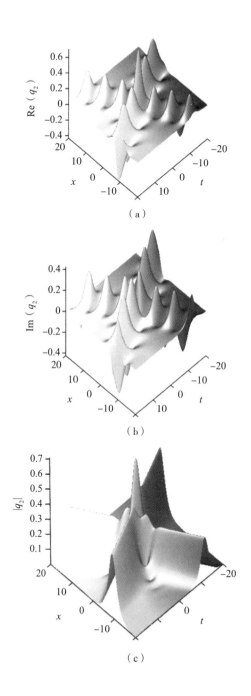

（a）

（b）

（c）

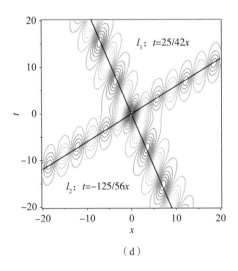

（d）

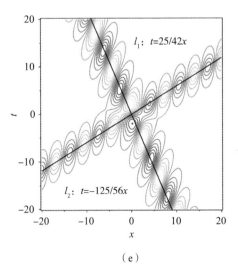

（e）

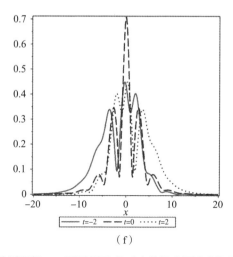

（f）

图 3.3　二阶呼吸解、二孤子解及其对应的浓度图和剖面图 （$r = 1/2$）

随后，我们将分析高阶线性和非线性效应 r 对 2-阶呼吸子和孤子解动力学的影响。对比图 3.2 和图 3.3，在其他参数不变的情况下，随着 r 的减小，两个 2-阶呼吸解的周期增大，速度减小，相位变化，但振幅不变。此外，对于 2-阶呼吸子和双孤子解，两个单孤子之间的夹角也增大。

当 $N = 3$ 时，类似于 2-孤子解公式的推导，可以得到 $q_1(x, t)$ 和 $q_2(x, t)$ 的表达式如下：

$$
\begin{aligned}
q_1(x, t) = 2i[&\beta_1 \alpha_1^* e^{\theta_1 - \theta_1^*} (M^{-1})_{11} + \beta_1 \alpha_2^* e^{\theta_1 - \theta_2^*} (M^{-1})_{12} + \beta_1 \alpha_3^* e^{\theta_1 - \theta_3^*} (M^{-1})_{13} \\
&+ \beta_2 \alpha_1^* e^{\theta_2 - \theta_1^*} (M^{-1})_{21} + \beta_2 \alpha_2^* e^{\theta_2 - \theta_1^*} (M^{-1})_{22} + \beta_2 \alpha_3^* e^{\theta_2 - \theta_3^*} (M^{-1})_{23} \\
&+ \beta_3 \alpha_1^* e^{\theta_3 - \theta_1^*} (M^{-1})_{31} + \beta_3 \alpha_2^* e^{\theta_3 - \theta_2^*} (M^{-1})_{32} + \beta_3 \alpha_3^* e^{\theta_3 - \theta_3^*} (M^{-1})_{33}]
\end{aligned}
$$

$$(3.44a)$$

$$
\begin{aligned}
q_1(x, t) = 2i[&\gamma_1 \alpha_1^* e^{\theta_1 - \theta_1^*} (M^{-1})_{11} + \gamma_1 \alpha_2^* e^{\theta_1 - \theta_2^*} (M^{-1})_{12} + \gamma_1 \alpha_3^* e^{\theta_1 - \theta_3^*} (M^{-1})_{13} \\
&+ \gamma_2 \alpha_1^* e^{\theta_2 - \theta_1^*} (M^{-1})_{21} + \gamma_2 \alpha_2^* e^{\theta_2 - \theta_1^*} (M^{-1})_{22} + \gamma_2 \alpha_3^* e^{\theta_2 - \theta_3^*} (M^{-1})_{23} \\
&+ \gamma_3 \alpha_1^* e^{\theta_3 - \theta_1^*} (M^{-1})_{31} + \gamma_3 \alpha_2^* e^{\theta_3 - \theta_2^*} (M^{-1})_{32} + \gamma_3 \alpha_3^* e^{\theta_3 - \theta_3^*} (M^{-1})_{33}]
\end{aligned}
$$

$$(3.44b)$$

当参数选择 $r=\dfrac{1}{2}$、$\alpha_j=1$、$\beta_j=\dfrac{\sqrt{2}}{2}$、$1\leqslant j\leqslant3$、$a_1=-\dfrac{1}{2}$、$b_1=-\dfrac{1}{5}$、$a_2=$

$\dfrac{9}{20}$、$b_2=-\dfrac{3}{10}$、$a_3=\dfrac{7}{20}$、$b_3=-\dfrac{2}{5}$、$\tau_1=0$ 时，方程（3.44）中 $q_1(x,t)$ 对

应的两种解如图 3.4 所示。（a）为 $q_1(x,t)$ 的实部对应的 3-阶呼吸解；（b）

为 $q_1(x,t)$ 的虚部对应的 3-阶呼吸解；（c）为 $|q_1(x,t)|$ 对应的 3-孤子解；

（d）、（e）和（f）是浓度图和等高线图。

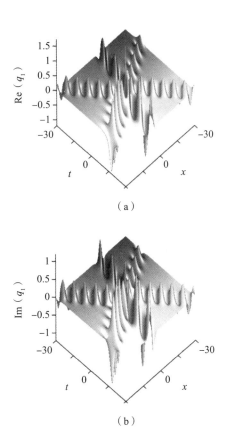

（a）

（b）

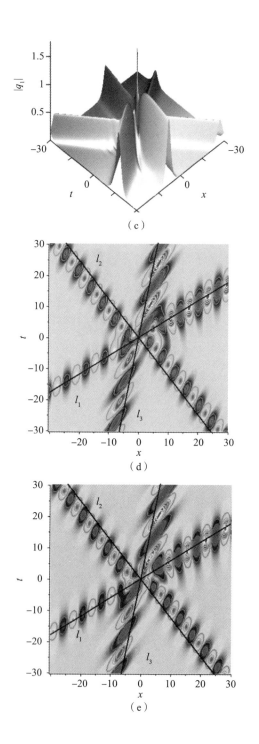

（c）

（d）

（e）

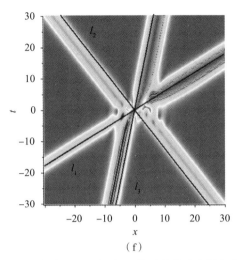

（f）

图 3.4　三阶呼吸解、三孤子解及其对应的浓度图和等高线图

　　这里 $M = (M_{kj})_{3 \times 3}$ 是一个 3×3 矩阵函数。由于表达式项数太多，我们略去 M_{kj} 和 $M = (M^{-1})_{kj}(1 \leqslant k, j \leqslant 3)$ 的元素。通过选择合适的参数，可以得到 $q_1(x, t)$ 的实部和虚部对应的 3-阶呼吸解和模量对应的 3-孤子解，它们的动力学行为在图 3.4 中展现出来。需要特别指出，特定呼吸解和孤子解右行波的振幅迅速增大，这与图 3.2 和图 3.3 明显不同。此外，当碰撞发生后，右行波的振幅不再沿原轨道传播，意味着碰撞是非弹性的[114]。因此，这种有趣的 3-孤子相互作用不能被看作是基本孤子解的非线性叠加，有待将来进一步研究。

第 4 章

阿尔法螺旋蛋白中三分量四阶非线性 Schrödinger 系统孤子解及其非线性 动力行为研究

4.1　三分量四阶非线性 Schrödinger 系统

非线性 Schrödinger 型方程可以模拟分子生物学、等离子体物理、非线性光学、流体力学和玻色 – 爱因斯坦凝聚态等领域中的非线性现象和共振相互作用过程[115-119]。在分子生物学领域中已经发现，蛋白质分子中的生物能是靠三磷酸腺苷的水解而释放的，这些能量可以储存在蛋白质的肽基中, 并在 α 螺旋蛋白质链中运输[120,121]。在蛋白质分子中, 由色散和非线性效应的平衡而产生的孤子是一种稳定的载体, 能够在保持能量不变的情况下传递生物能[122]。

为了描述 α 螺旋蛋白质链中的动力学特性, 研究者提出了三分量四阶非线性 Schrödinger 系统[123-126]。

$$iq_{j,t} + q_{j,xx} + 2\sum_{\rho=1}^{3} |q_\rho|^2 q_j + \gamma\big[q_{j,xxxx} + 2\sum_{\rho=1}^{3} |q_{\rho,x}|^2 q_j + 2\sum_{\rho=1}^{3} q_\rho q_{\rho,x}^* q_{j,x}$$

$$+ 6\sum_{\rho=1}^{3} q_\rho^* q_{\rho,x}^* q_{j,x} + 4\sum_{\rho=1}^{3} |q_\rho|^2 q_{j,xx} + 4\sum_{\rho=1}^{3} q_\rho^* q_{\rho,xx} q_j + 2\sum_{\rho=1}^{3} q_\rho q_{\rho,xx}^* q_j$$

$$+ 6\big(\sum_{\rho=1}^{3} q_\rho q_\rho^*\big)^2 q_j\big] = 0, \ (j = 1, 2, 3) \tag{4.1}$$

其中, $q_\alpha(x, t)$ 表示第 α 个脊椎的分子激发的振幅, γ 表示高阶线性和非线性效应的强度, 下标 x, t 表示空间变量和时间变量的偏导数, $*$ 表示共轭复数。对于系统方程 (4.1), 文献 [120] 通过 Darboux 变换得到了多孤子解; 文献 [123] 通过二元 Bell 多项式方法得到了双线性形式和多孤子解; 文献 [124] 通过广义 Darboux 变换得到了半有理畸形波。

用 Hirota 双线性方法求 N 孤子解是一种经典的研究手段。一些文献分析并探讨了标量 (1 + 1) 维和 (2 + 1) 维方程的广田 N-孤子条件。基本思想是通过比较由 Hirota 函数生成的多项式在 N 个波向量上的次数, 提出了一种检验 Hirota 条件的算法。在对 Hirota 函数进行变换时引入了一个权值以实现多项式的齐性, 这个方法实现了一大类孤子方程的存在性和求解性问题, 例如, 广义高阶 KdV 方程[127]、Hirota-Satsuma-Ito 方程[128]、KP 方程[129]、B-类型 KP 方程[130]、复合 pKP-BKP 方程[131]等等。

研究非线性演化方程的精确解具有重要的理论和应用价值。Riemann-Hilbert 方法[132-139]起源于反散射变换是构造多孤子解的十分有效的方法。据我们所知, 系统方程 (4.1) 还没有用 Riemann-Hilbert 研究过。此外, Riemann-Hilbert 方法还可用于研究可积非线性方程的初边值问题和解的长时间渐近性态[140-145]。许多可积方程已经通过 Riemann-Hilbert 方法得到孤子解，包括短脉冲方程[146]、Harry-Dym 方程[147]等。

4.2　Riemann-Hilbert 问题

在本节中，通过直接散射变换构造一个与系统（4.1）相关的 Riemann-Hilbert 问题。系统方程（4.1）的 Lax 对如下：

$$\begin{cases} \psi_x = U\psi \\ U = i\lambda\sigma + iP \end{cases} \tag{4.2a}$$

$$\begin{cases} \psi_t = V\psi \\ V = -8i\gamma\sigma\lambda^4 - 8i\gamma P\lambda^3 + 2(2i\gamma P^2\sigma - 2\gamma\sigma P_x + i\sigma)\lambda^2 + 2(i\gamma P_{xx} \\ \quad\quad + 2i\gamma P^3 - \gamma PP_x + \gamma P_x P + iP)\lambda + \gamma\sigma P_{xxx} - i\gamma\sigma PP_{xx} - i\gamma\sigma P_{xx}P \\ \quad\quad - 3i\gamma\sigma P^4 - i\sigma P^2 + i\gamma(P_x)^2\sigma + 3\gamma\sigma P^2 P_x + 3\gamma\sigma P_x P^2 + \sigma P_x \end{cases} \tag{4.2b}$$

其中，$\psi = (\psi_1, \psi_2, \psi_3, \psi_4)^T$ 是一个向量特征函数，$\lambda \in \mathbb{C}$ 是一个复谱参数，上标 T 表示向量的转置，σ 和 P 的表达式如下：

$$\sigma = \text{diag}(1, -1, -1, -1)$$

$$P = \begin{pmatrix} 0 & q_1^* & q_2^* & q_3^* \\ q_1 & 0 & 0 & 0 \\ q_2 & 0 & 0 & 0 \\ q_3 & 0 & 0 & 0 \end{pmatrix} \tag{4.3}$$

零曲率方程 $U_t - V_x + UV - VU = 0$ 产生三分量四阶非线性 Schrödinger 系统方程（4.1）。假设 Lax 对方程（4.2）中的位势函数 q_1，q_2，q_3 和 q_4 当 $x \to \pm\infty$ 时迅速衰减到 0。然后从 Lax 对方程（4.2）容易得到条件 $\psi \propto e^{i(\lambda x - 8\gamma\lambda^4 t)\sigma}$。为便于讨论，我们引入下列变换：

$$\psi = J e^{i(\lambda x - 8\gamma\lambda^4 t)\sigma} \tag{4.4}$$

根据变换方程（4.4），Lax 对方程（4.2）。变换成另一种简洁的形式如下：

$$J_x - i\lambda[\sigma, \ J] = U_1 J \tag{4.5a}$$

$$J_t + 8i\gamma\lambda^4[\sigma, \ J] = U_2 J \tag{4.5b}$$

这里，

$$U_1 = iP$$

$$U_2 = -8i\gamma P\lambda^3 + 2(2i\gamma P^2\sigma - 2\gamma\sigma P_x + i\sigma)\lambda^2 + 2(i\gamma P_{xx} + 2i\gamma P^3 - \gamma PP_x$$

$$+ \gamma P_x P + iP)\lambda + \gamma\sigma P_{xxx} - i\gamma\sigma PP_{xx} - i\gamma\sigma P_{xx}P - 3i\gamma\sigma P^4 - i\sigma P^2$$

$$+ i\gamma(P_x)^2\sigma + 3\gamma\sigma P^2 P_x + 3\gamma\sigma P_x P^2 + \sigma P_x$$

现在，对 Lax 对（4.5）的 x 部分考虑直接散射过程，可以得到两个矩阵 Jost 解。

$$J_{\pm} = ([J_{\pm}]_1, \ [J_{\pm}]_2, \ [J_{\pm}]_3, \ [J_{\pm}]_4) \tag{4.6}$$

且满足渐近条件 $J_{\pm} \to \mathbb{I}$，$x \to \pm\infty$。这里 $[J_{\pm}]_l$（$l=1, 2, 3, 4$）分别是 $J_{\pm}$ 的 l 列，$\mathbb{I}$ 是 4×4 单位矩阵，$J_{\pm}$ 是下列 Volterra 积分方程的唯一解。

$$J_-(x, \ \lambda) = \mathbb{I} + \int_{-\infty}^{x} e^{i\lambda(x-y)\sigma} U_1(y) J_-(y; \ \lambda) e^{-i\lambda(x-y)\sigma} \mathrm{d}y \tag{4.7a}$$

$$J_+(x, \ \lambda) = \mathbb{I} - \int_{x}^{+\infty} e^{i\lambda(x-y)\sigma} U_1(y) J_+(y; \ \lambda) e^{-i\lambda(x-y)\sigma} \mathrm{d}y \tag{4.7b}$$

通过对方程（4.7）的直接分析可知，$[J_+]_1$，$[J_-]_2$，$[J_-]_3$，$[J_-]_4$ 在上半平面 $\mathbb{C}^+$ 解析，$[J_{-1}]_1$，$[J_+]_2$，$[J_+]_3$，$[J_+]_4$ 在下半平面 $\mathbb{C}^-$ 解析，这里 $\mathbb{C}^+ = \{\lambda \mid \arg\lambda \in (0, \ \pi)\}$，$\mathbb{C}^- = \{\lambda \mid \arg\lambda \in (\pi, \ 2\pi)\}$。因为 $\mathrm{tr}(U_1) = \mathrm{tr}(U_2) = 0$ 利用 Abel 恒等式可以得到：

$$\det(J_{\pm}) = 1, \ (\lambda \in \mathbb{R}) \tag{4.8}$$

此外，通过计算可知 $J_- E$，$J_+ E$ 是谱问题方程（4.2）的矩阵解，这里 $E = e^{i\lambda x\sigma}$，它们可以用一个散射矩阵 $S(\lambda) = (s_{ij})_{3\times3}$ 线性相关。

$$J_- E = J_+ E \cdot S(\lambda), \ (\lambda \in \mathbb{R}) \tag{4.9}$$

从方程（4.8）我们可以得到 $\det S(\lambda) = 1$。进一步地，根据 J_- 的解析性质，s_{11} 可以解析开拓到 $\mathbb{C}^-$，$s_{ij}(i, j = 2, 3, 4)$ 可以解析开拓到 $\mathbb{C}^+$。

利用 $J_\pm$ 的解析性质，我们可以构造出在 $\lambda \in \mathbb{C}^+$ 的解析函数如下：

$$P_1(x, \lambda) = ([J_+]_1, [J_-]_2, [J_-]_3, [J_-]_4)(x, \lambda) \tag{4.10}$$

且满足渐近条件：

$$P_1(\lambda) \to \mathbb{I}, \ (\lambda \in \mathbb{C}^+ \to \infty) \tag{4.11}$$

为了写出三分量四阶非线性 Schrödinger 系统方程（4.1）的 Riemann-Hilbert 问题，我们必须找到一个在 $\mathbb{C}^-$ 解析的函数 P_2。为了这个目标，我们考虑 $J_\pm$ 的逆矩阵。

$$J_\pm^{-1} = ([J_\pm^{-1}]^1, [J_\pm^{-1}]^2, [J_\pm^{-1}]^3, [J_\pm^{-1}]^4)^T \tag{4.12}$$

当 $x \to \pm\infty$，它们满足边界条件 $J_\pm^{-1} \to \mathbb{I}$，这里 $[J_\pm^{-1}]^m (m = 1, 2, 3, 4)$ 表示行向量。$J_\pm^{-1}$ 还满足方程（4.5a）的伴随散射方程。

$$K_x = i\lambda[\sigma, K] - KU_1 \tag{4.13}$$

从方程（4.9）还可以得到下面线性关系：

$$E^{-1}J_-^{-1} = R(\lambda) \cdot E^{-1}J_+^{-1} \tag{4.14}$$

这里 $R(\lambda) = (r_{ij})_{3 \times 3} = S^-(\lambda)$ 是谱矩阵。如果我们对 P_2 做类似于 P_1 的分析可得：

$$P_2(x, \lambda) = ([J_+^{-1}]^1, [J_-^{-1}]^2, [J_-^{-1}]^3, [J_-^{-1}]^4)^T(x, \lambda) \tag{4.15}$$

其在下半平面 $\mathbb{C}^-$ 解析并满足渐近行为。

$$p_2(\lambda) \to \mathbb{I}, \ \lambda \in \mathbb{C}^- \to \infty \tag{4.16}$$

把 Jost 解方程（4.6）代入方程（4.9）可得：

$$J_+ = J_- \begin{pmatrix} r_{11} & r_{12}e^{2i\lambda x} & r_{13}e^{2i\lambda x} & r_{14}e^{2i\lambda x} \\ r_{21}e^{-2i\lambda x} & r_{22} & r_{23} & r_{24} \\ r_{31}e^{-2i\lambda x} & r_{32} & r_{33} & r_{34} \\ r_{41}e^{-2i\lambda x} & r_{42} & r_{43} & r_{44} \end{pmatrix} \tag{4.17}$$

从方程（4.17）可推导出：

$$[J_+]_1 = r_{11}[J_-]_1 + r_{21}e^{-2i\lambda x}[J_-]_2 + r_{31}e^{-2i\lambda x}[J_-]_3 + r_{41}e^{-2i\lambda x}[J_-]_4$$

$$(4.18)$$

因此，P_1 可以重新写为下列形式：

$$P_1 = ([J_-]_1, [J_-]_2, [J_-]_3, [J_-]_4) \begin{pmatrix} r_{11} & 0 & 0 & 0 \\ r_{21}e^{-2i\lambda x} & 1 & 0 & 0 \\ r_{31}e^{-2i\lambda x} & 0 & 1 & 0 \\ r_{41}e^{-2i\lambda x} & 0 & 0 & 1 \end{pmatrix} \quad (4.19)$$

另一方面，把方程（4.12）代入方程（4.14）可得下列关系：

$$\begin{pmatrix} [J_+^{-1}]^1 \\ [J_+^{-1}]^2 \\ [J_+^{-1}]^3 \\ [J_+^{-1}]^4 \end{pmatrix} = \begin{pmatrix} s_{11} & s_{12}e^{2i\lambda x} & s_{13}e^{2i\lambda x} & s_{14}e^{2i\lambda x} \\ s_{21}e^{-2i\lambda x} & s_{22} & s_{23} & s_{24} \\ s_{31}e^{-2i\lambda x} & s_{32} & s_{33} & s_{34} \\ s_{41}e^{-2i\lambda x} & s_{42} & s_{43} & s_{44} \end{pmatrix} \begin{pmatrix} [J_-^{-1}]^1 \\ [J_-^{-1}]^2 \\ [J_-^{-1}]^3 \\ [J_-^{-1}]^4 \end{pmatrix} \quad (4.20)$$

从方程（4.20）可以把 $[J_+^{-1}]^1$ 表示为：

$$[J_+^{-1}]^1 = s_{11}[J_-^{-1}]^1 + s_{12}e^{2i\lambda x}[J_-^{-1}]^2 + s_{13}e^{2i\lambda x}[J_-^{-1}]^3 + s_{14}e^{2i\lambda x}[J_-^{-1}]^4$$

$$(4.21)$$

然后 P_2 可以重新表示为：

$$P_2 = \begin{pmatrix} s_{11} & s_{12}e^{2i\lambda x} & s_{13}e^{2i\lambda x} & s_{14}e^{2i\lambda x} \\ 0 & 1 & 0 & 0 \\ 0 & 0 & 1 & 0 \\ 0 & 0 & 0 & 1 \end{pmatrix} \begin{pmatrix} [J_-^{-1}]^1 \\ [J_-^{-1}]^2 \\ [J_-^{-1}]^3 \\ [J_-^{-1}]^4 \end{pmatrix} \quad (4.22)$$

根据上面的分析，矩阵函数 P_1 和 P_2 分别在 $\mathbb{C}^+$ 和 $\mathbb{C}^-$ 解析且满足渐近性质 $P_{1,2}(x, \lambda) \to \mathbb{I}$，$\lambda \in \mathbb{C}^\pm \to \infty$。最终，建立了一个 Riemann-Hilbert 问题，如下：

· P_1 和 P_2 分别在 $\mathbb{C}^{\pm}$ 解析；

· $P_2P_1x = G(x, \lambda)$；

· $P_{1,2}(x, \lambda) \to \mathbb{I}$，$\lambda \in \mathbb{C}^{\pm} \to \infty$。

这里跳跃矩阵为：

$$G(x, \lambda) = \begin{pmatrix} 1 & s_{12}e^{2i\lambda x} & s_{13}e^{2i\lambda x} & s_{14}e^{2i\lambda x} \\ r_{21}e^{-2i\lambda x} & 1 & 0 & 0 \\ r_{31}e^{-2i\lambda x} & 0 & 1 & 0 \\ r_{41}e^{-2i\lambda x} & 0 & 0 & 1 \end{pmatrix} \qquad (4.23)$$

且满足 $s_{11}r_{11} + s_{12}r_{21} + s_{13}r_{31} + s_{14}r_{41} = 1$。

4.3　三分量四阶非线性 Schrödinger 系统的多孤子解

为了得到三分量四阶非线性 Schrödinger 系统（4.1）的多孤子解，假设 Riemann-Hilbert 问题是非正则的，即 $\det P_1$ 和 $\det P_2$，在各自的解析区域内存在一些零点。回顾 P_1 和 P_2 的定义，容易得到：

$$\det P_1 = r_{11}(\lambda), \quad \lambda \in \mathbb{C}^+ \qquad (4.24a)$$

$$\det P_2 = s_{11}(\lambda), \quad \lambda \in \mathbb{C}^- \qquad (4.24b)$$

从方程（4.24）可知 $\det P_1$ 在解析区域内和 r_{11} 有相同的零点，$\det P_2$ 在解析区域内和 s_{11} 有相同的零点。

根据上面得到的结果，我们现在研究解析区域内零点的性质。注意到位势矩阵 U_1 具有复共轭对称关系 $U_1^{\dagger} = -U_1$，这里 † 表示矩阵的 Hermitian 共轭。根据上面的关系和方程（4.14），可以推导出：

$$J_{\pm}^{\dagger}(\lambda^*) = J_{\pm}^{-1}(\lambda) \qquad (4.25)$$

在引入两个特殊的矩阵 $H_1 = \text{diag}(1, 0, 0, 0)$ 和 $H_2 = \text{diag}(0, 1, 1,$

1）之后，P_1 和 P_2 可以表示为如下形式：

$$P_1 = J_+ H_1 + J_- H_2$$

$$P_2 = H_1 J_+^{-1} + H_2 J_-^{-1} \tag{4.26}$$

对方程（4.26）中第一个公式取 Hermitian 共轭并且利用关系方程（2.8）和方程（3.3），可以得到：

$$\begin{cases} P_1^{\dagger}(\lambda^*) = P_2(\lambda) \\ S^{\dagger}(\lambda^*) = S^{-1}(\lambda) \end{cases}, \quad (\lambda \in \mathbb{C}^-) \tag{4.27}$$

由方程（4.27）中第二个公式易知，$s_{11}^*(\lambda^*) = r_{11}(\lambda)$。因此 r_{11} 的每个零点 λ_k 都会产生 s_{11} 的每个零点 λ_k^*。设 $\det P_1$ 有 N 个简单零点 $\{\lambda_j\}_1^N \in \mathbb{C}^+$，$\det P_2$ 有 N 个简单零点 $\{\hat{\lambda}_j\}_1^N \in \mathbb{C}^-$，这里 $\hat{\lambda}_j = \lambda_j^*$，$1 \leqslant j \leqslant N$。每一个 $\ker P_1(\lambda_j)$ 只包含一个基列向量 ν_j，每一个 $\ker P_2(\hat{\lambda}_j)$ 只包含一个基行向量 $\hat{\nu}_j$，即：

$$P_1(\lambda_j)\nu_j = 0$$

$$\hat{\nu}_j P_2(\hat{\lambda}_j) = 0 \tag{4.28}$$

利用方程（4.27）和方程（4.28），我们发现特征向量满足以下关系：

$$\hat{\nu}_j = \nu_j^{\dagger}, \quad (1 \leqslant j \leqslant N) \tag{4.29}$$

对方程（4.28）中第一个公式关于 x，t 求导，并利用 Lax 对方程（4.5）得到下列关系：

$$P_1(\lambda_j)\left(\frac{\partial \nu_j}{\partial x} - i\lambda_j \sigma \nu_j\right) = 0 \tag{4.30a}$$

$$P_1(\lambda_j)\left(\frac{\partial \nu_j}{\partial t} + 8i\gamma \lambda_j^4 \sigma \nu_j\right) = 0 \tag{4.30b}$$

上式关于 x，t 积分可以得到：

$$\nu_j = e^{i\lambda_j x\sigma - 8i\gamma \lambda_j^4 t\sigma}\nu_{j,0}, \quad (1 \leqslant j \leqslant N) \tag{4.31}$$

这里 $\nu_{j,0}$ 是一个与 x 和 t 无关的常数列向量。借助上述关系进一步可得

$$\hat{\nu}_j = \nu_{j,0}^{\dagger} e^{-i\lambda_j^* x\sigma + 8i\gamma(\lambda_j^*)^4 t\sigma}, \quad (1 \leqslant j \leqslant N) \tag{4.32}$$

特别地，我们处理的 Riemann-Hilbert 问题是无反射的情况，这一点只要令

散射系数为零即可达到。为方便表示解，引入 $N \times N$ 矩阵 M，其矩阵元素为

$$M_{kj} = \left(\frac{\hat{\nu}_k \nu_j}{\lambda_j - \hat{\lambda}_k} \right)_{N \times N}, \quad (1 \leqslant k, j \leqslant N)$$

于是，Riemann-Hilbert 问题的唯一解可表示为：

$$P_1(\lambda) = \mathbb{I} - \sum_{k=1}^{N} \sum_{j=1}^{N} \frac{\nu_k \hat{\nu}_j (M^{-1})_{kj}}{\lambda - \hat{\lambda}_j} \tag{4.33a}$$

$$P_2(\lambda) = \mathbb{I} + \sum_{k=1}^{N} \sum_{j=1}^{N} \frac{\nu_k \hat{\nu}_j (M^{-1})_{kj}}{\lambda - \lambda_k} \tag{4.33b}$$

接下来，利用散射数据对位势函数 q_1、q_2、q_3 进行重构。事实上，把 $P_1(\lambda)$ 在大 λ 展开为：

$$P_1 = \mathbb{I} + \frac{P_1^{(1)}}{\lambda} + \frac{P_1^{(2)}}{\lambda^2} + O\left(\frac{1}{\lambda^3}\right), \quad (\lambda \rightarrow \infty) \tag{4.34}$$

代入 Lax 对方程（4.5）重新得到位势函数，如下：

$$\begin{cases} q_1 = -2(P_1^{(1)})_{21} \\ q_2 = -2(P_1^{(1)})_{31} \\ q_3 = -2(P_1^{(1)})_{41} \end{cases} \tag{4.35}$$

这里 $(P_1^{(1)})_{i1}$ 是矩阵 $P_1^{(1)}$ 的 $(i, 1)$ 位置元素，$i = 1, 2, 3$。根据方程（4.33），矩阵 $P_1^{(1)}$ 最终可以得到：

$$P_1^{(1)} = -\sum_{k=1}^{N} \sum_{j=1}^{N} \nu_k \hat{\nu}_j (M^{-1})_{kj} \tag{4.36}$$

为了得到三分量四阶非线性 Schrödinger 系统方程（4.1）的显式多孤子解，只需要设非零复向量 $\nu_{j,0} = (\alpha_j, \beta_j, \gamma_j, \omega_j)^T$ 和复函数 $\theta_j = i\lambda_j x - 8i\gamma \lambda_j^4 t$，$\mathrm{Im}\lambda_j > 0$，$1 \leqslant j \leqslant N$。总结上面所有结论，最终可以得到系统方程（4.1）的多孤子解的一般表达式，如下：

$$q_1(x, t) = 2 \sum_{k=1}^{N} \sum_{j=1}^{N} \beta_k \alpha_j^* e^{-\theta_k + \theta_j^*} (M^{-1})_{kj} \tag{4.37a}$$

$$q_2(x, t) = 2 \sum_{k=1}^{N} \sum_{j=1}^{N} \gamma_k \alpha_j^* e^{-\theta_k + \theta_j^*} (M^{-1})_{kj} \tag{4.37b}$$

$$q_3(x, t) = 2 \sum_{k=1}^{N} \sum_{j=1}^{N} \omega_k \alpha_j^* e^{-\theta_k + \theta_j^*} (M^{-1})_{kj} \tag{4.37c}$$

这里，

$$M_{kj} = \frac{\alpha_k^* \alpha_j e^{\theta_k^* + \theta_j} + (\beta_k^* \beta_j + \gamma_k^* \gamma_j + \omega_k^* \omega_j) e^{-\theta_k^* - \theta_j}}{\lambda_j - \lambda_k^*}, \quad (1 \leq k, j \leq N)$$

经过详细分析知，解方程（4.37）可以用行列式的商表示为更简洁的形式，如下：

$$q_1(x, t) = -2 \frac{\det F}{\det M}$$

$$q_2(x, t) = -2 \frac{\det G}{\det M}$$

$$q_3(x, t) = -2 \frac{\det H}{\det M}$$

其中，F、G、H 是如下形式的 $(N+1) \times (N+1)$ 阶矩阵：

$$F = \begin{pmatrix} 0 & \beta_1 e^{-\theta_1} & \cdots & \beta_N e^{-\theta_N} \\ \alpha_1^* e^{\theta_1^*} & M_{11} & \cdots & M_{1N} \\ \vdots & \vdots & & \vdots \\ \alpha_N^* e^{\theta_N^*} & M_{N1} & \cdots & M_{N1} \end{pmatrix}$$

$$G = \begin{pmatrix} 0 & \gamma_1 e^{-\theta_1} & \cdots & \gamma_N e^{-\theta_N} \\ \alpha_1^* e^{\theta_1^*} & M_{11} & \cdots & M_{1N} \\ \vdots & \vdots & & \vdots \\ \alpha_N^* e^{\theta_N^*} & M_{N1} & \cdots & M_{N1} \end{pmatrix}$$

$$H = \begin{pmatrix} 0 & \omega_1 e^{-\theta_1} & \cdots & \omega_N e^{-\theta_N} \\ \alpha_1^* e^{\theta_1^*} & M_{11} & \cdots & M_{1N} \\ \vdots & \vdots & & \vdots \\ \alpha_N^* e^{\theta_N^*} & M_{N1} & \cdots & M_{N1} \end{pmatrix}$$

4.4　显式呼吸子解和孤子解的非线性动力学行为

下面通过研究所得到的孤子解绘制孤子解不同类型的图形，认真分析了孤子解的传播非线性动力学行为。

首先，在方程（4.37）中，当 $N=1$ 时，单孤子解可以表示成简单形式：

$$q_1(x,\ t) = 2\beta_1 \alpha_1^* e^{-\theta_1 + \theta_1^*} \frac{\lambda_1 - \lambda_1^*}{|\alpha_1|^2 e^{\theta_1^* + \theta_1} + (|\beta_1|^2 + |\gamma_1|^2 + |\omega_1|^2) e^{-\theta_1^* - \theta_1}}$$

$$\text{(4.38a)}$$

$$q_2(x,\ t) = 2\gamma_1 \alpha_1^* e^{-\theta_1 + \theta_1^*} \frac{\lambda_1 - \lambda_1^*}{|\alpha_1|^2 e^{\theta_1^* + \theta_1} + (|\beta_1|^2 + |\gamma_1|^2 + |\omega_1|^2) e^{-\theta_1^* - \theta_1}}$$

$$\text{(4.38b)}$$

$$q_3(x,\ t) = 2\omega_1 \alpha_1^* e^{-\theta_1 + \theta_1^*} \frac{\lambda_1 - \lambda_1^*}{|\alpha_1|^2 e^{\theta_1^* + \theta_1} + (|\beta_1|^2 + |\gamma_1|^2 + |\omega_1|^2) e^{-\theta_1^* - \theta_1}}$$

$$\text{(4.38c)}$$

这里 $\theta_1 = i\lambda_1 x - 8i\gamma\lambda_1^4 t$。如果我们假设 $\lambda_1 = a_1 + ib_1$，$\dfrac{|\beta_1|^2 + |\gamma_1|^2}{|\alpha_1|^2} = e^{2\tau_1}$，$\alpha_1 \neq 0$，单孤子解方程（4.38）可以进一步地转化为关于 x，t 更简洁形式的函数。

$$q_1(x,\ t) = \frac{2i\beta_1 b_1}{\alpha_1} e^{-2iY} e^{-\tau_1} \operatorname{sech}(2X - \tau_1) \qquad \text{(4.39a)}$$

$$q_2(x,\ t) = \frac{2i\gamma_1 b_1}{\alpha_1} e^{-2iY} e^{-\tau_1} \operatorname{sech}(2X - \tau_1) \qquad \text{(4.39b)}$$

$$q_3(x,\ t) = \frac{2i\omega_1 b_1}{\alpha_1} e^{-2iY} e^{-\tau_1} \operatorname{sech}(2X - \tau_1) \qquad \text{(4.39c)}$$

其中，

$$X = -b_1 x + 32\gamma a_1 b_1 (a_1^2 - b_1^2) t$$

$$Y = a_1 x - 8\gamma (a_1^4 - 6a_1^2 b_1^2 + b_1^4) t$$

当参数选取为 $\gamma = 1$、$\alpha_1 = 1$、$\beta_1 = \gamma_1 = \omega_1 = \frac{\sqrt{3}}{3}$、$a_1 = \frac{1}{2}$、$b_1 = \frac{1}{5}$、$\tau_1 = 0$ 时，方程（4.38）中 $q_1(x, t)$ 对应的解如图 4.1 所示。（a）为 $q_1(x, t)$ 的实部对应的一阶呼吸解；（b）为 $q_1(x, t)$ 的虚部对应的一阶呼吸解；（c）为 $|q_1(x, t)|$ 的包络面；（d）、（e）和（f）是图 4.1（a）、（b）和（c）在不同时刻沿 x 轴的传播样式。

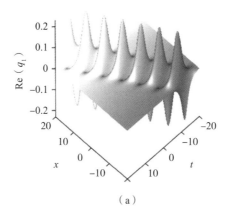

（a）

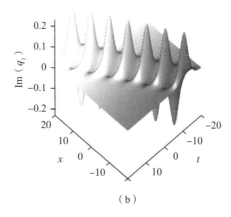

（b）

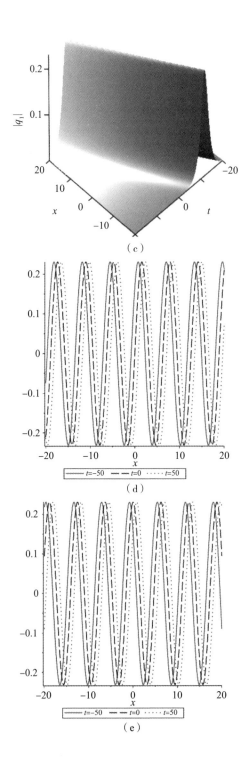

（c）

（d）

（e）

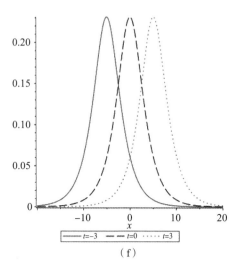

（f）

图 4.1　一阶呼吸解，一孤子解及其对应的剖面图

已知解方程（4.39）的实部和虚部是呼吸波解，且解的模退化为钟形孤子，如图 4.1 所示。从图 4.1（d）和（e）我们知道呼吸解沿直线 l：$-b_1 x + 32\gamma a_1 b_1 (a_1^2 - b_1^2) t = 0$ 传播，且与 x 轴有一定夹角，并伴有稳定的周期

$$T = \frac{\pi}{\sqrt{a_1^2 + 64\gamma^2 (a_1^4 - 6a_1^2 b_1^2 + b_1^4)^2}}$$

和速度 $V = 64\gamma a_1 b_1 (a_1^2 - b_1^2)$。对图 4.1（c）做同样的分析，结果表明，随着时间的推移，单孤子解与 x 轴呈一定角度从右向左传播。

在 $N = 2$ 的情况下，对参数进行合理的选择。

$$\alpha_1 = \alpha_2 = 1$$

$$\beta_1 = \beta_2$$

$$\gamma_1 = \gamma_2$$

$$\omega_1 = \omega_2$$

$$\lambda_1 = a_1 + i b_1,\quad \lambda_2 = a_2 + i b_2$$

$$|\beta_1|^2 + |\gamma_1|^2 + |\omega_1|^2 = e^{2\tau_1}$$

方程（4.37）中的二孤子解显示得一目了然。

$$q_1(x,\ t) = \frac{2\beta_1}{\det M}(e^{-\theta_1+\theta_1^*}M_{22} - e^{-\theta_1+\theta_2^*}M_{12}$$
$$- e^{-\theta_2+\theta_1^*}M_{21} + e^{-\theta_2+\theta_2^*}M_{11}) \qquad (4.40\text{a})$$

$$q_2(x,\ t) = \frac{2\gamma_1}{\det M}(e^{-\theta_1+\theta_1^*}M_{22} - e^{-\theta_1+\theta_2^*}M_{12}$$
$$- e^{-\theta_2+\theta_1^*}M_{21} + e^{-\theta_2+\theta_2^*}M_{11}) \qquad (4.40\text{b})$$

$$q_3(x,\ t) = \frac{2\omega_1}{\det M}(e^{-\theta_1+\theta_1^*}M_{22} - e^{-\theta_1+\theta_2^*}M_{12}$$
$$- e^{-\theta_2+\theta_1^*}M_{21} + e^{-\theta_2+\theta_2^*}M_{11}) \qquad (4.40\text{c})$$

其中，

$$M_{11} = -\frac{ie^{\tau_1}}{b_1}\cosh(\theta_1^* + \theta_1 - \tau_1)$$

$$M_{12} = \frac{2e^{\tau_1}}{(a_2-a_1)+i(b_1+b_2)}\cosh(\theta_1^* + \theta_2 - \tau_1)$$

$$M_{21} = \frac{2e^{\tau_1}}{(a_1-a_2)+i(b_1+b_2)}\cosh(\theta_2^* + \theta_1 - \tau_1)$$

$$M_{22} = -\frac{ie^{\tau_1}}{b_2}\cosh(\theta_2^* + \theta_2 - \tau_1)$$

$$\det M = M_{11}M_{22} - M_{12}M_{21}$$

当参数选 $\gamma = \frac{1}{2}$、$\alpha_1 = \alpha_2 = 1$、$\beta_1 = \beta_2 = \gamma_1 = \gamma_2 = \omega_1 = \omega_2 = \frac{\sqrt{3}}{3}$、$a_1 = -\frac{1}{2}$、$b_1 = \frac{1}{5}$、$a_2 = \frac{3}{5}$、$b_2 = \frac{1}{5}$、$\tau_1 = 0$ 时，方程（4.39）中 $q_1(x,\ t)$ 对应的解如图 4.2 所示。（a）为 $q_1(x,\ t)$ 的实部对应的二阶呼吸解；（b）为 $q_1(x,\ t)$ 的虚部对应的二阶呼吸解；（c）为 $|q_1(x,\ t)|$ 对应的孤子解；（d）和（e）为（a）和（b）对应的等高线图；（f）为（c）中不同时刻的曲线图。

现在，通过选择适当的参数，$q_1(x,\ t)$ 的实部和虚部产生的交叉样式的二阶呼吸解在图 4.2 中比较显然。事实上，其中一个呼吸解以速度 $V_1 =$

$64\gamma a_1 b_1 (a_1^2 - b_1^2)$ 和周期 $T_1 = \dfrac{\pi}{\sqrt{a_1^2 + 64\gamma^2 (a_1^4 - 6a_1^2 b_1^2 + b_1^4)^2}}$ 沿直线 l_1： $-b_1 x +$

$32\gamma a_1 b_1 (a_1^2 - b_1^2) t = 0$ 传播。同时，另一个呼吸解以速度 $V_2 = 64\gamma a_2 b_2 (a_2^2 - b_2^2)$

和周期 $T_2 = \dfrac{\pi}{\sqrt{a_2^2 + 64\gamma^2 (a_2^4 - 6a_2^2 b_2^2 + b_2^4)^2}}$，沿另一条直线 l_2： $-b_2 x + 32\gamma a_2 b_2 (a_2^2 -$

$b_2^2) t = 0$ 传播。而 $q_1(x, t)$ 的模量表现为二孤子解，在坐标原点处达到最大振幅。二阶呼吸子解与二孤子解的相互碰撞是弹性效应且一直有界。

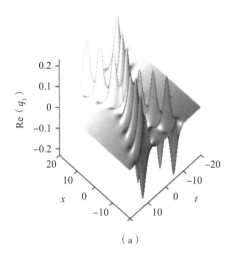

（a）

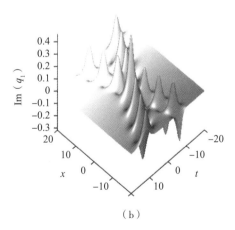

（b）

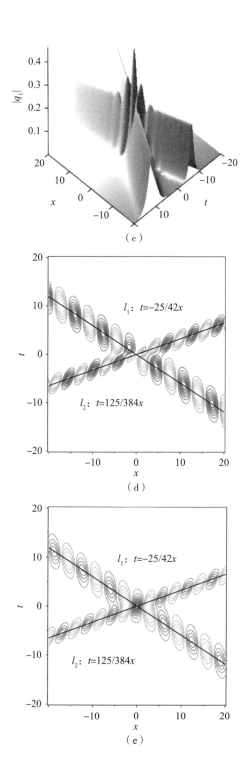

（c）

（d）

（e）

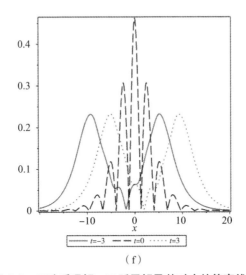

（f）

图 4.2　二阶呼吸解、二孤子解及其对应的等高线图

图 4.3 除了 $\gamma = 1$ 外，与图 4.2 其他参数相同，得到二阶呼吸解、二孤子解及其对应的等高线图。

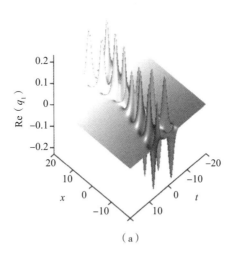

（a）

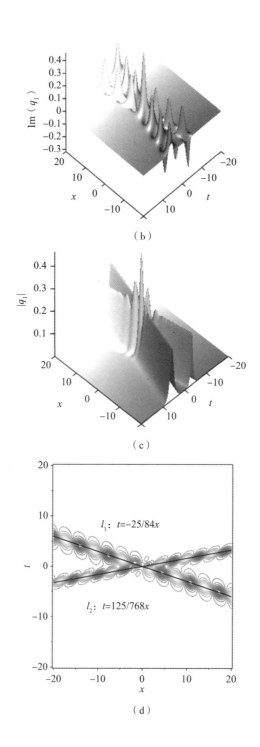

（b）

（c）

l_1: $t=-25/84x$

l_2: $t=125/768x$

（d）

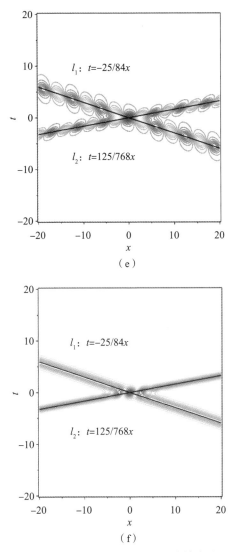

图 4.3 二阶呼吸解、二孤子解及其对应的等高线图（$\gamma = 1$）

接下来，我们分析高阶线性和非线性效应对二阶呼吸子解和孤子解动力学的影响，对比图 4.3 和图 4.2，在其他参数不变的情况下，随着 γ 的增大，两个二阶呼吸子的周期减小，速度增加，相位变化，但振幅保持不变。此外，对于二阶呼吸子和双孤子解，两个单孤子的夹角和波宽也减小了。进一步分析和计算可知，当非线性项系数 γ 由 1/2 增加到 1 时，双孤子解或者二阶呼吸子解的夹角由 14850/19253 减小到 29700/67637。

最后，当 $N=3$ 时，$q_1(x, t)$ 的表达式如下：

$$q_1(x, t) = 2\big[\beta_1 \alpha_1^* e^{-\theta_1 + \theta_1^*}(M^{-1})_{11} + \beta_1 \alpha_2^* e^{-\theta_1 + \theta_2^*}(M^{-1})_{12} + \beta_1 \alpha_3^* e^{-\theta_1 + \theta_3^*}(M^{-1})_{13}$$
$$+ \beta_2 \alpha_1^* e^{-\theta_2 + \theta_1^*}(M^{-1})_{21} + \beta_2 \alpha_2^* e^{-\theta_2 + \theta_2^*}(M^{-1})_{22} + \beta_2 \alpha_3^* e^{-\theta_2 + \theta_3^*}(M^{-1})_{23}$$
$$+ \beta_3 \alpha_1^* e^{-\theta_3 + \theta_1^*}(M^{-1})_{31} + \beta_3 \alpha_2^* e^{-\theta_3 + \theta_2^*}(M^{-1})_{32} + \beta_3 \alpha_3^* e^{-\theta_3 + \theta_3^*}(M^{-1})_{33}\big]$$

$$(4.41)$$

这里 $M = (M_{kj})_{3 \times 3}$ 是一个矩阵函数，由于空间有限，略去矩阵元素 M_{kj}、$(M^{-1})_{kj}(1 \leqslant k, j \leqslant 3)$ 和解 $q_2(x, t)$、$q_3(x, t)$ 的表达式。当选择合适的参数时，与 $q_1(x, t)$ 对应的三孤子解和三阶呼吸解如图 4.4 所示。与图 4.2 的情况明显不同的是，碰撞后呼吸子和孤子解不沿原始轨迹传播，这意味着相位发生变化。需要注意的是，本书以解 $q_1(x, t)$ 为例进行讨论，而解 $q_2(x, t)$、$q_3(x, t)$ 具有类似的动力学性质。

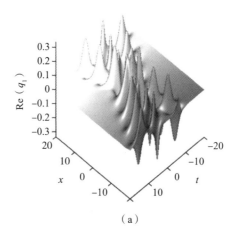

（a）

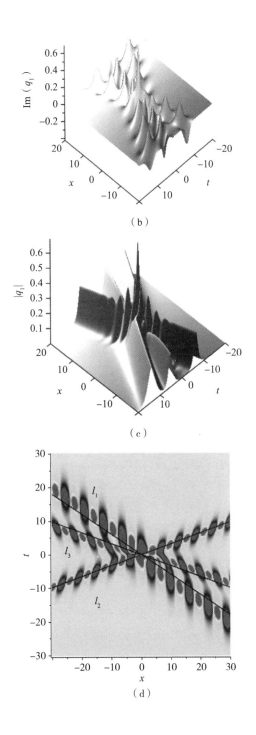

（b）

（c）

（d）

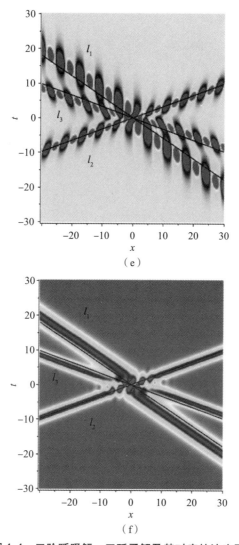

图4.4　三阶呼吸解、三孤子解及其对应的浓度图

当参数选取为 $\gamma = \dfrac{1}{2}$、$\alpha_j = 1$、$\beta_j = \gamma_j = \omega_j = \dfrac{\sqrt{3}}{3}$，$1 \leqslant j \leqslant 3$、$a_1 = -\dfrac{1}{2}$、$b_1 =$

$\dfrac{1}{5}$、$a_2 = \dfrac{3}{5}$、$b_2 = \dfrac{1}{5}$、$a_3 = -\dfrac{3}{5}$、$b_3 = \dfrac{1}{5}$、$\tau_1 = 0$ 时，方程 (4.40) 中 $q_1(x, t)$

对应的解如图 4.4 所示。（a）为 $q_1(x, t)$ 的实部对应的三阶呼吸解；（b）为 $q_1(x, t)$ 的虚部对应的三阶呼吸解；（c）为 $|q_1(x, t)|$ 对应的三孤子解；（d）、（e）和（f）是上面三维图对应的浓度图和运动轨道的混合模式。

4.5 小　　结

本章通过 Riemann-Hilbert 方法研究了阿尔法螺旋蛋白中三分量四阶非线性 Schrödinger 系统。通过对 4×4 的 Lax 对进行谱分析，建立了关于实谱参数 λ 的一个矩阵 Riemann-Hilbert 问题。利用位势矩阵的对称关系和散射数据，研究非退化和无反射情况下的 Riemann-Hilbert 问题，通过位势重构最终得到了三分量四阶非线性 Schrödinger 系统的显式多孤子解。

随后，我们揭示了这一现象：一般多孤子解的实部和虚部表现为呼吸子，但模量产生孤子解。可以证明，一阶和二阶呼吸子、单孤子和二孤子在向前传播时保持稳定的速度、周期和传播轨道。然而，当碰撞发生时，三阶呼吸子和三孤子不会沿原直线传播，意味着相位发生变化。图 4.2 和图 4.3 的对比表明，高阶线性和非线性项 γ 对孤子解和呼吸解的速度、相位、周期和波宽有重大影响。总之，解的动力学特征和行为通过各种图形生动的展示出来。所得结果可能在应用科学的许多不同分支如非线性光学、等离子体物理和流体动力学中有潜在的应用。

第5章

广义 BLMP 方程的 Lump 解和 Lump-扭结孤子解

非线性演化方程已被广泛应用于描述流体力学、等离子体物理、非线性光学等领域的一些非线性物理现象。近年来，Lump 和由 Lump 构成的作用解[148-150]在非线性科学领域引起了相当大的关注。本章基于 Hirota 双线性方法[15]和符号计算[151-154]，得到了广义 BLMP 方程的 Lump 解和 Lump-扭结孤子解。最后，通过选择合适的参数，作出了三维图、二维曲线图、密度图和等高线图，进一步详细研究了 (x, y) 平面上 Lump 解的传播轨道、速度和极值等动力学特性。

5.1　广义 BLMP 方程

广义 BLMP 方程的形式为:

$$v_{yt} + v_{xxxy} + 3v_x v_{xy} + 3v_y v_{xx} + \sigma_1 v_{yy} + \sigma_2 v_{xx} = 0 \tag{5.1}$$

其中, $v = v(x, y, t)$ 表示波的包络, x、y、t 分别表示空间变量和时间变量, σ_1、σ_2 是实系数。当 $v = -u$ 且 $\sigma_1 = \sigma_2 = 0$ 时, 方程 (5.1) 就约化为经典的 BLMP 方程[155], 如下:

$$u_{yt} + u_{xxxy} - 3u_x u_{xy} - 3u_{xx} u_y = 0 \tag{5.2}$$

方程 (5.2) 可以描述不可压缩流体中沿 y 轴传播的黎曼波与沿 x 轴传播的长波。

5.2　广义 BLMP 方程 Lump 解

选取变换如下:

$$v = 2(\ln f)_x = \frac{2f_x}{f} \tag{5.3}$$

通过直接计算可知, 广义 BLMP 方程 (5.1) 具有双线性形式, 如下:

$$
\begin{aligned}
B_{eBLMP}(f) : &= (D_y D_t + D_x^3 D_y + \sigma_1 D_y^2 + \sigma_2 D_x^2) f \cdot f \\
&= 2[f_{yt} f - f_y f_t + f_{xxxy} f - f_{xxx} f_y + 3f_{xx} f_{xy}] \\
&\quad - 3f_x f_{xxy} + \sigma_1 (f_{yy} f - f_y^2) + \sigma_2 (f_{xx} f - f_x^2)] \\
&= 0
\end{aligned}
\tag{5.4}
$$

这种特征变换已被应用于孤子方程的 Bell 多项式理论及其广义对应的部分中[156], 更具体地说, 我们可以得到:

$$P_{eBLMP}(v) = \left(\frac{B_{eBLMP}(f)}{f^2} \right)_x \tag{5.5}$$

因此，当 f 是方程（5.4）的解时，$v = 2(\ln f)_x$ 是广义 BLMP 方程（5.1）的解。

根据广义 BLMP 方程（5.1）的双线性形式，我们寻找双线性方程（5.4）的二次函数解，如下：

$$\begin{cases} f = \xi_1^2 + \xi_2^2 + a_9 \\ \xi_1 = a_1 x + a_2 y + a_3 t + a_4 \\ \xi_2 = a_5 x + a_6 y + a_7 t + a_8 \end{cases} \tag{5.6}$$

其中，a_i 是需要确定的常数。将这样一个函数 f 代入方程（5.4），就得到了一个关于参数的代数方程组。进一步用软件 Maple 进行符号计算，可以证明所得到的代数方程组有一类显式解：

$$\begin{cases} a_3 = -a_2 \sigma_1 - \dfrac{a_2(a_1^2 - a_5^2) + 2a_1 a_5 a_6}{a_2^2 + a_6^2} \sigma_2 \\[3mm] a_7 = -a_6 \sigma_1 + \dfrac{a_6(a_1^2 - a_5^2) - 2a_1 a_2 a_5}{a_2^2 + a_6^2} \sigma_2 \\[3mm] a_9 = -\dfrac{3(a_2^2 + a_6^2)(a_1^2 + a_5^2)(a_1 a_2 + a_5 a_6)}{(a_1 a_6 - a_2 a_5)^2 \sigma_2} \end{cases} \tag{5.7}$$

其他参数在保证 v 中所有项都是有意义的前提下可以是任意的。

通过变换方程（5.3），产生了由下列函数确定的 (2+1)-维广义 BLMP 方程（5.1）的一大类 Lump 解。

$$v = 2(\ln f)_x = \frac{2f_x}{f} = \frac{4(a_1 \xi_1 + a_5 \xi_2)}{f} \tag{5.8}$$

为了得到具体的 Lump 解，方程中的常数 σ_1、σ_2 不能为零，但可以取正数或者负数。此外，还知道条件：

$$a_1 a_6 - a_2 a_5 \neq 0 \tag{5.9}$$

是方程（5.8）产生 Lump 解的充分必要条件。

上述所有解都是对现有孤子解和 Dromion-型解的理论补充，这些解是通过广泛使用的方法如 Hirota 摄动技术和对称约束发展起来的[157,158]。

通过直接计算和分析可知 Lump 解在极值点 $\left(\dfrac{a_2a_8-a_4a_6+(a_2a_7-a_3a_6)t}{a_1a_6-a_2a_5}\pm\right.$

$\left.\sqrt{a_9/(a_1^2+a_5^2)},\ \dfrac{a_4a_5-a_1a_8+(a_3a_5-a_1a_7)t}{a_1a_6-a_2a_5}\right)$ 达到最大（小）值。进一步分析

可知 Lump 以速度 $V_x=\dfrac{a_2a_7-a_3a_6}{a_1a_6-a_2a_5}$ 和 $V_y=\dfrac{a_3a_5-a_1a_7}{a_1a_6-a_2a_5}$ 沿着以下两条轨道传播：

$$\begin{cases} y_1=\dfrac{a_3a_5-a_1a_7}{a_2a_7-a_3a_6}x+\dfrac{a_3a_8-a_4a_7}{a_2a_7-a_3a_6}+\dfrac{\sqrt{a_9/(a_1^2+a_5^2)}(a_1a_7-a_3a_5)}{a_2a_7-a_3a_6}\\[3mm] y_2=\dfrac{a_3a_5-a_1a_7}{a_2a_7-a_3a_6}x+\dfrac{a_3a_8-a_4a_7}{a_2a_7-a_3a_6}-\dfrac{\sqrt{a_9/(a_1^2+a_5^2)}(a_1a_7-a_3a_5)}{a_2a_7-a_3a_6} \end{cases} \tag{5.10}$$

当 $t=-10$、$t=0$、$t=10$ 时通过方程（5.8）得到 Lump 解的动力性特点。

当 $\sigma_1=1$，$\sigma_2=-1$ 时，广义 BLMP 方程变为下列形式：

$$v_{yt}+v_{xxxy}+3v_xv_{xy}+3v_yv_{xx}+v_{yy}-v_{xx}=0 \tag{5.11}$$

现在，进一步取值

$$a_1=2,\ a_2=-2,\ a_4=1,\ a_5=2,\ a_6=4,\ a_8=-1 \tag{5.12}$$

就保证了生成的函数 f 是正的，我们可以得到一个具体的 Lump 解，如下：

$$v=2(\ln f)_x=\frac{16\left(2x+y-\frac{3}{5}t\right)}{f} \tag{5.13}$$

其中，

$$f=\left(2x-2y+\frac{18}{5}t+1\right)^2+\left(2x+4y-\frac{24}{5}t-1\right)^2+\frac{40}{3}$$

当 Lump 解沿着轨道 l_1：$y=-\dfrac{7}{2}x-\dfrac{1}{4}+\dfrac{7\sqrt{15}}{6}$ 和 l_2：$y=-\dfrac{7}{2}x-\dfrac{1}{4}-\dfrac{7\sqrt{15}}{6}$ 运行时，它可以达到最大值 $\dfrac{2\sqrt{15}}{5}$ 和最小值 $-\dfrac{2\sqrt{15}}{5}$，如图 5.1 所示。

Lump 解的波峰和波谷关于值线 l_0: $y = -\dfrac{7}{2}x$ 对称，并且以速度 $V_x = -\dfrac{2}{5}$ 和 $V_y = \dfrac{7}{5}$ 沿着直线向前传播。

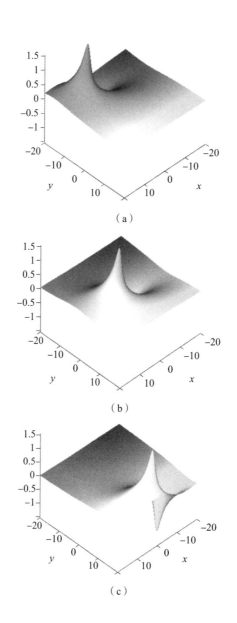

（a）

（b）

（c）

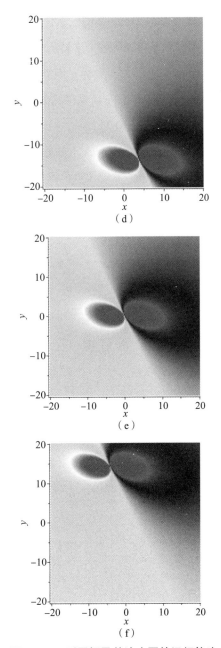

图 5.1　一孤子解及其浓度图的运行轨迹

注：(a)、(b) 和 (c) 是三维图，(d)、(e) 和 (f) 是对应的浓度图。

图 5.1 和图 5.2 分别描述了该 Lump 解的三维图、密度图、等高线图和二维曲线图，展示了该 Lump 解的剖面特征和动力学特征。图 5.1 表明 Lump 解有一个向上的波峰和一个向下的波谷，它们关于坐标平面具有对称性，并且与 y 轴有一定夹角从负方向往正方向运动。图 5.2（a）是得到的 Lump 解在不同时刻的运动轨迹和等高线图；图 5.2（b）是当 $t=0$ 时，(x, v) 平面上随着不同 y 值的投影曲线；图 5.2（c）是在 $t=0$ 时，(y, v) 平面上随着不同 x 值的投影曲线。

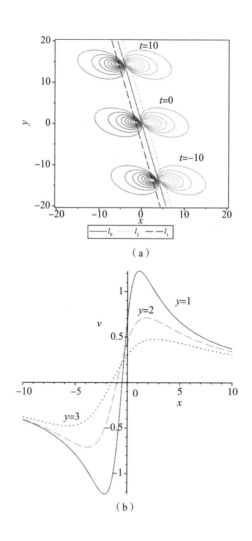

（a）

（b）

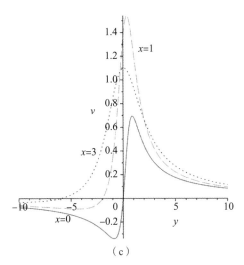

图 5.2 一孤子解的运行轨迹及其在坐标面上的投影曲线

注：（a）为运动轨迹；（b）为（x，v）平面上的投影曲线；（c）为（y，v）平面上的投影曲线。

5.3 Lump-扭结孤子解

为了得到 Lump-扭结孤子解，首先设双线性形式中的待定函数是一个多项式和指数函数的和，其中的函数系数待定。代入双线性方程，解出待解函数中的系数，进而求出 Lump-扭结孤子解。下面给出产生 Lump-扭结孤子解的充分条件。

考虑以下双线性方程：

$$P(D_x,\ D_y,\ D_t)f \cdot f = 0 \tag{5.14}$$

这里 $P(x,\ y,\ t)$ 是关于 x，y，t 的偶函数且 $P(0,\ 0,\ 0)=0$。为了得到 Lump-扭结孤子解，设：

$$f(x,\ y,\ t) = g(x,\ y,\ t) + h(x,\ y,\ t) \tag{5.15}$$

这里 $g(x,\ y,\ t)$ 是一个多项式，$h(x,\ y,\ t)=d_k\exp(a_kx+b_ky+c_kt)$。当 g 为正且 $d_k>0$ 时，对应的 $v=2(\ln f)_x$ 或者 $v=2(\ln f)_{xx}$ 就是一个 Lump-孤

孤子方程精确解及其相关性质研究

子解。

利用双线性导数性质，可得

$$P(D_x, D_y, D_t)\exp(\xi_k) \cdot \exp(\xi_k) = P(a_k - a_k, b_k - b_k, c_k - c_k)\exp(\xi_k + \xi_k)$$
$$= P(0, 0, 0)\exp(2\xi_k) = 0 \qquad (5.16)$$

定理 5.1 假设函数 g 是一个关于方程（5.14）的多项式函数且 g 产生一个 Lump 解，$[v = 2(\ln g)_x$ 或者 $v = 2(\ln g)_{xx}$ 是一个 Lump 解] 而 $h(x, y, t) = d\exp(ax + by + ct)$ 且满足条件 $d > 0$，$ax + by + ct \neq 0$。则 $f = g + h$ 产生一个 Lump-扭结孤子解，当且仅当 $P(D_x, D_y, D_t)g \cdot h = 0$。

证明： 通过直接计算

$$P(D_x, D_y, D_t)f \cdot f = P(D_x, D_y, D_t)g \cdot g + 2P(D_x, D_y, D_t)g \cdot h$$
$$+ P(D_x, D_y, D_t)h \cdot h = 0$$

注意到 $P(D_x, D_y, D_t)g \cdot g$ 等于 0，$P(D_x, D_y, D_t)g \cdot h$ 是一个关于 x、y 和 t 的多项式乘以 $\exp(ax + by + ct)$ 且 $P(D_x, D_y, D_t)h \cdot h$ 也等于 0，因此得到定理结论。

为了得到广义 BLMP 的 Lump-扭结孤子解，首先假设 $f = g + h$，其中，

$$g(x, y, t) = (a_1 x + a_2 y + a_3 t + a_4)^2 + (a_5 x + a_6 y + a_7 t + a_8)^2 + a_9$$
$$h(x, y, t) = a_{10}\exp(a_{11}x + a_{12}y + a_{13}t) \qquad (5.17)$$

这里的 Lump-扭结孤子解通过变换 $v = 2[\ln(g + h)]_x$ 得到。根据定理 5.1 并利用 Maple 计算两个双线性导数方程，得到：

第 1 种情形： 第一组解。

$$a_1 = -\frac{6a_7 a_{11}^2}{9a_{11}^4 - 4\sigma_1\sigma_2}$$

$$a_2 = \frac{2\sigma_2 a_5}{3a_{11}^2}$$

$$a_3 = \frac{a_5(9a_{11}^4 - 4\sigma_1\sigma_2)}{6a_{11}^2} \qquad (5.18)$$

$$a_6 = \frac{4\sigma_2 a_7}{9a_{11}^4 - 4\sigma_1\sigma_2}$$

$$a_9 = 0, \quad a_{12} = -\frac{2\sigma_2}{3a_{11}}$$

$$a_{13} = -\frac{3a_{11}^4 + 4\sigma_1\sigma_2}{6a_{11}}$$

假设 $\sigma_1\sigma_2 \neq 0$，a_4、a_8 是任意实常数，$a_{10} > 0$，其他参数 a_5、a_7、a_{11} 需要满足下列条件 $a_{11} \neq 0$，$a_5(9a_{11}^4 - 4\sigma_1\sigma_2) \neq 0$ 的实常数。然后可得

$$g(x, x, t) = \left(-\frac{6a_7 a_{11}^2}{9a_{11}^4 - 4\sigma_1\sigma_2}x + \frac{2\sigma_2 a_5}{3a_{11}^2}y + \frac{a_5(9a_{11}^4 - 4\sigma_1\sigma_2)}{6a_{11}^2}t + a_4 \right)^2$$

$$+ \left(a_5 x + \frac{4\sigma_2 a_7}{9a_{11}^4 - 4\sigma_1\sigma_2}y + a_7 t + a_8 \right)^2$$

$$h(x, x, t) = a_{10}\exp\left(a_{11}x - \frac{2\sigma_2}{3a_{11}}y + \frac{3a_{11}^4 + 4\sigma_1\sigma_2}{6a_{11}}t \right) \tag{5.19}$$

此外，需要产生 Lump 解的条件：

$$a_1 a_6 - a_2 a_5 = -\frac{72\sigma_2 a_{11}^4 a_7^2 + 2\sigma_2 a_5^2(9a_{11}^4 - 4\sigma_1\sigma_2)^2}{3a_{11}^2(9a_{11}^4 - 4\sigma_1\sigma_2)^2} \neq 0 \tag{5.20}$$

可由 a_5、a_7、a_{11} 不全为 0 保证。

例 5.1 通过选择一组合适的参数

$$\sigma_1 = \sigma_2 = 1, \quad a_4 = a_8 = 0, \quad a_{10} = 1, \quad a_5 = 3, \quad a_7 = 5, \quad a_{11} = 1 \tag{5.21}$$

方程（5.15）中的 f 可以表示成如下形式：

$$f(x, y, t) = \left(-6x + 2y + \frac{5}{2}t \right)^2 + (3x + 4y + 5t)^2 + e^{x - \frac{2}{3}y + \frac{7}{6}t} \tag{5.22}$$

最后通过变换方程（5.3）可以得到一个 Lump-扭结孤子解：

$$v(x, y, t) = \frac{2(90x + e^{x - \frac{2}{3}y + \frac{7}{6}t})}{\left(-6x + 2y + \frac{5}{2}t \right)^2 + (3x + 4y + 5t)^2 + e^{x - \frac{2}{3}y + \frac{7}{6}t}} \tag{5.23}$$

由于方程（5.23）中分子和分母都包含 $e^{x - \frac{2}{3}y + \frac{7}{6}t}$，所以当 (x, y) 固定时，随着 t 趋近于 ∞，解方程（5.23）中的 v 将指数衰减为常数。图形中的

动力学结果表明，首先是一个 Lump 和一个扭结孤子运动，相互作用后，扭结孤子吸收了 Lump 并继续运动。图 5.3 生动地描述了 Lump-扭结孤子解在 $t=-5$、$t=0$、$t=2$ 和 $t=10$ 时的三维曲面图和等高线图。

第 2 种情形：第二组解。

假设 $\sigma_1\sigma_2\neq 0$，a_4、a_8 是任意实常数，$a_{10}>0$，参数 a_1、a_{11}、a_{12} 是任意实常数且满足 $a_1a_{11}a_{12}\neq 0$、$3a_{11}a_{12}+2\sigma_2>0$、$(3a_{11}a_{12}+4\sigma_2)a_{11}a_{12}<0$。其他参数由以下方程组确定：

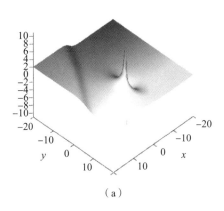

（a）

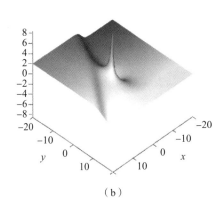

（b）

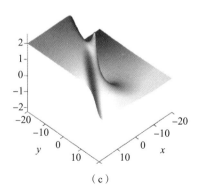

（c）

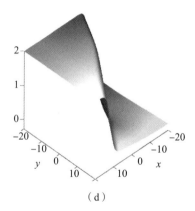

（d）

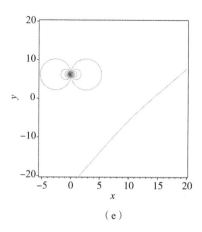

（e）

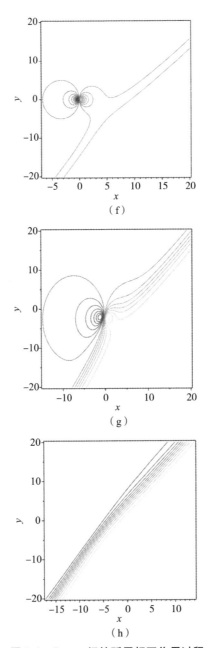

（f）

（g）

（h）

图5.3 Lump-纽结孤子相互作用过程

注：当 $t=-5$、$t=0$、$t=2$、$t=10$ 时，（a）、（b）、（c）和（d）为由方程（5.23）得到的 Lump-扭结孤子相互作用解的三维图，（e）、（f）、（g）和（h）为对应的等高线图。

$$\begin{cases} a_2 = \dfrac{a_1 a_{12}(3a_{11}a_{12} + 2\sigma_2)}{2\sigma_2 a_{11}} \\[3mm] a_3 = -\dfrac{a_1(3a_{11}a_{12} + 2\sigma_2)(a_{11}^2 \sigma_2 + a_{12}^2 \sigma_1)}{2\sigma_2 a_{11} a_{12}} \\[3mm] a_5 = 0 \\[3mm] a_6 = \dfrac{a_1 a_{12} \sqrt{-3a_{12}(3a_{11}a_{12} + 4\sigma_2)/a_{11}}}{2\sigma_2} \\[3mm] a_7 = \dfrac{a_1(a_{11}^2 \sigma_2 - a_{12}^2 \sigma_1) \sqrt{-3a_{12}(3a_{11}a_{12} + 4\sigma_2)/a_{11}}}{2\sigma_2 a_{12}} \\[3mm] a_9 = \dfrac{2a_1^2(3a_{11}a_{12} + 2\sigma_2)}{(3a_{11}a_{12} + 4\sigma_2)^2 a_{11}^2} \\[3mm] a_{13} = -\dfrac{a_{11}^3 a_{12} + \sigma_1 a_{12}^2 + \sigma_2 a_{11}^2}{a_{12}} \end{cases} \tag{5.24}$$

很容易看出参数满足条件:

$$a_1 a_6 - a_2 a_5 = \frac{a_1^2 a_{12} \sqrt{-3a_{12}(3a_{11}a_{12} + 4\sigma_2)/a_{11}}}{2\sigma_2} \neq 0, \quad a_9 > 0 \tag{5.25}$$

因此，由系数 a_2、a_3、a_6、a_7、a_9 确定的函数 $g(x, y, t) = (a_1 x + a_2 y + a_3 t + a_4)^2 + (a_6 y + a_7 t + a_8)^2 + a_9$ 产生一个 Lump 解。则下面

$$v = 2\left[\ln\left(\left(g(x, y, t) + a_{10} e^{a_{11}x + a_{12}y - \frac{a_{11}^3 a_{12} + \sigma_1 a_{12}^2 + \sigma_2 a_{11}^2}{a_{12}} t}\right)\right)\right]_x \tag{5.26}$$

是广义 BLMP 方程的 Lump-扭结孤子解。

例5.2 对于一组参数

$$\sigma_1 = 1, \quad \sigma_2 = -2$$
$$a_1 = 4, \quad a_4 = a_8 = 0, \quad a_{10} = 1, \quad a_{11} = a_{12} = 1 \tag{5.27}$$

f 可以表示如下:

$$f(x, y, t) = (4x + y + t)^2 + (-\sqrt{15}y + 3\sqrt{15}t)^2$$
$$+ \frac{32}{5} + e^{x+y} \tag{5.28}$$

通过变换方程（5.3）可以得到方程另一个具体的 Lump-扭解孤子解：

$$v(x,\ y,\ t) = 2\left[\ln f(x,\ y,\ t)\right]_x$$

$$= \frac{2\left[8(4x+y+t)+e^{x+y}\right]}{f} \qquad (5.29)$$

v 的运动状态与图 5.3 类似。随着时间的推移 Lump 逐渐被扭结孤子吸收，如图 5.4 所示，这种聚变现象意味着 Lump 与扭结孤子之间的相互作用是非弹性的。

说明 5.1　从例 5.1 和例 5.2 的三维图和等高线图可以看出，图 5.3 表明扭结孤子和 Lump 的运动方向相反，扭结孤子和 Lump 相互碰撞后 Lump 被扭结孤子吸收。然而，从图 5.4 的分析来看，Lump 沿坐标轴以一定的角度运动，但由于指数函数在函数方程（5.29）中不含时间变量 t，因此，扭结孤子保持静止。碰撞后 Lump 被扭结孤子吸收。这两个例子说明了 Lump-扭结孤子的不稳定性和 Lump 孤子的动力学形成。KP-I 方程求出了这种类型的精确解。

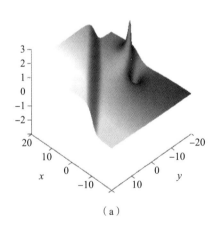

（a）

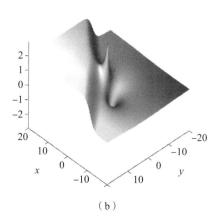

（b）

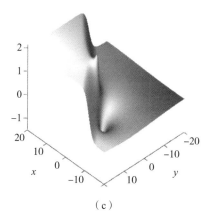

（c）

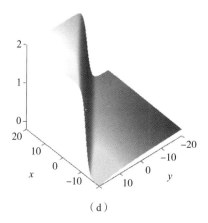

（d）

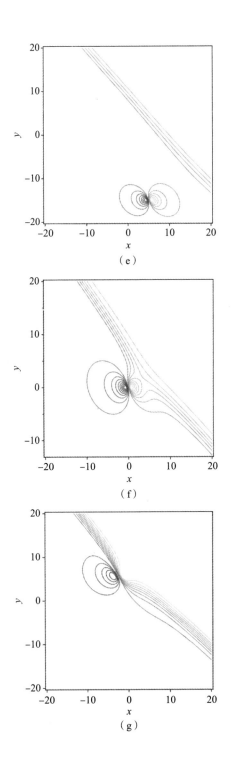

（e）

（f）

（g）

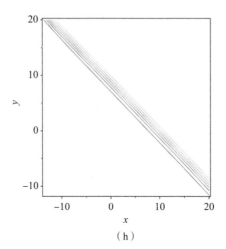

（h）

图 5.4 Lump-纽结孤子相互作用过程

注：当 $t=-5$、$t=0$、$t=2$、$t=10$ 时，（a）、（b）、（c）和（d）为由式（5.29）得到的 Lump-扭结孤子相互作用解的三维图，（e）、（f）、（g）和（h）对应的等高线图。

说明 5.2 以上两类解是不同的。在例 5.1 中，a_{12} 由 a_{11} 决定，而在例 5.2 中，a_{11} 和 a_{12} 是相互独立的。相反地，在例 5.1 中，$a_9=0$，然而在例 5.2 中，

$$a_9 = \frac{2a_1^2(3a_{11}a_{12}+2\sigma_2)}{(3a_{11}a_{12}+4\sigma_2)^2 a_{11}^2} > 0 \qquad (5.30)$$

因此，这两个解都不能包含另外一个解作为特例。

5.4 小　　结

本章研究了广义（2+1）-维 BLMP 方程的 Lump 解和 Lump-扭结孤子解。本章的计算是基于 Hirota 双线性方法和符号计算软件 Maple，用特定解的三维图、密度图、等高线图和二维曲线来表示 Lump 的传播轨道、速度和极值以及 Lump 与扭结孤子的相互作用现象[159]。众所周知，许多其他非线性方程都具有 Lump 解，包括（2+1）-维广义 KP 方程、KP-Boussinesq 方程、BKP 方

程和 Sawada-Kotera 方程[151,160]。此外，最近的一些研究还展示了（2 + 1）-维非线性可积方程的 Lump 与其他类型的精确解之间的相互作用解，包括 Lump-扭结相互作用解[161]和 Lump-孤子相互作用解[162]。在（3 + 1）-维情况下，得到了非线性可积方程的 Lump-类型的解。对（3 + 1）-维 Jimbo-Miwa 方程[163]和（3 + 1）-维 Potential-YTSF 方程[164]给出了大量这样的解。在任何维度上寻找偏微分方程的 Lump 解和相互作用解都具有一定的意义。

第 6 章

流体力学中广义（3＋1）-维 Jimbo-Miwa
方程的高阶 Lump 解、高阶呼吸解和混合解

6.1 广义（3＋1）-维 Jimbo-Miwa
方程的 N-孤子解

  孤立子、Lump 解和呼吸子等非线性波在流体力学、等离子体物理和非线性光学等领域的应用越来越受到研究者的关注。Lump 是一个有理函数解[165,166]，在空间中各个方向都是局域的。通过取长波极限，萨苏玛（Satsuma）和阿布罗维茨（Ablowitz）得到了 KP 方程和非线性 Schrödinger 方程的多次 Lump 碰撞的解。近年来，（2＋1）-维和（3＋1）-维非线性演化方程的高阶 Lump 解也

在许多文献中出现。

呼吸子被认为是一类特殊的孤子[167,168]，它可以周期性地发生并以局域振荡的方式传播。呼吸子分为三类：Akhmediev 呼吸子、Kuznetsov-Ma 呼吸子和一般呼吸子。利用呼吸子与孤子碰撞时产生的高振幅波可以解释怪波的产生机理。为了解释一些物理现象，寻找由这些局域波解组成的作用解也是非常必要的。

瓦兹（Wazwaz）提出了可以用来描述许多非线性现象的广义（3+1)-维 Jimbo-Miwa 方程[169]，如下：

$$u_{xxxy} + 3u_x u_{xy} + 3u_{xx} u_y + 2(u_{xt} + u_{yt} + u_{zt}) - 3u_{xz} = 0 \tag{6.1}$$

其中，$u = u(x, y, z, t)$ 是空间坐标 x、y、z 和时间坐标 t 的函数，表示波在流体中的振幅，下标表示对自变量的偏导数。

利用变量变换：

$$u = 2(\ln f)_x \tag{6.2}$$

方程（6.1）可以转化为以下双线性形式：

$$(D_x^3 D_y + 2D_y D_t + 2D_x D_t + 2D_z D_t - 3D_x D_z)f \cdot f = 0 \tag{6.3}$$

即：

$$f_{xxxy}f - f_{xxx}f_y + 3f_{xx}f_{xy} - 3f_{xxy}f_x + 2(f_{yt}f - f_y f_t + f_{xt}f - f_x f_t + f_{zt}f - f_z f_t)$$
$$- 3(f_{xz}f - f_x f_z) = 0 \tag{6.4}$$

这里的 $f = f(x, y, z, t)$，D 是双线性导数算子。显然 $u = u(x, y, z, t)$ 在变换方程（6.2）下是方程（6.1）的解，当且仅当 f 是方程（6.3）或是方程（6.4）的解。

通过把以下方程代入变换方程（6.2）得到 N-孤子解

$$f := f_N = \sum_{\mu=0,1} \exp\left(\sum_{i=1}^{N} \mu_i \eta_i + \sum_{1 \le i < j}^{N} \mu_i \mu_j A_{ij}\right) \tag{6.5}$$

其中，

$$\eta_i = k_i\left[x + p_i y + q_i z - \frac{k_i^2 p_i - 3q_i}{2(1 + p_i + q_i)}t\right] + \eta_i^0$$

$$\mathrm{exp}A_{ij} = \frac{m_{ij}k_i^2 - n_{ij}k_ik_j + o_{ij}k_j^2 + t_{ij}}{m_{ij}k_i^2 + n_{ij}k_ik_j + o_{ij}k_j^2 + t_{ij}}, \quad (1 \leqslant i < j \leqslant N)$$

$$m_{ij} = (1 + p_j + q_j)\{p_i[3(p_i + q_i) + 2 - q_j] + p_j(1 + q_i)\}$$

$$n_{ij} = 3(1 + p_i + q_i)(1 + p_j + q_j)(p_i + p_j)$$

$$o_{ij} = (1 + p_i + q_i)\{p_j[3(p_j + q_j) + 2 - q_i] + p_i(1 + q_j)\}$$

$$t_{ij} = 3(p_i + q_i - p_j - q_j)[(1 + p_i)q_j - (1 + p_j)q_i] \tag{6.6}$$

其中，k_i、p_i、q_i 和（η_i^0）是任意常数，$\sum\limits_{\mu=0,1}$ 是 $\mu_i = 0$，1（$i = 1$，2，$\cdots$，N）所有可能的组合求和，$\sum\limits_{1 \leqslant i < j}^{N}$ 是取自集合 $\{1$，2，$\cdots$，$N\}$ 所有可能的数对（i，j）且满足 $1 \leqslant i < j$。

6.2　M-阶 Lump 解

为了得到广义 Jimbo-Miwa 方程的 Lump 解，首先在方程（6.6）中取 $\mathrm{exp}(\eta_i^0) = -1$。然后 f_N 可以重写为

$$f_N = \sum_{\mu=0,1} \prod_{i=1}^{N} (-1)^{\mu_i}\mathrm{exp}(\mu_i\xi_i) \prod_{i<j}^{N} \mathrm{exp}(\mu_i\mu_jA_{ij}) \tag{6.7}$$

这里

$$\xi_i = k_i\left[x + p_iy + q_iz - \frac{k_i^2p_i - 3q_i}{2(1 + p_i + q_i)}t\right] \tag{6.8}$$

通过令 $k_i \to 0$ 取极限，并且令 k_i 是相同的渐近阶可以得到结果，如下：

$$f_N = \sum_{\mu=0,1} \prod_{i=1}^{N} (-1)^{\mu_i}(1 + \mu_ik_i\theta_i) \prod_{i<j}^{(N)} (1 + \mu_i\mu_jk_ik_jB_{ij}) + O(k^{N+1}) \tag{6.9}$$

为了形式简洁，略去 f_N 中的常数因子 $\prod\limits_{i=1}^{N}k_i$ 而得到简化的 f_N，形式如下：

$$f_N = \prod_{i=1}^{N} \theta_i + \frac{1}{2} \sum_{i,j}^{(N)} B_{ij} \prod_{l \neq i,j}^{N} \theta_l + \frac{1}{2!2^2} \sum_{i,j,s,r}^{(N)} B_{ij} B_{sr} \prod_{l \neq i,j,s,r}^{N} \theta_l + \cdots + \frac{1}{M!2^M}$$

$$\sum_{i,j,\cdots,m,n}^{(N)} \underbrace{M}_{B_{ij}B_{kl}\cdots B_{mn}} \prod_{p \neq i,j,k,l,\cdots,m,n}^{N} \theta_p + \cdots \qquad (6.10)$$

其中，

$$\theta_i = x + p_i y + q_i z + \frac{3q_i}{2(1 + p_i + q_i)} t, \quad B_{ij} = -\frac{2n_{ij}}{t_{ij}}, \quad (1 \leqslant i < j \leqslant N) \quad (6.11)$$

其中，$\displaystyle\sum_{i,j,\cdots,m,n}^{N}$ 表示取自集合 $\{1, 2, \cdots, N\}$ 所有可能的组合求和。

当 $N = 2M$ 时，如果选取 $p_{M+i} = p_i^*$，$q_{M+i} = q_i^*$（$i = 1, 2, \cdots, M$）且满足条件 $B_{ij} > 0$，我们可以得到一系列 M-阶 Lump 解，这由萨苏玛（Satsuma）和阿布罗维茨（AbLowit）在文献中证实[170]。

在 $N = 2$ 的情况下，通过取 $\exp(\eta_i^0) = -1$，（$i = 1, 2$）广义 Jimbo-Miwa 方程（6.1）的 1-阶 Lump 解由 2-孤子解得到。然后可得：

$$f_2 = 1 - \exp(\xi_1) - \exp(\xi_2) + \exp(\xi_1 + \xi_2 + A_{12}) \qquad (6.12)$$

其中，

$$\xi_i = k_i \left[x + p_i y + q_i z - \frac{k_i^2 p_i - 3q_i}{2(1 + p_i + q_i)} t \right], \quad (i = 1, 2) \qquad (6.13)$$

当 $i = 1, 2$ 时，令 $k_i \to 0$ 取长波极限并令 $\dfrac{k_1}{k_2} = O(1)$、$\dfrac{p_1}{p_2} = O(1)$、$\dfrac{q_1}{q_2} = O(1)$，这样可得：

$$f_2 = k_1 k_2 \left(\theta_1 \theta_2 - \frac{2(1 + p_1 + q_1)(1 + p_2 + q_2)(p_1 + p_2)}{(p_1 + q_1 - p_2 - q_2)\left[(1 + p_1)q_2 - (1 + p_2)q_1 \right]} \right) + O(k^3)$$

$$(6.14)$$

其中，

$$\theta_i = x + p_i y + q_i z + \frac{3q_i t}{2(1 + p_i + q_i)}, \quad (i = 1, 2) \qquad (6.15)$$

通过变换方程（6.2）可知，f_2 的因子 $k_1 k_2$ 可以省略，因此 f_2 可以重新

表示为:

$$f_2 = \theta_1 \theta_2 + B_{12}$$

$$B_{12} = -\frac{2(1 + p_1 + q_1)(1 + p_2 + q_2)(p_1 + p_2)}{(p_1 + q_1 - p_2 - q_2)\left[(1 + p_1)q_2 - (1 + p_2)q_1\right]} \tag{6.16}$$

为了得到 Lump 解, 在方程 (6.16) 中取共轭复数 $p_2 = p_1^*$、$q_2 = q_1^*$ 可以得到:

$$f_2 = \theta_1 \theta_1^* - \frac{2(1 + p_1 + q_1)(1 + p_1^* + q_1^*)(p_1 + p_1^*)}{(p_1 + q_1 - p_1^* - q_1^*)\left[(1 + p_1)q_1^* - (1 + p_1^*)q_1\right]}$$

$$B_{12} > 0 \tag{6.17}$$

把方程 (6.17) 代入方程 (6.2), 并令 $p_1 = a + bi$, $q_1 = c + di$, 可得 1-阶 Lump 解:

$$u = \frac{4(x' + ay' + cz')}{(x' + ay' + cz')^2 + (by' + dz')^2 + \Gamma_3} \tag{6.18}$$

其中,

$$x' = x + \frac{3\left[(a + c)c + (b + d)d\right]}{2\left[(a + c + 1)^2 + (b + d)^2\right]}t$$

$$y' = y - \frac{3c}{2\left[(a + c + 1)^2 + (b + d)^2\right]}t$$

$$z' = z + \frac{3(a + 1)}{2\left[(a + c + 1)^2 + (b + d)^2\right]}t$$

$$\Gamma_3 = \frac{a\left[(a + c + 1)^2 + (b + d)^2\right]}{(b + d)\left[bc - (a + 1)d\right]} > 0 \tag{6.19}$$

把 1-Lump 解整理成方程 (6.18) 的形式便于求出其空间中的传播轨道和沿着各个坐标轴的速度分量。

当 $a \neq 0$ 时, 可以得到传播轨道如下:

$$\begin{cases} x + ay + cz + \Gamma_1 t = \pm \sqrt{\Gamma_3} \\ by + dz + \Gamma_2 t = 0 \end{cases} \tag{6.20}$$

其中,

$$\Gamma_1 = \frac{3[(a+c+1)c+(b+d)d]}{2[(a+c+1)^2+(b+d)^2]}$$

$$\Gamma_2 = \frac{3[(a+1)d-bc]}{2[(a+c+1)^2+(b+d)^2]} \tag{6.21}$$

通过分析可知，当方程（6.18）中的 u 沿着上面轨道传播时是一个常数且保持持续的 Lump 状态，其速度为：

$$v_x = -\frac{3[(a+c)c+(b+d)d]}{2[(a+c+1)^2+(b+d)^2]}$$

$$v_y = \frac{3c}{2[(a+c+1)^2+(b+d)^2]}$$

$$v_z = -\frac{3(a+1)}{2[(a+c+1)^2+(b+d)^2]} \tag{6.22}$$

当 $z=0$ 时，(x,y) 平面上的 1-阶 Lump 解沿着以下两条轨道传播时，分别达到最大值 $\frac{2}{\sqrt{\Gamma_3}}$ 和最小值 $-\frac{2}{\sqrt{\Gamma_3}}$。

$$l_1: y = \frac{\Gamma_2}{b\Gamma_1-a\Gamma_2}x + \frac{\Gamma_2\sqrt{\Gamma_3}}{a\Gamma_2-b\Gamma_1}$$

$$l_2: y = \frac{\Gamma_2}{b\Gamma_1-a\Gamma_2}x - \frac{\Gamma_2\sqrt{\Gamma_3}}{a\Gamma_2-b\Gamma_1} \tag{6.23}$$

当 $N=4$ 时，方程（6.10）中的 f_4 可以表示为：

$$f_4 = \theta_1\theta_2\theta_3\theta_4 + B_{12}\theta_3\theta_4 + B_{13}\theta_2\theta_4 + B_{14}\theta_2\theta_3 + B_{23}\theta_1\theta_4 + B_{24}\theta_1\theta_3$$
$$+ B_{34}\theta_1\theta_2 + B_{12}B_{34} + B_{13}B_{24} + B_{14}B_{23} \tag{6.24}$$

其中，

$$\theta_i = x + p_i y + q_i z + \frac{3q_i}{2(1+p_i+q_i)}t, \quad B_{ij} = -2\frac{n_{ij}}{t_{ij}}, \quad (1\leqslant i<j\leqslant 4) \tag{6.25}$$

借助变换方程（6.2）和方程（6.10），通过令 $p_3=p_1^*$，$p_4=p_2^*$，则可以得到 2-阶 Lump 解。

当 $N=6$ 时，f_6 的表达式项数太多而略去不记。类似地，在 f_6 中取 $p_4=$

p_1^*、$q_4 = q_1^*$、$p_5 = p_2^*$、$q_5 = q_2^*$、$p_6 = p_3^*$、$q_6 = q_3^*$ 并代入变换方程（6.2），可得 3-阶 Lump 解。

从图 6.1 的形状来看，图 6.1 包含了亮波和暗波。通过上述分析，我们可以发现 1-阶 Lump 解沿一条直线传播时振幅、速度和形状不变。然而，对于 2-阶和 3-阶 Lump 解，当它们之间发生无弹性相互作用时，形状会随着能量的转换而发生剧烈变化。因此，当这种情况出现时，在现实世界中可能会发生灾难性的天气或巨大的波浪。

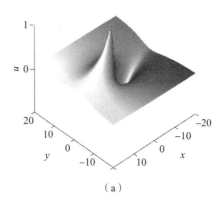

（a）

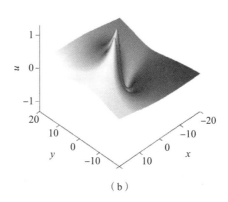

（b）

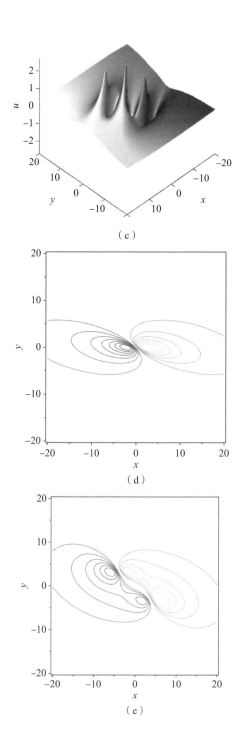

（c）

（d）

（e）

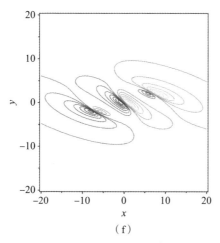

（f）

图 6.1　Lump 解及其等高线图

注：（a）1-阶 Lump 解，（b）2-阶 Lump 解，（c）3-阶 Lump 解，（d）、（e）和（f）是对应的等高线图。

当 $z=t=0$ 时，可得 (x,y) 平面上的 1-阶 Lump 解。当 $p_1=p_2^*=1+2i$，$q_1=q_2^*=2+i$ 时，对应的 1-阶 Lump 解，如图 6.1（a）所示；当 $p_1=p_3^*=\dfrac{1}{2}+\dfrac{3}{2}i$、$q_1=q_3^*=1+\dfrac{1}{2}i$、$p_2=p_4^*=\dfrac{1}{2}+i$、$q_2=q_4^*=2+i$ 时，对应 2-阶 Lump 解，如图 6.1（b）所示；当 $p_1=p_4^*=2+i$、$q_1=q_4^*=2+3i$、$p_2=p_5^*=1+2i$、$q_2=q_5^*=3+i$、$p_3=p_6^*=1+i$、$q_3=q_6^*=2+2i$ 时，对应的 3-阶 Lump 解，如图 6.1（c）所示。

6.3　呼吸 – 扭结解、有理呼吸解和怪波解

下面利用推广的同宿波测试技巧[171] 得到广义 Jimbo-Miwa 方程的几种精确解，假设：

$$f=e^{-p_1\xi}+\delta_1\cos(p\eta)+\delta_2 e^{p_1\xi} \tag{6.26}$$

其中，

$$\xi = x + a_1 y + b_1 z + c_1 t$$
$$\eta = x + a_2 y + b_2 z + c_2 t \qquad (6.27)$$

这里 ξ 和 η 是 x、y、z 和 t 的线性函数，p、p_1、δ_1、δ_2、a_j、b_j 和 c_j 是需要进一步确定的实参数。把方程（6.26）代入方程（6.3），并令 $e^{-p_1\xi}$、$e^{p_1\xi}$、$\cos(p\eta)$ 和 $\sin(p\eta)$ 的系数为 0，得到下列方程组

$$\delta_1^2 p^2 \big[-2c_2(a_2+b_2+1) +4p^2 a_2 +3b_2 \big]$$
$$+4\delta_2 p_1^2 \big[2c_1(a_1+b_1+1) +4p_1^2 a_1 -3b_1 \big] =0 \qquad (6.28a)$$
$$a_2 p^4 + a_1 p_1^4 + \big[-3(a_1+a_2)p_1^2 -2c_2(a_2+b_2+1)$$
$$+3b_2 \big] p^2 + \big[2c_1(a_1+b_1+1) -3b_1 \big] p_1^2 =0 \qquad (6.28b)$$
$$a_1(p^2 -3p_1^2 -2c_2) + a_2(3p^2 -p_1^2 -2c_1) + b_1(3 -2c_2) -$$
$$2c_1(b_2+1) +3b_2 -2c_2 =0 \qquad (6.28c)$$

事实上得到 5 个方程构成的方程组，但其中有 2 个方程组等价，所以只可以写出来 3 个方程。

6.3.1　呼吸 - 扭结解

为了得到方程呼吸 - 扭结解，令 $p_1 = p$，则方程（6.26）可以重新写为

$$f = 2\sqrt{\delta_2}\cosh\Big[p\xi +\frac{1}{2}\ln(\delta_2)\Big] +\delta_1\cos(p\eta) \qquad (6.29)$$

其中，p、δ_1、δ_2、a_j、b_j 和 c_j 满足方程组（6.28）。然后，利用变换方程（6.2）和方程（6.29）可以得到广义 Jimbo-Miwa 方程的呼吸 - 扭结解，如下：

$$u = 2\frac{2p\sqrt{\delta_2}\sinh\Big[p\xi +\frac{1}{2}\ln(\delta_2)\Big] -p\delta_1\sin(p\eta)}{2\sqrt{\delta_2}\cosh\Big[p\xi +\frac{1}{2}\ln(\delta_2)\Big] +\delta_1\cos(p\eta)} \qquad (6.30)$$

当 $z=t=0$ 且 $\sigma_1 =1$、$a_1 =-2$、$c_1 =-1$、$a_2 =1$、$c_2 =0.4$ 时，通过方程

（6.30）得到 (x, y) 平面上的呼吸 – 扭结解。

实际上，带有变量 $p\xi + \dfrac{1}{2}\ln(\delta_2)$ 的孤子解和带有变量 $p\eta$ 的呼吸解在相互作用时，解方程（6.30）具有周期性和呼吸性的双重特征。为了说明参数 p 对呼吸扭结解动态特性的影响，将解方程（6.30）中的系数 p，从 0.2 变为 0.4，图 6.2 依次描述了呼吸 – 扭结解的相位和传播方向不变，但振幅和周期随 p 的增加而增加，同时还保持了局域振荡的特性。

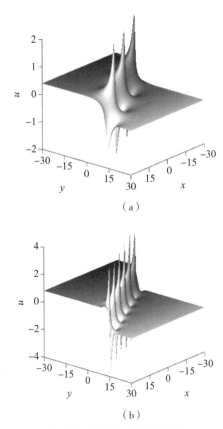

（a）

（b）

图 6.2 呼吸 – 扭结孤子解

注：（a）$p = 0.2$、（b）$p = 0.4$。

6.3.2 有理呼吸解和怪波解

利用参数极限法研究了呼吸孤立子解的退化以及有理呼吸解和怪波的出现。取 $\sigma_1 = -2$，并令方程（6.30）中的 $p \to 0$ 取极限，即让呼吸－扭结解的周期趋于无穷大，可以得到广义 Jimbo-Miwa 方程的有理呼吸解。

$$u = \frac{4(\xi + \eta)}{\xi^2 + \eta^2 + \Delta} \tag{6.31}$$

这里

$$\Delta = \frac{-6(a_1 + a_2)}{2c_1(a_1 + b_1 + 1) - 3b_1} > 0$$

接下来，对方程（6.31）关于 x 求偏导，得到一个有理同宿（异宿）波，即为怪波。

$$u = \frac{8(\Delta - 2\xi\eta)}{(\xi^2 + \eta^2 + \Delta)^2} \tag{6.32}$$

进一步，讨论有理呼吸解和怪波解空间结构变化的动力学行为。为简化计算，令 $z = t = 0$，当 $\Delta > 0$ 时，计算结果表明有理呼吸解（6.31）在极值点 $\left(\sqrt{\frac{\Delta}{2}}, 0\right)$ 和 $\left(-\sqrt{\frac{\Delta}{2}}, 0\right)$，分别达到最大值 $\sqrt{\frac{8}{\Delta}}$ 和最小值 $-\sqrt{\frac{8}{\Delta}}$。同时，怪波方程（6.32）在（0，0）取得最大值 $\frac{8}{\Delta}$，在 $\left(\pm\sqrt{\frac{3\Delta}{2}}, 0\right)$ 取得最小值 $-\frac{1}{\Delta}$。

当 $z = t = 0$ 且 $\sigma_1 = -2$、$a_1 = -2$、$c_1 = -1$、$a_2 = 1$、$c_2 = 0.4$ 时得到 (x, y) 平面上的有理呼吸解和怪波解，如图 6.3 所示。

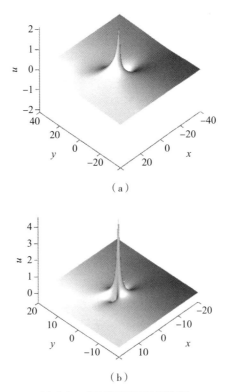

（a）

（b）

图 6.3   有理呼吸解和怪波解

注：（a）有理呼吸解，（b）怪波解。

在图 6.3 中，我们注意到当呼吸 – 扭结孤子的周期趋于无穷大时，扭结孤子消失。另外，从图 6.3（a）可以看出，有理呼吸解有一个向上的波峰和一个向下的波谷，它们关于平面波具有对称性，这种空间结构与上述极值分析的结果相一致。图 6.3（b）显示怪波有一个向上的波峰和两个向下的小波谷，恰好对应一个最大值和两个最小值，最小值点关于 y 轴对称。值得一提的是，图 6.3（b）中怪波形成的时间极短，波峰比周围波高 3 倍以上。因此怪波的能量特别集中，破坏力极强。

6.4 T-阶呼吸解

对 N-孤子解（$N=2T$）中的参数取共轭复数可以得到 T-阶呼吸解，在 N-孤子解方程（6.5）中令：

$$k_j = k^*_{T+j} = k_{j1} + ik_{j2}, \quad p_j = p^*_{T+j} = p_{j1} + ip_{j2}$$

$$q_j = q^*_{T+j} = q_{j1} + iq_{j2}, \quad \eta^0_j = (\eta^0_{T+j})^* = \eta^2_{j1} + i\eta^0_{j2}, \quad (j=1, 2, \cdots, T)$$

$$(6.33)$$

其中，k_{j1}、k_{j2}、p_{j1}、p_{j2}、q_{j1}、q_{j2}、η^0_{j1} 和 η^0_{j2} 是实常数。现在方程（6.5）变为

$$f_{2T} = \sum_{\mu=0,1} \exp\left(\sum_{i=1}^{2T} \mu_i \eta_i + \sum_{1 \leq i < j}^{2T} \mu_i \mu_j A_{ij} \right) \tag{6.34}$$

因此，通过把方程（6.34）代入变换方程（6.2）可得 T-阶呼吸解，其中参数如下：

$$\eta_j = \eta^*_{T+j} = \eta_{j1} + i\eta_{j2}$$

$$\eta_{j1} = k_{j1}x + (k_{j1}p_{j1} - k_{j2}p_{j2})y + (k_{j1}q_{j1} - k_{j2}q_{j2})z$$

$$+ \frac{\left[\frac{1}{2}(k^2_{j1} - k^2_{j2})(k_{j2}p_{j2} - k_{j1}p_{j1}) + k_{j1}k_{j2}(k_{j2}p_{j1} + k_{j1}p_{j2}) + \frac{3}{2}(k_{j1}q_{j1} - k_{j2}q_{j2}) \right]}{(1 + p_{j1} + q_{j1})^2 + (p_{j2} + q_{j2})^2}$$

$$+ \frac{\left[-\frac{1}{2}(k^2_{j1} - k^2_{j2})(k_{j2}p_{j1} + k_{j1}p_{j2}) + k_{j1}k_{j2}(k_{j2}p_{j2} - k_{j1}p_{j1}) + \frac{3}{2}(k_{j2}q_{j1} + k_{j1}q_{j2}) \right]}{(1 + p_{j1} + q_{j1})^2 + (p_{j2} + q_{j2})^2} + \eta^0_{j1}$$

$$\eta_{j2} = k_{j2}x + (k_{j2}p_{j1} + k_{j1}p_{j2})y + (k_{j2}q_{j1} + k_{j1}q_{j2})z$$

$$+ \frac{\left[-\frac{1}{2}(k^2_{j1} - k^2_{j2})(k_{j1}p_{j2} + k_{j2}p_{j1}) + k_{j1}k_{j2}(k_{j2}p_{j2} - k_{j1}p_{j1}) + \frac{3}{2}(k_{j1}q_{j2} + k_{j2}q_{j1}) \right]}{(1 + p_{j1} + q_{j1})^2 + (p_{j2} + q_{j2})^2}$$

$$\left[\frac{1}{2}(k_{j1}^2 - k_{j2}^2)(k_{j1}p_{j1} + k_{j2}p_{j2}) - k_{j1}k_{j2}(k_{j1}p_{j2} + k_{j2}p_{j1}) + \frac{3}{2}(k_{j2}q_{j2} - k_{j1}q_{j1}) \right]$$

$$+ \frac{(p_{j2} + q_{j2})t}{(1 + p_{j1} + q_{j1})^2 + (p_{j2} + q_{j2})^2} + \eta_{j2}^0$$

$$(6.35)$$

在 $T=1$ 的情况下，η_1 的实分量为 η_{11}，虚部为 η_{12}。因此，对于给定的 t，1-阶呼吸解沿直线 $\eta_{11}=0$ 的方向是局部的，沿直线 $\eta_{12}=0$ 的方向是周期性的。也就是说 (x, y) 平面上 1-阶呼吸解位置依赖于 k_{11} 和 $k_{11}p_{11} - k_{12}p_{12}$，周期依赖于 k_{12} 和 $k_{12}p_{11} + k_{11}p_{12}$。

当 $\eta_1^0 = \eta_2^0 = z = t = 0$ 时，通过方程（6.34）得到 1-阶呼吸解，如图 6.4 所示。

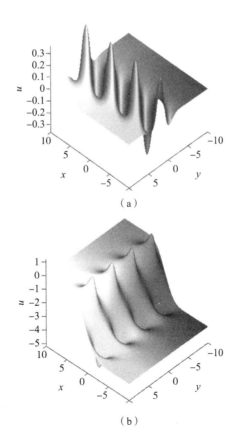

（a）

（b）

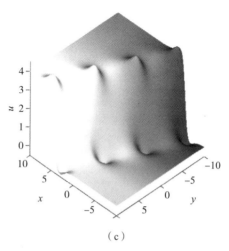

（c）

图6.4　一阶呼吸解

注：（a）$k_1 = k_2^* = i$、$p_1 = p_2^* = 1 + i$、$q_1 = q_2 = 1$；（b）$k_1 = k_2^* = -1 + \frac{1}{2}i$、$p_1 = p_2^* = -\frac{1}{2} + i$、$q_1 = q_2 = -1$；（c）除了 $k_1 = k_2 = 1$ 不同以外与图6.4（b）参数相同。

在方程（6.34）对参数 k_{11}、k_{12}、p_{11} 和 p_{12} 取不同的值，可以得到三种类型的呼吸解。当 $k_{11} = 0$ 且 $k_{11}p_{11} - k_{12}p_{12} \neq 0$ 时，(x, y) 平面上 1-阶呼吸解平行于 x 轴，如图6.4（a）所示。当 $k_{11} \neq 0$ 且 $k_{11}p_{11} - k_{12}p_{12} = 0$ 时，(x, y) 平面上 1-阶呼吸解平行于 y 轴，如图6.4（b）所示。当 $k_{11} \neq 0$ 且 $k_{11}p_{11} - k_{12}p_{12} \neq 0$ 时，(x, y) 平面上 1-阶呼吸解平行于直线 $k_{11}x + (k_{11}p_{11} - k_{12}p_{12})y = 0$，如图6.4（c）所示。

类似地，解方程（6.34）中 $T = 2$ 时可以得到 2-阶呼吸解，如图6.5所示。如前所述，方程（6.1）有三种类型的 2-阶呼吸解。例如，在 $k_{11} = k_{12} = 0$ 条件下构造了一个 2-阶平行模式的呼吸解，如图6.5（a）所示。这两个 1-阶呼吸子逐渐靠近，相互作用，最后分离。当 $k_{12}(k_{11}p_{11} - k_{12}p_{12}) \neq k_{11}(k_{21}p_{21} - k_{22}p_{22})$ 时，2-阶呼吸子是交叉的模式。在特殊情况下，图6.5（b）构造了一个 2-阶垂直模式的呼吸子，一个平行于 x 轴，另一个平行于 y 轴。

随着时间的推移，这两个 1-阶呼吸子在 (x, y) 平面上一直相互作用。图 6.5（c）演示了 2-阶呼吸子的作用过程，其包含两个以一定角度相交的 1-阶呼吸子。

当 $q_i = -1$、$\eta_i^0 = 0$、$i = 1, 2, 3, 4$、$z = 0$ 时，对应三种类型的 2-阶呼吸解，如图 6.5 所示。

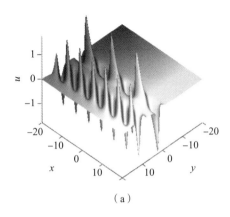

（a）

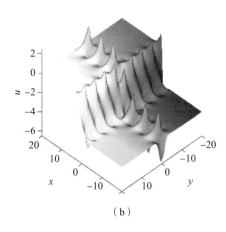

（b）

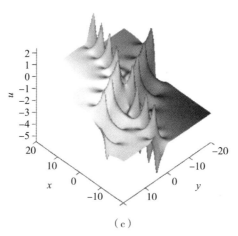

（c）

图6.5 二阶呼吸解

注：（a）当 $k_1 = k_2^* = i$、$p_1 = p_2^* = -1 + i$、$k_3 = k_4^* = \frac{1}{2}i$、$p_3 = p_4^* = -1 + 3i$、$t = -15$ 时对应平行样式；（b）当 $k_1 = k_2^* = -1 + \frac{1}{2}i$、$p_1 = p_2^* = -\frac{1}{2} + i$、$k_3 = k_4^* = i$、$p_3 = p_4^* = -\frac{1}{2} + i$，$t = 0$ 时对应垂直样式；（c）当 $k_1 = k_2^* = -\frac{1}{2} + \frac{1}{2}i$、$k_3 = k_4^* = -\frac{1}{4} + i$ 时对应交叉样式，其他参数与图6.5（b）相同。

选取参数 $q_i = -1$、$\eta_i^0 = 0$、$i = 1, 2, \cdots, 6$、$z = 0$ 可得三种类型的3-阶呼吸解，如图6.6所示。

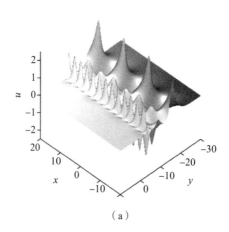

（a）

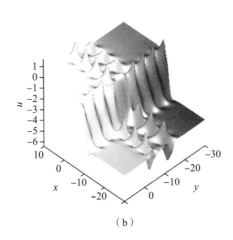

（b）

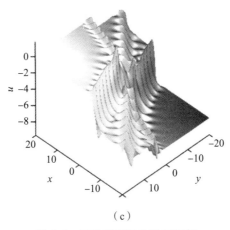

（c）

图 6.6　三种类型的 3-阶呼吸解

注：（a）当 $k_1 = k_2^* = \dfrac{1}{2}i$、$p_1 = p_2^* = -\dfrac{1}{2} + i$、$k_3 = k_4^* = i$、$p_3 = p_4^* = -\dfrac{4}{5} + i$、$k_5 = k_6^* = 2i$、$p_5 = p_6^* = -\dfrac{6}{5} + \dfrac{3}{2}i$、$t = 10$ 时对应平行样式呼吸解；（b）当 $k_1 = k_2^* = -1 + \dfrac{1}{2}i$、$p_1 = p_2^* = -\dfrac{1}{2} + i$、$k_3 = k_4^* = i$、$p_3 = p_4^* = -\dfrac{4}{5} + i$、$k_5 = k_6^* = \dfrac{6}{5}i$、$p_5 = p_6^* = -1 + \dfrac{3}{2}i$、$t = 10$ 时对应混合样式呼吸解；（c）当 $k_1 = k_2^* = -1 + \dfrac{3}{4}i$、$p_1 = p_2^* = -\dfrac{4}{5} + \dfrac{8}{5}i$、$k_3 = k_4^* = -\dfrac{1}{2} + i$、$p_3 = p_4^* = -1 + i$、$k_5 = k_6^* = -\dfrac{2}{5} + \dfrac{3}{2}i$、$p_5 = p_6^* = -2 + \dfrac{3}{2}i$、$t = 0$ 时对应交叉样式呼吸解。

由图 6.4 ~ 图 6.6 可知，呼吸解的周期、振幅和相位受参数方程（6.33）的影响和控制，高阶呼吸解的相互作用是弹性的。

6.5　混　合　解

利用长波极限法并结合对部分参数取共轭复数，可以得到丰富的混合解。通过将测试函数设置为平方函数和单指数函数的组合，得到了由 1-阶 Lump 解和 1-孤子解组成的相互作用解。

6.5.1　由呼吸解和扭结孤子构成的作用解

通过在方程（6.9）中选择合适的参数，导出了广义 Jimbo-Miwa 方程（6.1）的 H-阶呼吸子与 K-孤子之间的相互作用解，如下：

$$N = 2H + K, \quad k_j = k_{H+j}^* = k_{j1} + ik_{j2}, \quad p_j = p_{H+j}^* = p_{j1} + ip_{j2}$$

$$k_t = k_{t1}, \quad p_t = p_{t1}, \quad q_i = q, \quad \eta_i^0 = 0, \quad (j = 1, 2, \cdots, H;$$

$$i = 1, 2, \cdots, 2H + K; \quad t = 2H + 1, 2H + 2, \cdots, 2H + K) \quad (6.36)$$

其中，H 和 K 都是正整数，k_{t1}、p_{t1} 和 q 是实常数。例如，1-阶呼吸子和 1-孤子构成的作用解由下式给出：

$$N = 3, \quad k_1 = k_2^* = k_{11} + ik_{12}, \quad k_3 = k_{31}, \quad p_1 = p_2^* = p_{11} + ip_{12},$$

$$p_3 = p_{31}, \quad q_i = q, \quad \eta_i^0 = 0, \quad (i = 1, 2, 3) \quad (6.37)$$

不同参数下，1-阶呼吸子与 1-孤子构成的相互作用解如图 6.7（a）和 6.7（b）所示。当 $k_{11}p_{11} - k_{12}p_{12} = k_{11}p_{31}$ 时，在（x, y）平面上，1-孤子平行于 1-阶呼吸子，如图 6.7（a）所示。首先，1-阶呼吸子位于 1-孤子解的上半振幅，随着时间的推移相互碰撞，然后传播到下半振幅。最后，1-孤子和 1-阶呼吸子独立向前传播。当 $k_{11}p_{11} - k_{12}p_{12} \neq k_{11}p_{31}$ 时，1-孤子和 1-阶呼吸子相

交于 (x, y) 平面，并一直相互作用，如图 6.7（b）所示。

类似地，当方程（6.9）中的参数选择如下：

$$N=4, \quad k_1 = k_2^* = k_{11} + ik_{12}, \quad k_3 = k_{31}, \quad k_4 = k_{41}, \quad p_1 = p_2^* = p_{11} + ip_{12},$$

$$p_3 = p_{31}, \quad p_4 = p_{41}, \quad q_i = q, \quad \eta_i^0 = 0, \quad (i = 1, 2, 3, 4) \tag{6.38}$$

得到由 1-阶呼吸子和 2-孤子组成的相互作用解，如图 6.7（c）所示。当 $z=0$ 时得到的相互作用解。

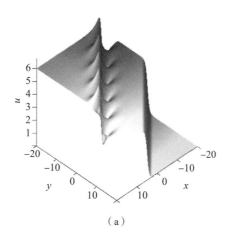

（a）

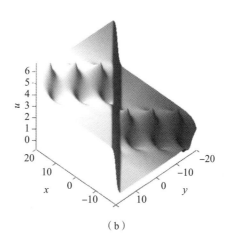

（b）

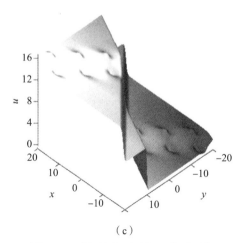

（c）

图 6.7 呼吸解和孤子相互作用过程

注：（a）$k_1 = k_2 = \dfrac{1}{2}$、$k_3 = 2$、$p_1 = p_2^* = -1 + 2i$，$p_3 = -1$，$q_1 = q_2 = q_3 = -1$，$\eta_1^0 = \eta_2^0 = 0$、$\eta_3^0 = 0$、$t = -30$；（b）除 $p_3 = 1$、$t = 0$ 外与（a）中参数相同；（c）参数为 $k_1 = k_2 = \dfrac{1}{2}$、$k_4 = 3$、$p_1 = p_2^* = -1 + 2i$、$p_3 = 2$、$p_4 = 1$，$q_1 = q_2 = q_3 = q_4 = -1$，$\eta_1^0 = \eta_2^0 = \eta_3^0 = \eta_4^0 = 0$、$t = 0$、$k_3 = 4$。

从图 6.7 可知，在呼吸子与孤子碰撞后，混合解继续以不变的振幅、速度和形状沿同一方向向前传播，因此相互作用是弹性的。

6.5.2 由 Lump 解和扭结孤子或者呼吸解构成的作用解

通过在方程（6.9）中选择合适的参数，推导出广义 Jimbo-Miwa 方程（6.1）的 H-阶 Lump 解与 $2L$-孤子或 L-阶呼吸子之间的相互作用解

$$N = 2H + 2L, \quad k_r = k_r, \quad \exp(\eta_r^0) = -1, \quad (k_r \to 0; \ r = 1, 2, \cdots, 2H)$$

$$(6.39)$$

这里 L 是一个正整数。

当选取参数 $p_1 = p_2^* = -1+2i$、$p_3 = 2$、$p_4 = 1$、$k_3 = 2$、$k_4 = \dfrac{3}{2}$、$q_1 = q_2^* = -1 + \dfrac{1}{2}i$、$q_3 = q_4 = -1$、$\eta_3^0 = \eta_4^0 = 0$、$z = 0$ 时，由 1-阶 Lump 解和 2-孤子解构成的作用解，如图 6.8 所示。

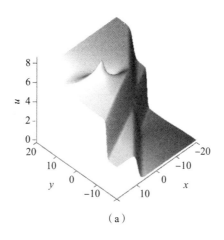

（a）

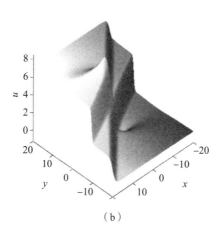

（b）

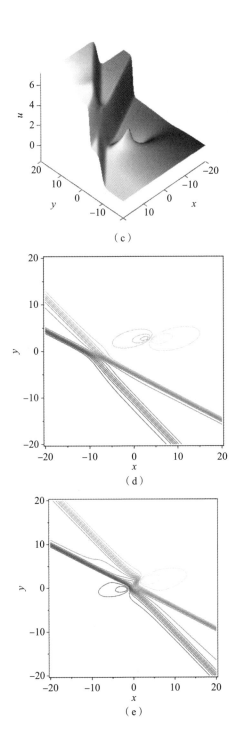

（c）

（d）

（e）

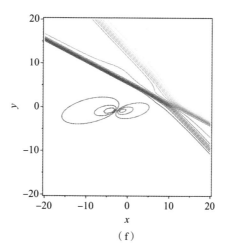

（f）

图 6.8 一阶 Lump 和二孤子相互作用解

注：（a）$t = -4$；（b）$t = 0$；（c）$t = 4$；（d）、（e）和（f）是对应的等高线图。

例如，设 $N = 1$、$H = 1$、$L = 1$，并令 $k_1 \to 0$，$k_2 \to 0$ 取极限，则方程（6.9）中的 f 如下：

$$f = (\theta_1 \theta_2 + B_{12}) + (\theta_1 \theta_2 + B_{23} \theta_1 + B_{13} \theta_2 + B_{13} B_{23} + B_{12}) \exp(\eta_3)$$
$$+ (\theta_1 \theta_2 + B_{24} \theta_1 + B_{14} \theta_2 + B_{14} B_{24} + B_{12}) \exp(\eta_4)$$
$$+ [\theta_1 \theta_2 + (B_{23} + B_{24}) \theta_1 + (B_{13} + B_{14}) \theta_2 + B_{12}$$
$$+ B_{13} B_{23} + B_{14} B_{23} + B_{13} B_{24} + B_{14} B_{24}] A_{34} \exp(\eta_3 + \eta_4) \tag{6.40}$$

这里

$$\theta_i = x + p_i y + q_i z + \frac{3 q_i}{2(1 + p_i + q_i)} t, \quad (i = 1, 2)$$

$$B_{12} = -\frac{2 n_{12}}{t_{12}}$$

$$B_{13} = -\frac{2 n_{13} k_3}{t_{13}}$$

$$B_{14} = -\frac{2 n_{14} k_4}{t_{14}}$$

$$B_{23} = -\frac{2n_{23}k_3}{t_{23}}$$

$$B_{24} = -\frac{2n_{24}k_4}{t_{24}} \qquad (6.41)$$

当参数取 $p_1 = p_2^* = 1 + 2i$、$q_1 = q_2^* = 2 + i$、$k_3 = k_4^* = i$、$p_3 = p_4^* = -1 + i$、$q_3 = q_4 = -1$、$\eta_3^0 = \eta_4^0 = 0$、$z = 0$ 时,由 1-阶 Lump 解和 1-阶呼吸解组成的相互作用解,如图 6.9 所示。

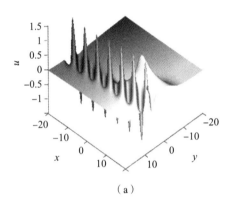

（a）

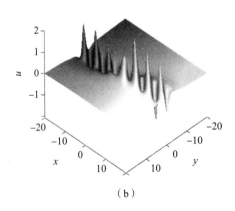

（b）

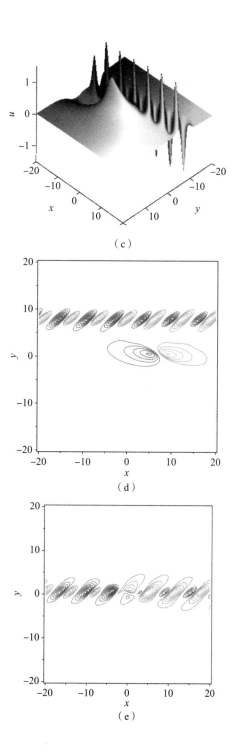

（c）

（d）

（e）

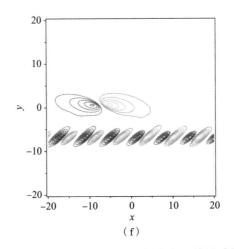

（f）

图 6.9　一阶 Lump 和一阶呼吸解相互作用过程

注：（a）$t = -10$；（b）$t = 0$；（c）$t = 10$；（d）、（e）和（f）是对应的等高线图。

　　通过选择合适的参数，可以得到广义 Jimbo-Miwa 方程的 1-阶 Lump 解与 2-孤子之间的弹性相互作用解。从图 6.9 可以看出其动态特性。交叉 2-孤子和 Lump 解都以一定的角度沿 y 轴的正方向和负方向运动。刚开始，1-阶 Lump 解位于 2-孤子的上半振幅，然后被上半振幅和下半振幅分离，最后完全位移到下半振幅传播。图 6.9 描述了 1-阶 Lump 解与 1-阶呼吸解之间的弹性碰撞。1-阶 Lump 解以一定的角度沿 y 轴的正方向传播，而 1-阶呼吸解则沿 y 轴的负方向传播，因此它们在 $t = 0$ 时发生碰撞。碰撞后，它们恢复了原来的形状并继续向前传播。

6.5.3　1-阶 Lump 解与 1-孤子构成的相互作用解

　　下面将变换方程（6.2）中的 f 取为平方函数和指数函数的组合，即：

$$f = g^2 + h^2 + b + l \tag{6.42}$$

这里

$$g = a_1 x + a_2 y + a_3 z + a_4 t + a_5$$

$$h = a_6 x + a_7 y + a_8 z + a_9 t + a_{10}$$

$$l = k e^{k_1 x + k_2 y + k_3 z + k_4 t} \qquad (6.43)$$

其中，a_i、k_i、b 和 k 是待确定的实常数。把方程（6.42）代入方程（6.3）并令多项式系数为 0，得到包含 30 个方程的代数方程组。通过直接计算，可以得到 2 组参数解。

第 1 种情形：第一组解。

$$b = -\frac{a_1^2 \Lambda_1}{4 k_1^2 a_9^2 (k_1^2 + 9)}$$

$$a_1 = a_1$$

$$a_2 = \frac{a_1 \Lambda_1}{\Lambda_2}$$

$$a_3 = -\frac{4 k_1^2 a_1 a_9^2 (k_1^2 + 9)}{\Lambda_2}$$

$$a_4 = 0, \quad a_5 = a_5, \quad a_6 = 0$$

$$a_7 = -\frac{4 a_9 (81 a_1^2 - 4 k_1^2 a_9^2)}{3 \Lambda_2}$$

$$a_8 = \frac{2 [9 a_1^2 (k_1^4 + 9 k_1^2 + 18) - 8 k_1^2 a_9^2]}{3 \Lambda_2}$$

$$a_9 = a_9, \quad a_{10} = a_{10}$$

$$k_1 = k_1, \quad k_2 = -\frac{3 k_1}{k_1^2 + 3}$$

$$k_3 = -\frac{[k_1^2 (27 a_1^2 + 20 a_9^2) - 162 a_1^2] k_1}{3 (9 a_1^2 + 4 a_9^2)(k_1^2 + 3)}, \quad k_4 = \frac{3}{2} k_1 \qquad (6.44)$$

其中，Λ_1 和 Λ_2 形式如下：

$$\Lambda_1 = 4 a_9^2 (k_1^2 - 9) + 27 a_1^2 (k_1^2 + 3)$$

$$\Lambda_2 = (k_1^2 + 3)^2 (4 a_9^2 + 9 a_1^2) \qquad (6.45)$$

这里参数满足下列条件：

$$a_1 a_9 k_1 \neq 0, \ b > 0, \ k > 0 \tag{6.46}$$

当 $z=0$、$k=1$、$k_1=1$、$a_1=-2$、$a_5=1$、$a_9=4$、$a_{10}=1$ 时，广义 Jimbo-Miwa 方程的作用解。

第 2 种情形：第二组解。

$$b = \frac{6a_3^2(k_1^2+3)^4}{k_1^6(k_1^2+6)^3}$$

$$a_1 = -\frac{a_3(k_1^2+3)^2}{k_1^2(k_1^2+6)}$$

$$a_2 = \frac{6a_3}{k_1^2(k_1^2+6)}$$

$$a_3 = a_3, \ a_4 = 0, \ a_5 = a_5, \ a_6 = 0$$

$$a_7 = \frac{3a_3^2(k_1^2+3)^4 - 4a_9^2 k_1^2(k_1^2+6)}{2a_9 k_1^2(k_1^2+3)^2(k_1^2+6)}$$

$$a_8 = \frac{2a_9}{(k_1^2+3)^2}$$

$$a_9 = a_9, \ a_{10} = a_{10}$$

$$k_1 = k_1, \ k_2 = -\frac{2k_1}{k_1^2+3}$$

$$k_3 = -\frac{k_1^3}{k_1^2+3}, \ k_4 = -\frac{1}{2}k_1^3 \tag{6.47}$$

其中，参数满足下列条件：

$$a_9 k_1 \neq 0, \ b > 0, \ k > 0 \tag{6.48}$$

通过选择合适的参数值，1-阶 Lump 解与 1-孤子相互作用的动态现象如图 6.10 和图 6.11 所示。随着时间的推移，扭结波逐渐分裂出一个 1-阶 Lump 解，这描述了一个裂变现象。然后它们以稳定的轮廓向相反的方向独立传播，寻找裂变和聚变机理是我们下一步研究的目标之一。

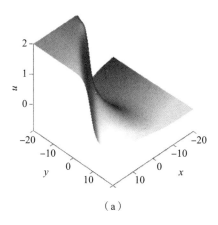

（a）

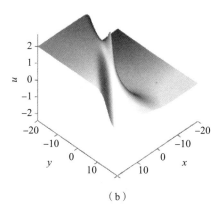

（b）

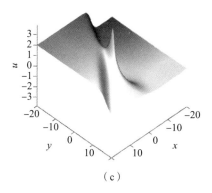

（c）

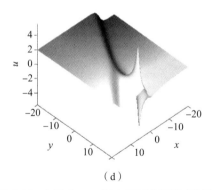

（d）

图 6.10　1-阶 Lump 与 1-孤子相互作用过程

注：（a）$t = -4$；（b）$t = -1$；（c）$t = 0$；（d）$t = 3$。

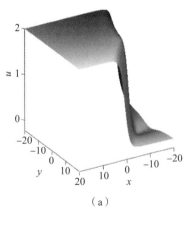

（a）

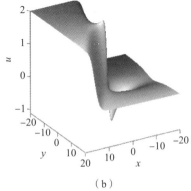

（b）

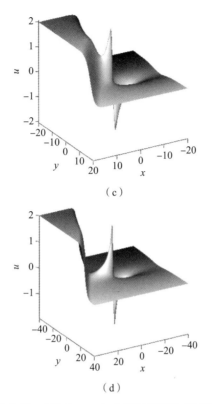

图 6.11　1-阶 Lump 与 1-孤子相互作用过程

注：（a）$t = -40$；（b）$t = -10$；（c）$t = 0$；（d）$t = 30$。

当参数取 $z = 0$、$k = 1$、$k_1 = 1$、$a_3 = 2$、$a_5 = 1$、$a_9 = 1$、$a_{10} = 1$ 时得到的作用解。

6.6　小　　结

对高维非线性发展方程的研究引起了数学物理学家的极大兴趣，因为它能更准确地描述现实世界的现象。本章利用符号计算和双线性方法，并结合长波极限和拟设函数法，得到了广义 Jimbo-Miwa 方程的高阶 Lump 解、高阶呼吸解、有理呼吸解、怪波解和丰富的混合解。通过取不同的参数，分析了这些解的动力学性质[172]。这一现象为气象预报、大气科学和海洋学提供了一种可行的研究思路。

第 7 章

（3＋1）-维广义 Yu-Toda-Sasa-Fukuyama 方程的动力性

7.1 （3＋1）-维广义 Yu-Toda-Sasa-Fukuyama 方程

本章主要研究 （3＋1）-维广义 Yu-Toda-Sasa-Fukuyama 方程

$$h_1 u_{xt} + h_2 u_{xxxz} + h_3 u_{yy} + h_4 u_{xx} u_z + h_5 u_x u_{xz}$$
$$+ h_6 u_{xy} + h_7 u_{xz} + h_8 u_{yz} = 0 \qquad (7.1)$$

如果令 $h_1 = -4$、$h_2 = 1$、$h_3 = 3$、$h_4 = 2$、$h_5 = 4$、$h_6 = h_7 = h_8 = 0$，方程（7.1）将退化为著名的 （3＋1）-维位势-YTSF 方程：

$$-4u_{xt} + u_{xxxz} + 3u_{yy} + 2u_{xx}u_z + 4u_xu_{xz} = 0 \qquad (7.2)$$

方程（7.2）是于（Yu）等[173]在研究高维可积系统时推导出来的，它可以描述两层液体或晶格中弹性准平面波的界面波。

下面将利用直接双线性方法，得到广义（3 + 1）-维 YTSF 方程的 N-孤子解简明公式。在一些参数约束条件下，对 $2N$-阶孤子解利用长波极限法成功地构造出 M-阶 Lump 解，进一步研究了 (x, y) 平面上 1-阶 Lump 解的传播轨道、速度和极值问题。最后研究三种类型的混合解，它们描述了呼吸子与孤子的相互作用以及 Lump 解与孤子或呼吸子的相互作用。这些碰撞是弹性的，在相互作用后不会导致孤子、呼吸子和 Lump 解的振幅、速度和形状发生任何变化。

7.2 广义 YTSF 方程 N-孤子解

在条件 $h_1 = 1$，$h_4 = h_5$ 下研究广义 YTSF 方程。利用变量变换

$$u = \frac{6h_2}{h_4}(\ln f)_x \qquad (7.3)$$

方程（7.1）可以变为双线性形式，如下：

$$(D_xD_t + h_2D_x^3D_z + h_3D_y^2 + h_6D_xD_y + h_7D_xD_z + h_8D_yD_z)f \cdot f = 0 \qquad (7.4)$$

其中，$f = f(x, y, z, t)$ 且 D 为双线性导数算子。通过把方程（7.5）代入方程（7.3）得到 N-孤子解

$$f := f_N = \sum_{\mu=0,1} \exp\left[\sum_{i=1}^{N} \mu_i\eta_i + \sum_{1 \leqslant i < j}^{N} \mu_i\mu_j(A_{ij}) \right] \qquad (7.5)$$

参数表达式如下：

$$\omega_i = -(h_2k_i^2q_i + h_3p_i^2 + h_6p_i + h_7q_i + h_8p_iq_i)$$

$$\eta_i = k_i(x + p_iy + q_iz + \omega_it) + \eta_i^2, \quad (i = 1, 2, \cdots, N)$$

$$A_{ij} = \frac{(k_i - k_j)\left[(2k_i - k_j)q_i + (k_i - 2k_j)q_j\right]h_2 - (p_i - p_j)^2 h_3 - (p_i - p_j)(q_i - q_j)h_8}{(k_i + k_j)\left[(2k_i + k_j)q_i + (k_i + 2k_j)q_j\right]h_2 - (p_i - p_j)^2 h_3 - (p_i - p_j)(q_i - q_j)h_8},$$

$$(1 \leqslant i < j \leqslant N) \qquad (7.6)$$

其中，k_i、p_i、q_i 和 η_i^0 是任意常数，$\sum\limits_{\mu=0,1}$ 是 $\mu_i = 0$，1（$i = 1$，2，$\cdots$，N）所有可能的组合求和。通过直接计算和证明，N-孤子解（$N \geqslant 3$）方程对可积系统是成立的，对不可积系统是不成立的。为了保证广义 YTSF 方程的 N-孤子解方程成立，还需要对方程（7.5）中的参数施加条件[154]：

$$kp_i + vq_i = l, \quad (i = 1, 2, \cdots, N; N \geqslant 3) \qquad (7.7)$$

这里 k，v，l 是任意常数。只有通过 3-孤子解测试，N-孤子解方程的正确性才可以得到保证。一般情况下，不可积系统只有特殊类型的孤子解。

7.3　M-阶 Lump 解

本部分主要构 M-阶 Lump 解。根据长波极限法，设 $N = 2M$、$\eta_i^0 = i\pi$、$k_i / k_j = O(1)$、$p_i = O(1)$、$q_i = O(1)$，并令 $k_i \to 0$，然后 f_N 的表达式可以转化为下列形式：

$$f_N = \sum_{\mu=0,1} \prod_{i=1}^{N} (-1)^{\mu_i}(1 + \mu_i k_i \theta_i) \prod_{i<j}^{(N)} (1 + \mu_i \mu_j k_i k_j a_{ij}) + O(k^{N+1})$$

$$(7.8)$$

因此，通过变换方程（7.3）可以得到广义 YTSF 方程的一类有理解。我们利用 f_N 关于 k_i 对称的特点，因此它可以分解出因式。利用对数变换性质，很容易计算出 $u = \frac{6h_2}{h_4}\left[\ln(f_N / \prod\limits_{i=1}^{N} k_i)\right]_x$ 也是广义 YTSF 方程（7.1）的解。为了简化，接下来在上下文中略去 f_N 的因式 $\prod\limits_{i=1}^{N} k_i$ 仍然表示为 f_N，其简化形式为：

$$f_N = \prod_{i=1}^{N} \theta_i + \frac{1}{2}\sum_{i,j}^{(N)} a_{ij}\prod_{l\neq i,j}^{N}\theta_l + \frac{1}{2!2^2}\sum_{i,j,s,r}^{(N)} a_{ij}a_{sr}\prod_{l\neq i,j,s,r}^{N}\theta_l + \cdots + \frac{1}{M!2^M}$$

$$\sum_{i,j,\cdots,m,n}^{(N)} \underbrace{M}_{a_{ij}a_{kl}\cdots a_{mn}}\prod_{p\neq i,j,k,l,\cdots,m,n}^{N}\theta_p \tag{7.9}$$

其中，

$$\theta_i = x + p_i y + q_i z - (h_3 p_i^2 + h_6 p_i + h_7 q_i + h_8 p_i q_i)t, \quad (1\leq i\leq N)$$

$$a_{ij} = \frac{6(q_i+q_j)h_2}{(p_i-p_j)^2 h_3 + (p_i-p_j)(q_i-q_j)h_8}, \quad (1\leq i<j\leq N) \tag{7.10}$$

其中，$\sum_{i,j,\cdots,m,n}^{N}$ 表示取自于 1，2，$\cdots$，N 中不同的 i，j，$\cdots$，m，n 所有可能的组合求和。如果选取 $p_{M+i}=p_i^*$，$q_{M+i}=q_i^*$，并设 $p_i=p_{i1}+ip_{i2}$、$q_i=q_{i1}+iq_{i2}$，p_{i1}，p_{i2} 和 q_{i1}、q_{i2} 是满足条件 $a_{ij}>0$（$1\leq i<j\leq 2M$）的实常数，可以得到 M-阶 Lump 解。方程（7.7）中的参数满足 $kp_{i1}+vq_{i1}=l$ 和 $kp_{i2}+vq_{i2}=0$ 两个条件。

当 $N=2$ 时，方程（7.5）中的表达式 f 可以写为如下形式：

$$f_2 = \theta_1\theta_2 + a_{12} \tag{7.11}$$

如果设 $p_2=p_1^*=a_1+ib_1$、$q_2=q_1^*=c_1+id_1$，a_1、b_1、c_1 和 d_1 是实常数，变换方程（7.3）中的解 u 也可以写成如下形式：

$$u = \frac{12h_2}{h_4}\times\frac{x'+a_1 y'+c_1 z'}{(x'+a_1 y'+c_1 z')^2+(b_1 y'+d_1 z')^2+\Gamma_3} \tag{7.12}$$

其中，

$$x' = x + [(a_1^2+b_1^2)h_3+(a_1 c_1+b_1 d_1)h_8]t$$

$$y' = y - (2a_1 h_3 + h_6 + c_1 h_8)t$$

$$z' = z - (h_7 + a_1 h_8)t$$

$$\Gamma_3 = -\frac{3c_1 h_2}{b_1(b_1 h_3+d_1 h_8)} > 0 \tag{7.13}$$

当 $a_1\neq 0$ 时，沿着 $[x(t), y(t)]$ 的运动轨道可以定义如下：

$$\begin{cases} x + a_1 y + c_1 z - \Gamma_1 t = \pm \sqrt{\Gamma_3} \\ b_1 y + d_1 z - \Gamma_2 t = 0 \end{cases} \quad (7.14)$$

这里，

$$\Gamma_1 = (a_1^2 - b_1^2)h_3 + a_1 h_6 + c_1 h_7 + (a_1 c_1 - b_1 d_1)h_8$$

$$\Gamma_2 = 2a_1 b_1 h_3 + b_1 h_6 + d_1 h_7 + (a_1 d_1 + b_1 c_1)h_8 \quad (7.15)$$

通过分析可知，方程（7.12）中的 u 沿着上面轨道传播时是一个常数且保持持续稳定的 Lump 状态，其速度为：

$$v_x = -(a_1^2 + b_1^2)h_3 - (a_1 c_1 + b_1 d_1)h_8$$

$$v_y = 2a_1 h_3 + h_6 + c_1 h_8$$

$$v_z = h_7 + a_1 h_8 \quad (7.16)$$

在 (x, y) 平面上，可以得到三个显式的平行传播轨道，即最大值轨道、平均值轨道和最小值轨道，如下：

$$l_1: \ y = \frac{\Gamma_2}{b_1 \Gamma_1 - a_1 \Gamma_2}x - \frac{\Gamma_2 \sqrt{\Gamma_3}}{b_1 \Gamma_1 - a_1 \Gamma_2}$$

$$l_2: \ y = \frac{\Gamma_2}{b_1 \Gamma_1 - a_1 \Gamma_2}$$

$$l_3: \ y = \frac{\Gamma_2}{b_1 \Gamma_1 - a_1 \Gamma_2}x + \frac{\Gamma_2 \sqrt{\Gamma_3}}{b_1 \Gamma_1 - a_1 \Gamma_2} \quad (7.17)$$

当 $z = 0$ 时，(x, y) 平面上 1-阶 Lump 解沿着上面三条轨道传播时分别达到最大值 $\frac{6h_2}{h_4 \sqrt{\Gamma_3}}$，平均值 0 和最小值 $-\frac{6h_2}{h_4 \sqrt{\Gamma_3}}$。对于给定的 t，当 $x^2 + y^2 + z^2 \rightarrow \infty$ 时，1-阶 Lump 解的极限为 0。所以它们在空间的各个方向上都是局域的，且有一个向上的波峰和向下的波谷。

当 $N = 4$ 和 $N = 6$ 时，可以得到 f_4 和 f_6 的表达式，但因为 f_6 包含 76 项而不便写出其表达式。然后通过选择合适的参数可以得到 1-阶、2-阶和 3-阶 Lump 解，如图 7.1 所示。

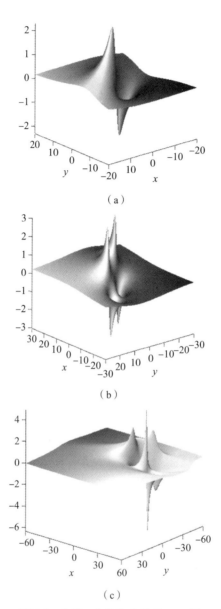

图 7.1　1-阶、2-阶和 3-阶 Lump 解

注：（a）1-阶 Lump 解；（b）2-阶 Lump 解；（c）3-阶 Lump 解。

$$f_4 = \theta_1\theta_2\theta_3\theta_4 + a_{12}\theta_3\theta_4 + a_{13}\theta_2\theta_4 + a_{14}\theta_2\theta_3 + a_{23}\theta_1\theta_4 + a_{24}\theta_1\theta_3$$

$$+ a_{34}\theta_1\theta_2 + a_{12}a_{34} + a_{13}a_{24} + a_{14}a_{23} \tag{7.18}$$

在方程系数取 $h_3 = 3$、$h_4 = 3$、$h_6 = h_7 = h_8 = 1$、$z = 0$ 的条件下，解中的自由参数取 $a_1 = 1$、$b_1 = 1$、$c_1 = -2$、$d_1 = 1$、$h_2 = 2$、$t = 0$ 时得到 1-阶 Lump 解；当参数取 $p_1 = p_3^* = \dfrac{1}{2} + \dfrac{3}{2}i$、$q_1 = q_3^* = -1 + \dfrac{1}{2}i$、$p_2 = p_4^* = \dfrac{1}{2} + i$、$q_2 = q_4^* = -2 + i$、$h_2 = 2$、$t = 0$ 时得到 2-阶 Lump 解；当参数取 $p_1 = p_4^* = 2 + i$、$q_1 = q_4^* = 2 + 3i$、$p_2 = p_5^* = 1 + 2i$、$q_2 = q_5^* = 3 + i$、$p_3 = p_6^* = 1 + i$、$q_3 = q_6^* = 2 + 3i$、$h_2 = -2$、$t = -2$、$t = -2$ 时得到 3-阶 Lump 解。

1-阶 Lump 解以速度 $v_x = -5$、$v_y = 5$ 分别沿着轨道 l_2：$y = -\dfrac{7}{11}x + \dfrac{7\sqrt{3}}{11}$、$l_0$：$y = -\dfrac{7}{11}x$ 和 l_1：$y = -\dfrac{7}{11}x - \dfrac{7\sqrt{3}}{11}$ 运行时可以达到最大值 $\dfrac{4\sqrt{3}}{3}$、平均值 0 和最小值 $-\dfrac{4\sqrt{3}}{3}$。从图 7.2 可以看出，在其他参数不变的情况下，1-阶 Lump 解的振幅随着 $\left|\dfrac{h_2}{h_4}\right|$ 的增加而增加。

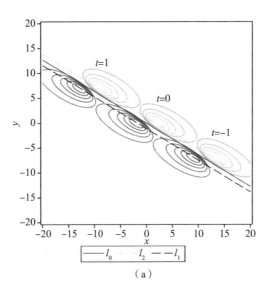

（a）

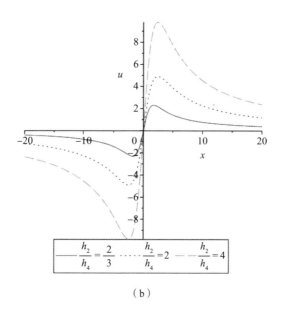

(b)

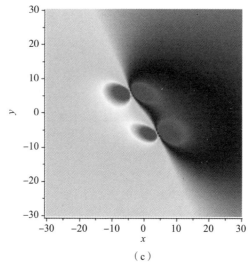

(c)

图 7.2 1-阶、2-阶、3-阶 Lump 解及其等高线图、浓度图和剖面图

注：（a）当 $z=0$ 时 (x, y) 平面上 1-阶 Lump 解的运动轨道；（b）为（a）中 1-阶 Lump 解的振幅与系数 $\left|\dfrac{h_2}{h_4}\right|$ 的关系；（c）为（b）中 2-阶 Lump 解的浓度图。

7.4 混 合 解

利用长波极限法并结合对方程（7.5）中多孤子解取适当的共轭复数，可以得到以下三种类型的混合解。

第一种情形： 扭结孤子和呼吸解组成的混合解。

对多孤子解的部分参数取共轭复数，可以得到扭结孤子和呼吸解组成的混合解。在 $N = 3$ 的情况下，当 $k_{11}p_{11} - k_{12}p_{12} = k_{11}p_{31}$ 时，在 (x, y) 平面上，1-阶呼吸子与单孤子平行模式的相互作用解如图 7.3（a）所示。当 $k_{11}p_{11} - k_{12}p_{12} \neq k_{11}p_{31}$ 时，1-阶呼吸子和 1-孤子相交于 (x, y) 平面上，并一直相互作用，如图 7.3（b）所示。当 $N = 4$ 时，图 7.3（c）证明了 1-阶呼吸子与两个交叉孤子之间的相互作用。当 $N = 5$ 时，由 2-阶相交呼吸子和单孤子组成的混合解如图 7.3（d）所示。在相互碰撞后，其形状、振幅和速度保持不变，并继续以一定的角度沿坐标轴向前传播。

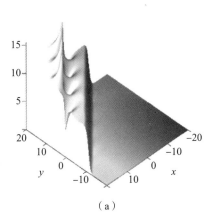

（a）

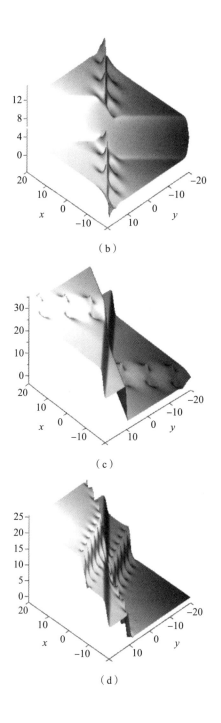

（b）

（c）

（d）

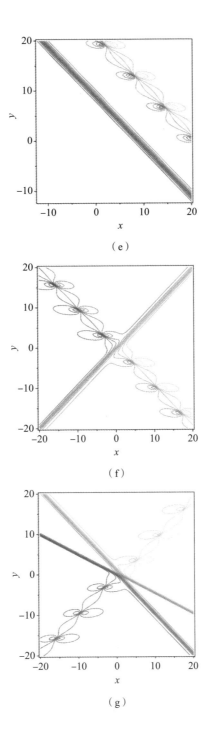

（e）

（f）

（g）

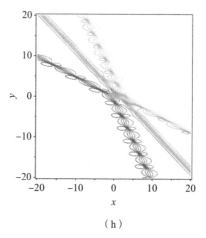

（h）

图7.3 孤子和呼吸子相互作用过程

注：（a）、（b）、（c）和（d）为混合解；（d）、（e）、（f）和（g）是对应的等高线图。

在方程的系数取 $h_2 = 2$、$h_3 = 3$、$h_4 = 3$、$h_6 = h_7 = h_8 = 1$、$\eta_1^0 = \eta_2^0 = \eta_3^0 = \eta_4^0 = 0$、$z = 0$ 时，可以得到一系列混合解。例如，当 $k_1 = k_2 = \dfrac{1}{2}$、$p_1 = p_2^* = 1 + 2i$、$q_1 = q_2 = -1$、$k_3 = 2$、$p_3 = 1$、$q_3 = -1$、$t = -\dfrac{3}{2}$ 时，1-阶呼吸解和1-孤子解平行；当 $p_3 = -1$、$t = 0$ 时，而其余参数与图7.3（a）相同，得到1-阶呼吸解和1-孤子解相交；当 $k_1 = k_2 = \dfrac{1}{2}$、$p_1 = p_2^* = -1 + 2i$、$k_3 = 4$、$k_4 = 3$、$p_3 = 2$、$p_4 = 1$、$q_1 = q_2 = q_3 = q_4 = -1$、$t = 0$ 时，1-阶呼吸解和2-孤子解相交；当 $k_1 = k_2 = 1$、$p_1 = p_2^* = \dfrac{1}{2} + 2i$、$q_1 = q_2 = -1$、$k_3 = k_4 = 1$、$p_3 = p_4^* = 2 + 2i$、$q_3 = q_4 = -1$、$k_5 = 2$、$p_5 = 1$、$q_5 = -1$、$\eta_5^0 = 0$、$t = 0$ 时，2-阶呼吸解和1-孤子解相交。

第二种情形：扭结孤子和Lump组成的混合解。

对3-孤子解、4-孤子解或者5-孤子解使用长波极限法，通过变换方程

（7.3）可以得到扭结孤子和 Lump 组成的混合解。首先选择合适的参数，可以得到 f_3 和 f_4 的表达式：

$$f_3 = (\theta_1\theta_2 + a_{12}) + (\theta_1\theta_2 + a_{12} + a_{13}\theta_2 + a_{23}\theta_1 + a_{13}a_{23})e^{\eta_3} \qquad (7.19)$$

和

$$\begin{aligned} f_4 &= (\theta_1\theta_2 + a_{12}) + (\theta_1\theta_2 + a_{23}\theta_1 + a_{13}\theta_2 + a_{13}a_{23} + a_{12})\exp(\eta_3) + (\theta_1\theta_2 \\ &\quad + a_{24}\theta_1 + a_{14}\theta_2 + a_{14}a_{24} + a_{12})\exp(\eta_4) + [\theta_1\theta_2 + (a_{23} + a_{24})\theta_1 n + (a_{13} \\ &\quad + a_{14})\theta_2 + a_{12} + a_{13}a_{23} + a_{14}a_{23} + a_{13}a_{24} + a_{14}a_{24}]A_{34}\exp(\eta_3 + \eta_4) \end{aligned}$$

$$(7.20)$$

f_5 由于包含 52 项，此处略去。然后利用 f_3、f_4 和 f_5 构造出了由 1-阶 Lump 与 1-孤子、1-阶 Lump 与 2-孤子、2-阶 Lump 与 1-孤子组成的混合解，如图 7.4 所示。首先，1-阶 Lump 解位于扭结孤子的较低振幅上。它们碰撞后，1-阶 Lump 解的波峰和波谷分别位于扭结孤子的上下振幅。最后，1-阶 Lump 解随着时间的演化完全传播到上半振幅，其动力学行为如图 7.4（a）所示。相反，从图 7.4（b）中我们知道，随着时间的推移，1-阶 Lump 从两个相交的扭结孤子的上半振幅传播到下半振幅。图 7.4（c）显示了 2-阶 Lump 从上半振幅向下半振幅传播，这与图 7.4（a）相类似。以上所有碰撞都是弹性的，在许多物理现象中都可以观察到。

　　YTSF 方程中参数取 $h_2 = 2$、$h_3 = 3$、$h_4 = 3$、$h_6 = h_7 = h_8 = 1$、$z = 0$、$t = 0$ 时可以得到各种混合解。当 f_3 中的参数取 $p_1 = p_2^* = 1 + i$、$q_1 = q_2^* = -3 + i$、$k_3 = 2$、$p_3 = 2$、$q_3 = -3$、$\eta_3^0 = 0$ 时得到 1-阶 Lump 和 1-扭结孤子构成的作用解，如图 7.4（a）所示；当 f_5 中的参数取 $p_1 = p_2^* = -\dfrac{1}{2} + 2i$、$q_1 = q_2^* = -1 + \dfrac{1}{2}i$、$k_3 = 2$、$k_4 = \dfrac{3}{2}$、$p_3 = 2$、$p_4 = 1$、$q_3 = -1$、$q_4 = -1$、$\eta_3^0 = \eta_4^0 = 0$ 时得到 1-阶 Lump 和 2-扭结孤子构成的作用解，如图 7.4（b）所示；当 f_3 中的参数取 $p_1 = p_2^* = \dfrac{1}{2} + i$、$p_3 = p_4^* = 1 + \dfrac{1}{2}i$、$q_1 = q_2^* = -1 + \dfrac{1}{2}i$、$q_3 = -2 + \dfrac{3}{2}i$、

$q_4^* = -2 + \dfrac{3}{2}i$、$k_5 = 2$、$p_5 = 2$、$q_5 = 3$、$\eta_5^0 = 0$ 时得到 2-阶 Lump 和 1-扭结孤子

构成的作用解，如图 7.4（c）所示。

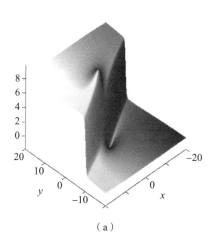

（a）

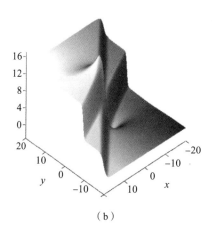

（b）

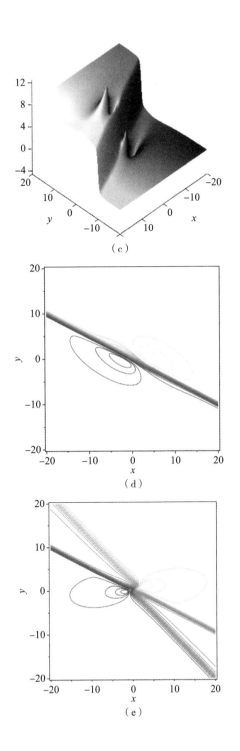

（c）

（d）

（e）

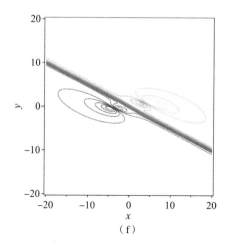

（f）

图 7.4 2-阶 Lump 和 1-孤子相互作用过程

注：（a）、（b）和（c）为各种混合解；（d）、（e）和（f）是对应的等高线图。

第三种情形：呼吸解和 Lump 组成的混合解。

在 $N=4$ 的情形下，当方程（7.20）中参数取 $h_2=2$、$h_3=3$、$h_4=3$、$h_6=h_7=h_8=1$、$p_1=p_2^*=-\dfrac{1}{2}+2i$、$q_1=q_2^*=-1+i$、$k_3=k_4^*=i$、$p_3=p_4^*=1+i$、$q_3=q_4=-1$、$\eta_3^0=\eta_4^0=0$、$t=-1$、$z=0$ 时可以得到 1-阶呼吸解与 1-阶 Lump 解组成的相互作用解。在传播过程中，1-阶呼吸解与 1-阶 Lump 解逐渐接近，然后相互碰撞，最后以不变的形状和速度分开。混合解的空间结构和动力学行为如图 7.5 所示。

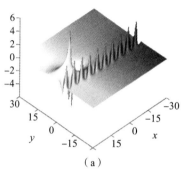

（a）

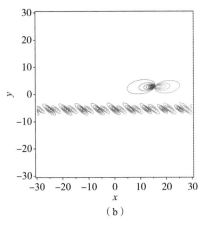

（b）

图 7.5 1-阶呼吸解与 1-阶 Lump 相互作用的过程

注：（a）三维图；（b）等高线图。

7.5 小 结

本章利用直接双线性法和长波极限法推导出了广义 YTSF 方程的高阶 Lump 解和三种类型的混合解。利用长波极限法推导出了 M-阶 Lump 解，详细研究了 (x, y) 平面上 1-阶 Lump 解的传播轨道、速度和极值问题。在此基础上，构造了由呼吸解与孤子、Lump 解与孤子以及呼吸解与 Lump 解组成的三种混合解。给出了它们的演化过程图，并对它们的动力学特性进行了图解分析[174]。

第 8 章

孤子方程族的可积耦合、守恒律和自相容源

8.1 超 Geng-族的自相
容源和守恒律

8.1.1 引言

孤子理论在过去的几十年中取得了巨大成就，它被应用于数学、物理、生物学、天体物理学以及其他领域[175-180]。孤子理论的多样性和复杂性使研究人员从不同的角度进行研究，例如，Hamilton 结构、孤子方程的自相容源、孤子方程的守恒定律和各种精确解。

近年来，随着发展的可积系统，超可积系统备受关注。许多专家和学者在这方面展开研究，并得到丰富的研究成果。例如，在文献［181］，马文秀（Ma）等基于超 Lie 代数给出超迹恒等式，应用于超 AKNS 族和超 Dirac 族并给出它们的超 Hamilton 结构。后来，超 C-KdV 族[182]，超 Boussinesq 族[183] 和超非线性 Schrödinger-mKdV 族[184]，以及它们的超 Hamilton 结构被给出。对超 AKNS 族[185] 在隐式约束下的双非线性化，超 Dirac 族在 Bargmann 对称约束下的双非线性化也被给出[186]。

在孤子理论中，带自相容源的孤子方程越来越被引起重视。物理上，自相容源可能导出非恒定速度的孤立波，因此可以导出各种动态的物理模型。它们也通常用于描述不同的孤立波之间的相互作用，一些相关研究成果被给出[187-189]。

守恒定律在讨论可积孤子族的可积性起着重要的作用，自从缪拉等在 1968 年发现 KdV 方程的无穷守恒律以来[43]，人们找到多种方法寻找守恒律[44-47]。本节基于 Lie 超代数给出一个等谱问题，由变分恒等式得到了超 Geng 族及其 Hamilton 结构，借助于自相容源理论得到了超 Geng 族的自相容源。最后，给出了超 Geng 族的无穷守恒律。

8.1.2 带自相容源的超孤子族

基于熟悉的 Lie 超代数 $G^{[190]}$：

$$e_1 = \begin{pmatrix} 1 & 0 & 0 \\ 0 & -1 & 0 \\ 0 & 0 & 0 \end{pmatrix}$$

$$e_2 = \begin{pmatrix} 0 & 1 & 0 \\ 0 & 0 & 0 \\ 0 & 0 & 0 \end{pmatrix}$$

$$e_3 = \begin{pmatrix} 0 & 0 & 0 \\ 1 & 0 & 0 \\ 0 & 0 & 0 \end{pmatrix}$$

$$e_4 = \begin{pmatrix} 0 & 0 & 1 \\ 0 & 0 & 0 \\ 0 & -1 & 0 \end{pmatrix}$$

$$e_5 = \begin{pmatrix} 0 & 0 & 0 \\ 0 & 0 & 1 \\ 1 & 0 & 0 \end{pmatrix} \tag{8.1}$$

它们具有下列交换关系:

$$[e_1, e_2] = 2e_2$$

$$[e_1, e_3] = -2e_3$$

$$[e_2, e_3] = e_1$$

$$[e_1, e_5] = [e_4, e_3] = -e_5$$

$$[e_1, e_4] = [e_2, e_5] = e_4$$

$$[e_5, e_5]_+ = 2e_2$$

$$[e_4, e_4]_+ = -2e_2$$

$$[e_4, e_5]_+ = [e_5, e_4]_+ = e_1$$

考虑辅助线性谱问题

$$\begin{pmatrix} \varphi_1 \\ \varphi_2 \\ \varphi_3 \end{pmatrix}_x = U(u, \lambda) \begin{pmatrix} \varphi_1 \\ \varphi_2 \\ \varphi_3 \end{pmatrix}, \quad U(u, \lambda) = R_1 + \sum_{i=1}^{5} u_i e_i(\lambda)$$

$$\begin{pmatrix} \varphi_1 \\ \varphi_2 \\ \varphi_3 \end{pmatrix}_{t_n} = V(u, \lambda) \begin{pmatrix} \varphi_1 \\ \varphi_2 \\ \varphi_3 \end{pmatrix} \tag{8.2}$$

这里 $u = (u_1, \cdots, u_5)^T$, $U = R_1 + u_1 e_1 + \cdots + u_5 e_5$, $u_i(n, t) = u_i(i = 1, 2, \cdots, 5)$, $\varphi_i = \varphi(x, t)$ 定义在 $x \in R$, $t \in R$; $e_i = e_i(\lambda) \in \mathfrak{sl}(3)$, R_1 为伪正则元。

由相容性条件得到零曲率方程:

$$U_{nt} - V_{nx} + [U_n, V_n] = 0, \quad (n = 1, 2, \cdots) \tag{8.3}$$

如果下面的方程

$$u_t = K(u) \tag{8.4}$$

可以通过方程（8.3）得到，我们称方程（8.4）为超演化方程族，并且如果能够找到超 Hamilton 算子 J 和 Hamilton 函数 H_n，满足

$$u_t = K(u) = J \frac{\delta H_{n+1}}{\delta u} \tag{8.5}$$

其中,

$$\frac{\delta H_n}{\delta u} = L \frac{\delta H_{n-1}}{u} = \cdots = L^n \frac{\delta H_0}{\delta u}, \quad (n = 1, 2, \cdots)$$

$$\frac{\delta}{\delta u} = \left(\frac{\delta}{\delta U_1}, \cdots, \frac{\delta}{\delta u_5} \right)^T \tag{8.6}$$

则称方程（8.4）得出了一个超 Hamilton 方程。如果这些结论全部成立，我们称方程（8.4）具有 Hamilton 结构。

根据方程（8.2），下面考虑一个新的辅助线性问题。对于 N 个不同的 λ_j, $j = 1, 2, \cdots, N$, 方程（8.2）变为:

$$\begin{pmatrix} \varphi_{1j} \\ \varphi_{2j} \\ \varphi_{3j} \end{pmatrix}_x = U(u, \lambda_j) \begin{pmatrix} \varphi_{1j} \\ \varphi_{2j} \\ \varphi_{3j} \end{pmatrix} = \sum_{i=0}^{5} u_i e_i(\lambda) \begin{pmatrix} \varphi_{1j} \\ \varphi_{2j} \\ \varphi_{3j} \end{pmatrix}$$

$$\begin{pmatrix} \varphi_{1j} \\ \varphi_{2j} \\ \varphi_{3j} \end{pmatrix}_{t_n} = V_n(u, \lambda_j) \begin{pmatrix} \varphi_1 \\ \varphi_2 \\ \varphi_3 \end{pmatrix} = \left[\sum_{m=0}^{n} v_m(u) \lambda_j^{n-m} + \Delta_n(u, \lambda_j) \right] \begin{pmatrix} \varphi_1 \\ \varphi_2 \\ \varphi_3 \end{pmatrix} \tag{8.7}$$

基于文献 [191] 的结果，可以证明下面公式成立:

$$\frac{\delta H_k}{\delta u} + \sum_{j=1}^{N} \alpha_j \frac{\delta \lambda_j}{\delta u} = 0 \qquad (8.8)$$

这里 α_j 是常数，方程（8.8）给出了无限维不变流方程（8.6）。

对于方程（8.7），可知：

$$\frac{\delta \lambda_j}{\delta u_i} = \frac{1}{3} \mathrm{Str} \left[\psi_j \frac{\partial U(u, \lambda_j)}{\delta u_i} \right]$$

$$= \frac{1}{3} \mathrm{Str} \left[\psi_j e(\lambda_j) \right], \quad (i = 1, 2, \cdots, 5) \qquad (8.9)$$

其中 Str 表示矩阵的迹和。

$$\psi_j = \begin{pmatrix} \psi_{1j}\psi_{2j} & -\psi_{1j}^2 & \psi_{1j}\psi_{3j} \\ \psi_{2j}^2 & -\psi_{1j}\psi_{2j} & \psi_{2j}\psi_{3j} \\ \psi_{2j}\psi_{23j} & -\psi_{1j}\psi_{3j} & 0 \end{pmatrix}, \quad (j = 1, 2, \cdots, N) \qquad (8.10)$$

从方程（8.8）和方程（8.9）可以得到带自相容源的超 Hamilton 方程。

$$u_{it} = J\frac{\delta H_{n+1}}{\delta u_i} + J\sum_{j=1}^{N} \alpha_j \frac{\delta \lambda_j}{\delta u}$$

$$= JL^n \frac{\delta H_1}{\delta u_i} + J\sum_{j=1}^{N} \alpha_j \frac{\delta \lambda_j}{\delta u}, \quad (n = 1, 2, \cdots) \qquad (8.11)$$

8.1.3　带自相容源的超 Geng 族

大家知道，在文献［192］中给出了 Geng 族方程，与超 Lie 代数相关的超 Geng 族的谱问题如下：[190]

$$\begin{cases} \varphi_x = U\varphi \\ \varphi_t = V\varphi \end{cases} \qquad (8.12)$$

这里

$$U = \begin{pmatrix} -\lambda + u & \lambda v & \lambda \alpha \\ -1 & \lambda - u & \beta \\ \beta & -\lambda \alpha & 0 \end{pmatrix}$$

$$V = \begin{pmatrix} A & \lambda B & \lambda\rho \\ C & -A & \delta \\ \delta & -\lambda\rho & 0 \end{pmatrix}$$

其中,

$$A = \sum_{m \geqslant o} A_m \lambda^{-m}$$

$$B = \sum_{m \geqslant o} B_m \lambda^{-m}$$

$$C = \sum_{m \geqslant o} C_m \lambda^{-m}$$

$$\rho = \sum_{m \geqslant o} \rho_m \lambda^{-m}$$

$$\delta = \sum_{m \geqslant o} \delta_m \lambda^{-m}$$

其中,α、β 是费米变量,它们满足 Grassmann 代数。

由驻定零曲率方程

$$V_x = [U, V] \tag{8.13}$$

可得:

$$
\begin{cases}
A_{mx} = \dfrac{1}{2}vC_{mx} - \dfrac{1}{2}B_{mx} + \alpha\delta_{mx} - \beta\rho_{mx} + uvC_m + uB_m + u\alpha\delta_m + u\beta\rho_m \\[2ex]
B_{m+1} = -\dfrac{1}{2}B_{mx} + uB_m - vA_m - \alpha\rho_{m+1} \\[2ex]
C_{m+1} = \dfrac{1}{2}C_{m+1} + uC_m + A_m - \beta\delta_m \\[2ex]
\rho_{m+1} = -\rho_{mx} + u\rho_m - \beta B_m + v\delta_m - \alpha A_m \\[2ex]
\delta_{m+1} = \delta_{mx} - \beta A_m + \alpha C_{m+1} + \rho_{m+1} + u\delta_m \\[2ex]
B_0 = C_0 = \rho_0 = \delta_0 = 0,\ A_0 = 1,\ A_1 = \dfrac{1}{2}v - \alpha\beta \\[2ex]
B_1 = -v,\ C_1 = 1,\ \rho_1 = -\alpha,\ \delta_1 = -\beta,\ \cdots
\end{cases}
\tag{8.14}
$$

接下来考虑辅助谱问题。

$$\varphi_{t_n} = V^{(n)}\varphi = (\lambda^n V)_+ \varphi \qquad (8.15)$$

这里

$$V^{(n)} = \sum_{m=0}^{n} \begin{pmatrix} A_m & \lambda B_m & \lambda\rho_m \\ C_m & -A_m & \delta_m \\ \delta_m & -\lambda\rho_m & 0 \end{pmatrix} \lambda^{n-m}$$

考虑到

$$V^{(n)} = V_+^{(n)} + \Delta_n$$

$$\Delta_n = -C_{n+1} e_1 \qquad (8.16)$$

把方程（8.16）代入零曲率方程

$$U_{t_n} - V_x^{(n)} + [U, V^{(n)}] = 0 \qquad (8.17)$$

就得到了超 Geng 族，如下：

$$u_{t_n} = \begin{pmatrix} u \\ v \\ \alpha \\ \beta \end{pmatrix}_{t_n} = \begin{pmatrix} \frac{1}{2}\partial & -\partial & 0 & 0 \\ -\partial & 0 & -\alpha & \beta-\alpha \\ 0 & -\alpha & 0 & -\frac{1}{2} \\ 0 & \beta-\alpha & -\frac{1}{2} & -\frac{1}{2} \end{pmatrix} \begin{pmatrix} 2A_n \\ C_{n+1} \\ -2\delta_{n+1} \\ 2\rho_n \end{pmatrix}$$

$$= J \begin{pmatrix} 2A_n \\ C_{n+1} \\ -2\delta_{n+1} \\ 2\rho_n \end{pmatrix} = JP_{n+1} \qquad (8.18)$$

这里

$$P_{n+1} = LP_n$$

$$L = \begin{pmatrix} \partial^{-1}u\partial - \dfrac{\partial}{2} & \partial^{-1}v\partial + v & -\partial^{-1}\alpha\partial - \dfrac{\alpha}{2} & -\beta - \dfrac{1}{2}u\partial^{-1}\alpha \\[2mm] \dfrac{1}{2}\left(\partial^{-1}u\partial - \dfrac{\partial}{2}\right) & \dfrac{1}{2}(\partial^{-1}v\partial + v + \partial + 2u) & -\dfrac{1}{2}\left(\partial^{-1}\alpha\partial^{-1} + \dfrac{\partial}{2}\right) + \dfrac{\beta}{2} & \dfrac{1}{2}\left(-\partial^{-1}\beta\partial + \dfrac{\beta}{2}\right) \\[2mm] M_1 & M_2 & M_3 & M_4 \\[2mm] M_5 & M_6 & M_7 & M_8 \end{pmatrix}$$

$$\text{(8.19)}$$

其中,

$$M_1 = \beta\left(\partial^{-1}u\partial + \dfrac{\partial}{2}\right)$$

$$M_2 = \beta(\partial^{-1}v\partial - v) - \alpha\partial - 2u\alpha$$

$$M_3 = -\beta\partial^{-1}\alpha\partial - \dfrac{3}{2}\alpha\beta + \partial + u + v$$

$$M_4 = -\beta\partial^{-1}\beta\partial - u + \partial$$

$$M_5 = \alpha\left(\dfrac{\partial}{2} - \partial^{-1}u\partial\right) - \beta\partial$$

$$M_6 = -\alpha(\partial^{-1}v\partial + v) + 2\beta v$$

$$M_7 = \alpha\partial^{-1}\alpha - v + \alpha\beta$$

$$M_8 = \alpha\partial^{-1}\beta\alpha - \dfrac{1}{2}\alpha\beta - \partial + u$$

直接计算,可得:

$$\dfrac{\delta H_n}{\delta u} = \begin{pmatrix} 2A_n \\[2mm] C_{n+1} \\[2mm] -2\delta_{n+1} \\[2mm] 2\rho_{n+1} \end{pmatrix}$$

$$H_n = \int \dfrac{2A_{n+1} - vC_{n+1} - 2\alpha\delta_{n+1}}{n}\,\mathrm{d}x, \quad (n \geqslant 1) \qquad \text{(8.20)}$$

取 $n = 2$ 时，得到一组带自相容源的超 Geng 族方程：

$$\begin{cases} u_{t_2} = -\dfrac{1}{2}u_{xx} - \dfrac{1}{4}v_{xx} - 2uu_x - \dfrac{1}{2}(uv)_x + \dfrac{1}{2}(\alpha\beta)_{xx} \\ \qquad + (u\alpha\beta)_x - \left[(\alpha_x - \beta_x)\beta\right]_x \\[2mm] v_{t_2} = \dfrac{1}{2}v_{xx} - 2(uv)_x - \dfrac{3}{2}vv_x + (v\alpha\beta)_x - \alpha\alpha_{xx} \\ \qquad + 2u(2\alpha\alpha_x + \beta\beta_x) \\[2mm] \alpha_{t_2} = \alpha_{xx} - \dfrac{1}{2}(u\alpha)_x - \dfrac{3}{2}u_x\alpha - \dfrac{3}{2}(v\alpha)_x + \dfrac{1}{2}(v\beta)_x \\ \qquad + \dfrac{1}{2}v\beta_x + \dfrac{3}{4}v_x\alpha + \dfrac{1}{2}\alpha_x\beta + \alpha\beta(2\alpha_x - \beta_x) \\[2mm] \beta_{t_2} = \alpha_{xx} - \beta_{xx} - (u\beta)_x - \dfrac{1}{2}(v\beta)_x + \dfrac{1}{2}u_x\beta + \dfrac{1}{4}v_x\beta \\ \qquad - \dfrac{1}{2}\beta(\alpha\beta)_x + u(\alpha - \beta)_x \end{cases} \qquad (8.21)$$

下面，考虑超 Geng 族的自相容源，考虑线性系统，如下：

$$\begin{pmatrix} \varphi_{1j} \\ \varphi_{2j} \\ \varphi_{3j} \end{pmatrix}_x = U \begin{pmatrix} \varphi_{1j} \\ \varphi_{2j} \\ \varphi_{3j} \end{pmatrix}$$

$$\begin{pmatrix} \varphi_{1j} \\ \varphi_{2j} \\ \varphi_{3j} \end{pmatrix}_t = V \begin{pmatrix} \varphi_{1j} \\ \varphi_{2j} \\ \varphi_{3j} \end{pmatrix} \qquad (8.22)$$

通过方程（8.8）和系统方程（8.12），我们得到：

$$\frac{\delta H_n}{\delta u} = \sum_{j=1}^{N} \frac{\delta \lambda_j}{\delta u} \qquad (8.23)$$

这里 $\dfrac{\delta \lambda_j}{\delta u}$ 如下：

$$\sum_{j=1}^{N} \frac{\delta \lambda_j}{\delta u} = \sum_{j=1}^{N} \begin{pmatrix} \mathrm{Str}\left(\psi_j \frac{\delta U}{\delta u}\right) \\ \mathrm{Str}\left(\psi_j \frac{\delta U}{\delta v}\right) \\ \mathrm{Str}\left(\psi_j \frac{\delta U}{\delta \alpha}\right) \\ \mathrm{Str}\left(\psi_j \frac{\delta U}{\delta \beta}\right) \end{pmatrix}$$

$$= \begin{pmatrix} 2\langle \phi_1, \phi_2 \rangle \\ \langle \phi_2, \phi_2 \rangle \\ -2\langle \phi_2, \phi_3 \rangle \\ 2\langle \phi_1, \phi_3 \rangle \end{pmatrix} \tag{8.24}$$

其中，$\phi_i = (\varphi_{i1}, \cdots, \varphi_{N1})^T$，$(i = 1, 2, 3)$ 满足

$$\begin{cases} \varphi_{1jx} = (u - \lambda)\varphi_{1j} + \lambda v \varphi_{2j} + \lambda \alpha \varphi_{3j} \\ \varphi_{2jx} = -\varphi_{1j} + (\lambda - u)\varphi_{2j} + \beta \varphi_{3j}, \quad (j = 1, 2, \cdots, N) \\ \varphi_{3jx} = \beta \varphi_{1j} - \lambda \alpha \varphi_{2j} \end{cases} \tag{8.25}$$

根据方程 (8.11)，得超 Geng 族的自相容源

$$u_{t_n} = \begin{pmatrix} q \\ r \\ \alpha \\ \beta \end{pmatrix} = J \begin{pmatrix} 2A_n \\ C_{n+1} \\ -2\delta_{n+1} \\ 2\rho_{n+1} \end{pmatrix} + J \begin{pmatrix} 2\langle \phi_1, \phi_2 \rangle \\ \langle \phi_2, \phi_2 \rangle \\ -2\langle \phi_2, \phi_3 \rangle \\ 2\langle \phi_1, \phi_3 \rangle \end{pmatrix} \tag{8.26}$$

取 $n = 2$ 时，得到一组超 Geng 族的自相容源方程

$$u_{t_2} = -\frac{1}{2}u_{xx} - \frac{1}{4}v_{xx} - 2uu_x - \frac{1}{2}(uv)_x + \frac{1}{2}(\alpha \beta)_{xx} + (u\alpha \beta)_x$$

$$- \left[(\alpha_x - \beta_x)\beta\right]_x + \sum_{j=1}^{N} (\partial \varphi_{1j} \varphi_{2j} - \varphi_{2j}^2)$$

$$v_{t_2} = \frac{1}{2}v_{xx} - 2(uv)_x - \frac{3}{2}vv_x + (v\alpha\beta)_x - \alpha\alpha_{xx} + 2u(2\alpha\alpha_x + \beta\beta_x)$$

$$- 2\sum_{j=1}^{N}\varphi_{1j}\varphi_{2j} + 2\alpha\sum_{j=1}^{N}\varphi_{2j}\varphi_{3j} + 2(\beta - \alpha)\sum_{j=1}^{N}\varphi_{1j}\varphi_{3j}$$

$$\alpha_{t_2} = \alpha_{xx} - \frac{1}{2}(u\alpha)_x - \frac{3}{2}u_x\alpha - \frac{3}{2}(v\alpha)_x + \frac{1}{2}(v\beta)_x + \frac{1}{2}v\beta_x + \frac{3}{4}v_x\alpha$$

$$+ \frac{1}{2}\alpha_x\beta + \alpha\beta(2\alpha_x - \beta_x) - \alpha\sum_{j=1}^{N}\varphi_{2j}^2 - \sum_{j=1}^{N}\varphi_{1j}\varphi_{3j}$$

$$\beta_{t_2} = \alpha_{xx} - \beta_{xx} - (u\beta)_x - \frac{1}{2}(v\beta)_x + \frac{1}{2}u_x\beta + \frac{1}{4}v_x\beta - \frac{1}{2}\beta(\alpha\beta)_x$$

$$+ u(\alpha - \beta)_x + (\beta - \alpha)\sum_{j=1}^{N}\varphi_{2j}^2 + \sum_{j=1}^{N}\varphi_{2j}\varphi_{3j} + \sum_{j=1}^{N}\varphi_{1j}\varphi_{3j} \quad (8.27)$$

这里

$$\begin{cases} \varphi_{1jx} = (u - \lambda)\varphi_{1j} + \lambda v\varphi_{2j} + \lambda\alpha\varphi_{3j} \\ \varphi_{2jx} = -\varphi_{1j} + (\lambda - u)\varphi_{2j} + \beta\varphi_{3j}, \quad (j = 1, 2, \cdots, N) \\ \varphi_{3jx} = \beta\varphi_{1j} - \lambda\alpha\varphi_{2j} \end{cases}$$

8.1.4 超 Geng 族的守恒律

下面，求超 Geng 族的守恒律，引入以下变量：

$$E = \frac{\varphi_2}{\varphi_1}$$

$$F = \frac{\varphi_3}{\varphi_1} \quad (8.28)$$

由方程（8.7）和方程（8.12），可得：

$$\begin{cases} E_x = -1 + 2\lambda E - 2uE + \beta F - \lambda vE^2 - \lambda\alpha EF \\ F_x = \beta + \lambda F - \lambda\alpha E - uF - \lambda vEF - \lambda\alpha F^2 \end{cases} \quad (8.29)$$

将 E、F 按 λ^{-1} 级数展开

$$E = \sum_{j=1}^{\infty} e_j \lambda^{-j}$$

$$F = \sum_{j=1}^{\infty} f_j \lambda^{-j} \qquad (8.30)$$

并把方程（8.30）代入到方程（8.29）中，比较 λ 的同次幂的系数，可得：

$$
\begin{cases}
e_1 = \dfrac{1}{2} \\[2mm]
f_1 = \dfrac{1}{2}\alpha - \beta \\[2mm]
e_2 = \dfrac{1}{2}u - \dfrac{1}{2}\alpha\beta + \dfrac{1}{8}v \\[2mm]
f_2 = \dfrac{1}{2}\alpha_x - \beta_x + \alpha u + \dfrac{3}{8}\alpha v - u\beta - \dfrac{1}{2}\beta v, \quad (4.4) \\[2mm]
e_3 = \dfrac{1}{4}u_x - \dfrac{1}{2}\alpha_x\beta - \dfrac{1}{2}\alpha\beta_x + \dfrac{1}{16}v_x + \dfrac{1}{2}u^2 + \dfrac{1}{16}v^2 - \dfrac{3}{2}\alpha\beta u \qquad (8.31) \\[2mm]
\qquad - \dfrac{5}{8}\alpha\beta v + \dfrac{3}{8}uv + \dfrac{1}{2}\beta\beta_x + \dfrac{1}{8}\alpha\alpha_x \\[2mm]
f_3 = \dfrac{1}{2}\alpha_{xx} - \beta_{xx} + \dfrac{3}{2}\alpha_x u + \dfrac{5}{4}\alpha u_x + \dfrac{5}{8}\alpha_x v + \dfrac{7}{16}\alpha v_x - u_x\beta \\[2mm]
\qquad - 2u\beta_x - \beta_x v - \dfrac{1}{2}\beta v_x + \dfrac{7}{16}\alpha v_x + \dfrac{3}{2}\alpha u^2 + \dfrac{5}{16}\alpha v^2 \\[2mm]
\qquad + \dfrac{3}{2}\alpha uv - \dfrac{3}{2}\alpha\alpha_x\beta - \dfrac{3}{2}\beta uv - \dfrac{3}{8}\beta v^2 - u^2\beta, \cdots
\end{cases}
$$

即得到 e_n 和 f_n 的递推公式，如下：

$$e_{n+1} = \frac{1}{2}e_{nx} + ue_n - \frac{1}{2}\beta f_n + \frac{1}{2}v\sum_{l=1}^{n-1}e_l e_{n-l} + \frac{1}{2}\alpha\sum_{l=1}^{n-1}e_l f_{n-l}$$

$$f_{n+1} = \left(u - \frac{1}{2}\alpha\beta\right)f_n + \frac{1}{2}\alpha v\sum_{l=1}^{n-1}e_l e_{n-l} + \left(\frac{1}{2}\alpha^2 + v\right)\sum_{l=1}^{n-1}e_l f_{n-l}$$

$$+ \alpha \sum_{l=1}^{n-1} f_l f_{n-l} + f_{nx} + \frac{1}{2} \alpha e_{nx} + \alpha u e_n \qquad (8.32)$$

很容易计算得出：

$$\frac{\partial}{\partial t} \left[-\lambda + u + \lambda v E + \lambda \alpha F \right] = \frac{\partial}{\partial x} \left[A + \lambda B E + \lambda \rho F \right] \qquad (8.33)$$

其中，

$$A = m_0 \lambda^2 + \frac{2}{v} m_0 \lambda - \alpha \beta m_0 \lambda + m_1 \lambda - \frac{1}{4} m_0 v_x - \alpha \beta_x m_0 + \alpha_x \beta m_0$$

$$+ \frac{3}{2} m_0 \alpha \alpha_x + u v m_0 + \frac{3}{16} v^3 \alpha \beta m_0 + \frac{1}{4} u v^2 \alpha \beta m_0$$

$$B = -v m_0 \lambda + \frac{1}{2} m_0 v_x - \alpha \alpha_x m_0 - \frac{1}{2} m_0 v^2 - u v m_0 + m_0 v \alpha \beta - m_1 v$$

$$\rho = -m_0 \alpha \lambda + m_0 \alpha_x - m_0 u \alpha - \frac{1}{2} m_0 v \alpha - m_1 \alpha \qquad (8.34)$$

为了获得超 Geng 族的守恒律，定义如下：

$$\sigma = -\lambda + u + \lambda v E + \lambda \alpha F$$

$$\theta = A + \lambda B E + \lambda \rho F \qquad (8.35)$$

则方程（8.33）能写为 $\sigma_t = \theta_x$，这正是守恒律的标准形式。把 σ 和 θ 按 λ 级数展开，它们分别被叫作守恒密度和流。

$$\delta = -\lambda + u + \sum_{j=1}^{\infty} \delta_j \lambda^{-j} \qquad (8.36a)$$

$$\theta = m_0 \lambda^2 + m_0 \alpha \alpha_x + 2 m_0 u \alpha \beta + 2 m_0 v \alpha \beta - \frac{3}{2} m_0 u \alpha^2 - \frac{1}{2} m_0 \alpha^2 \lambda$$

$$+ \frac{1}{4} u v^2 \alpha \beta m_0 \frac{3}{8} m_0 v^2 - \frac{5}{8} m_0 v \alpha^2 + \frac{3}{16} v^3 \alpha \beta m_0$$

$$+ m_1 \left(\alpha \beta + \lambda - \frac{1}{2} v - \frac{1}{2} \alpha^2 \right) + \sum_{j=1}^{\infty} \theta_j \lambda^{-j} \qquad (8.36b)$$

其中，m_0 和 m_1 是积分常数。而 σ_n 和 θ_n 的递归关系如下：

$$\begin{cases} \sigma_n = ve_{n+1} + \alpha f_{n+1}, \\ \theta_n = m_0 \Big(-ve_{n+2} + \frac{1}{2} v_x e_{n+1} - \alpha \alpha_x e_{n+1} - \frac{1}{2} v^2 e_{n+1} - uve_{n+1} + v\alpha\beta e_{n+1} \\ \qquad - \alpha f_{n+2} + \alpha_x f_{n+1} - u\alpha f_{n+1} - \frac{1}{2} v\alpha f_{n+1} \Big) - m_1 (ve_{n+1} + \alpha f_{n+1}). \end{cases}$$

$$(8.37)$$

e_n 和 f_n 能够由方程（8.33）给出。

超 Geng 族的第一个守恒密度和流分别为：

$$\sigma_1 = \frac{1}{2} uv + \frac{1}{2} \alpha \alpha_x - \alpha\beta_x - \alpha\beta v - u\alpha\beta + \frac{1}{8} v^2$$

$$\begin{aligned} \theta_1 = m_0 \Big(& -\frac{1}{8} v^3 - \frac{7}{8} v\alpha\alpha_x + \frac{13}{8} \alpha\beta v^2 - \frac{1}{4} u_x v - \frac{3}{4} uv^2 \\ & + \frac{1}{4} \alpha\beta v_x + \frac{1}{4} uv_x - \frac{1}{2} \alpha\alpha_{xx} - \frac{1}{2} v\beta\beta_x + \frac{1}{2} \alpha_x^2 \\ & - \frac{3}{2} \alpha\alpha_x u + \alpha\beta_{xx} - u^2 v + \alpha\beta u_x - \alpha_x\beta_x + \alpha\beta_x u \\ & - \alpha_x\beta u + 2v\alpha\beta_x + 2\alpha\beta_x u + 2\alpha\beta u^2 + 5\alpha\beta uv \Big) \\ & + m_1 \Big(-\frac{1}{8} v^2 - \frac{1}{2} uv - \frac{1}{2} \alpha\alpha_x + \alpha\beta_x + u\alpha\beta \Big) \end{aligned}$$

$$(8.38)$$

8.1.5　小结

寻找可积系统的可积耦合一直是孤立子理论中的一个重要问题，借助变分恒等式给出了 Hamilton 结构。本节基于 Lie 超代数，得到了超 Geng 族的自相容源。最后，并得到了超 Geng 族的守恒律[193]。值得注意的是，超可积系统耦合项涉及费米变量，换句话说，耦合项的参数变量包含费米变量，在计算过程中简化了计算。

8.2 广义超非线性 Schrödinger-mKdV 族的 自相容源和守恒律

8.2.1 引言

近年来，超可积系统引起了极大的关注，许多专家学者对该领域进行了研究，取得了一定的研究成果。在文献［181］中，马文秀（Ma）等人证明了超迹恒等式及其常数 γ，并应用其得出了超 Dirac 族和超 AKNS 族及其超哈密尔顿结构。随后，超 C-KdV 族、超 Tu 族、多分量超 Yang 族等被给出。文献［186］中给出了超 Dirac 族的双非线性化和 Bargmann 对称性约束。

具有自相容源的孤子方程在孤子理论中具有重要的应用，它们常被用来描述不同孤立波之间的相互作用，可以提供多种物理模型的动力学，一些学者已经得到了一些重要的研究成果[187-189]。守恒定律在数学物理中也起着重要的作用，自从缪拉等人在 1968 年发现 KdV 方程的守恒律以来[43]，人们已经提出了许多方法来研究守恒律[44-47]。

本节首先构造了一个广义超非线性 Schrödinger-mKdV 族。其次利用超迹恒等式，给出了广义超非线性 Schrödinger-mKdV 族的超双-Hamilton 形式。然后基于自相容源理论，得到了具有自相容源的广义超非线性 Schrödinger-mKdV 族。最后给出了广义超非线性 Schrödinger-mKdV 族的守恒律。

8.2.2 广义超非线性 Schrödinger-mKdV 方程族

基于 Lie 超代数 B(0, 1)

$$e_1 = \begin{pmatrix} 1 & 0 & 0 \\ 0 & -1 & 0 \\ 0 & 0 & 0 \end{pmatrix}$$

$$e_2 = \begin{pmatrix} 0 & 1 & 0 \\ -1 & 0 & 0 \\ 0 & 0 & 0 \end{pmatrix}$$

$$e_3 = \begin{pmatrix} 0 & 1 & 0 \\ 1 & 0 & 0 \\ 0 & 0 & 0 \end{pmatrix}$$

$$e_4 = \begin{pmatrix} 0 & 0 & 1 \\ 0 & 0 & 0 \\ 0 & -1 & 0 \end{pmatrix}$$

$$e_5 = \begin{pmatrix} 0 & 0 & 0 \\ 0 & 0 & 1 \\ 1 & 0 & 0 \end{pmatrix} \tag{8.40}$$

它们的运算关系为：

$$[e_1, \ e_2] = 2e_3$$

$$[e_1, \ e_3] = 2e_2$$

$$[e_1, \ e_4] = [e_2, \ e_5] = [e_3, \ e_5] = e_4$$

$$[e_4, \ e_2] = [e_5, \ e_1] = [e_3, \ e_4] = e_5$$

$$[e_2, \ e_3] = 2e_1$$

$$[e_4, \ e_4]_+ = -e_2 - e_3$$

$$[e_4, \ e_5]_+ = e_1$$

$$[e_5, \ e_5]_+ = e_3 - e_2 \tag{8.41}$$

为了建立广义超非线性 Schrödinger-mKdV 族，则给出了如下谱问题：

$$\varphi_x = U\varphi, \ \varphi_t = V\varphi \tag{8.42}$$

这里

$$U = \begin{pmatrix} \lambda + w & u_1 + u_2 & u_3 \\ u_1 - u_2 & -\lambda - w & u_4 \\ u_4 & -u_3 & 0 \end{pmatrix}$$

$$V = \begin{pmatrix} A & B + C & \sigma \\ B - C & -A & \rho \\ \rho & -\sigma & 0 \end{pmatrix}$$

其中，$w = \varepsilon\left[(1/2)u_1^2 - (1/2)u_2^2 + u_3 u_4\right]$，$\varepsilon$ 为任意偶数常数，λ 为谱参数，u_1 和 u_2 为偶元，u_3 和 u_4 为奇元。令 $\varepsilon = 0$，谱问题方程（8.42）约化为超非线性 Schrödinger-mKdV 族情形[194]。

设

$$A = \sum_{m \geqslant 0} A_m \lambda^{-m}$$

$$B = \sum_{m \geqslant 0} B_m \lambda^{-m}$$

$$C = \sum_{m \geqslant 0} C_m \lambda^{-m}$$

$$\sigma = \sum_{m \geqslant 0} \sigma_m \lambda^{-m}$$

$$\rho = \sum_{m \geqslant 0} \rho_m \lambda^{-m} \tag{8.43}$$

解驻定零曲率方程 $V_x = [U, V]$ 可得：

$$a_{mx} = 2b_m u_2 - 2c_m u_1 + \sigma_m u_4 + \rho_m u_3$$

$$b_{mx} = -2a_m u_2 + 2c_{m+1} + 2c_m w - \sigma_m u_3 + \rho_m u_4$$

$$c_{mx} = -2a_m u_1 + 2b_{m+1} + 2b_m w - \sigma_m u_3 + \rho_m u_4$$

$$\sigma_{mx} = -a_m u_3 - b_m u_4 - c_m u_4 + \sigma_{m+1} + \sigma_m w + \rho_m u_1 + \rho_m u_2$$

$$\rho_{mx} = a_m u_4 - b_m u_3 + c_m u_3 + \sigma_m u_1 - \sigma_m u_2 - \rho_{m+1} - \rho_m w \tag{8.44}$$

并且从上面的递归关系中，可以得到递归算子 L，它满足以下关系：

$$\begin{pmatrix} b_{m+1} \\ -c_{m+1} \\ \rho_{m+1} \\ -\sigma_{m+1} \end{pmatrix} = L \begin{pmatrix} b_m \\ -c_m \\ \rho_m \\ -\sigma_m \end{pmatrix}, \quad (m \geqslant 0) \tag{8.45}$$

其中，递归算子 L 如下：

$$L = \begin{pmatrix} -w + 2u_1 \partial^{-1} u_2 & -\dfrac{1}{2}\partial + 2u_1 \partial^{-1} u_1 & \dfrac{1}{2}u_4 + u_1 \partial^{-1} u_3 & -\dfrac{1}{2}u_3 - u_1 \partial^{-1} u_4 \\ -\dfrac{1}{2}\partial - 2u_2 \partial^{-1} u_3 & -w + 2u_1 \partial^{-1} u_2 & -w + 2u_2 \partial^{-1} u_1 & \dfrac{1}{2}u_3 + u_2 \partial^{-1} u_4 \\ -u_3 + 2u_4 \partial^{-1} u_2 & -u_3 + 2u_4 \partial^{-1} u_1 & -\partial - w + 2u_4 \partial^{-1} u_2 & -u_1 + u_2 - u_4 \partial^{-1} u_4 \\ -u_4 - 2u_3 \partial^{-1} u_2 & u_4 - 2u_3 \partial^{-1} u_1 & u_1 + u_2 - u_3 \partial^{-1} u_3 & \partial - w + u_3 \partial^{-1} u_4 \end{pmatrix}$$

$$\tag{8.46}$$

选择初值

$$a_0 = 1, \quad b_0 = c_0 = \sigma_0 = \rho_0 = 0 \tag{8.47}$$

根据方程（8.44）中的递归关系，我们可以得到：

$$a_1 = 0, \quad b_1 = u_1, \quad c_1 = u_2, \quad \sigma_1 = u_3, \quad \rho_1 = u_4$$

$$a_2 = -\frac{1}{2}u_1^2 + \frac{1}{2}u_2^2 - u_3 u_4, \quad b_2 = \frac{1}{2}u_{2x} - wu_1$$

$$c_2 = \frac{1}{2}u_{1x} - wu_2, \quad \sigma_2 = u_{3x} - wu_1, \quad \rho_2 = -u_{4x} - wu_4$$

$$c_3 = \frac{1}{4}u_{2xx} - \frac{1}{2}w_x u_1 - wu_{1x} + w^2 u_2 - \frac{1}{2}u_2 u_1^2 + \frac{1}{2}u_2^3$$

$$- u_2 u_3 u_4 + \frac{1}{2}u_3 u_{3x} + \frac{1}{2}u_4 u_{4x}$$

$$b_3 = \frac{1}{4}u_{1xx} - \frac{1}{2}w_x u_2 - wu_{2x} + w^2 u_1 + \frac{1}{2}u_1 u_2^2 - \frac{1}{2}u_1^3$$

$$- u_1 u_3 u_4 + \frac{1}{2}u_3 u_{3x} - \frac{1}{2}u_4 u_{4x}$$

$$\sigma_3 = u_{3xx} - w_x u_3 - 2wu_{3x} + w^2 u_3 + u_1 u_{4x} + \frac{1}{2} u_4 u_{1x} + u_2 u_{4x}$$

$$+ \frac{1}{2} u_4 u_{2x} - \frac{1}{2} u_3 u_1^2 + \frac{1}{2} u_3 u_2^2$$

$$\rho_3 = u_{4xx} + w_x u_4 + 2wu_{4x} + w^2 u_4 + u_1 u_{3x} + \frac{1}{2} u_3 u_{1x} - u_2 u_{3x}$$

$$- \frac{1}{2} u_3 u_{2x} - \frac{1}{2} u_4 u_1^2 + \frac{1}{2} u_4 u_2^2$$

$$a_3 = \frac{1}{2} (u_2 u_{1x} - u_1 u_{2x}) + wu_1^2 - wu_2^2 + u_3 u_{4x} + u_4 u_{3x} + 2u_3 wu_4 \qquad (8.48)$$

考虑辅助谱问题

$$\varphi_{t_n} = V^{(n)} \varphi \qquad (8.49)$$

这里

$$V^{(n)} = \sum_{m=0}^{n} \begin{pmatrix} a_m & b_m + c_m & \sigma_m \\ b_m - c_m & -a_m & \rho_m \\ \rho_m & -\sigma_m & 0 \end{pmatrix} \lambda^{n-m} + \Delta n, \quad (n \geq 0) \qquad (8.50)$$

设

$$\Delta_n = \begin{pmatrix} a & b+c & e \\ b-c & -a & f \\ f & -e & 0 \end{pmatrix} \qquad (8.51)$$

将 $V^{(n)}$ 代入零曲率方程

$$U_{t_n} - V_x^{(n)} + [U, \ V^{(n)}] = 0 \qquad (8.52)$$

其中，$n \geq 0$。利用方程（8.44），得

$$w_{t_n} = a_x, \ b = c = e = f = 0$$

$$u_{1t_n} = b_{nx} - 2wc_n + 2u_2 a_n + u_3 \sigma_n - u_4 \rho_n + b_x - 2wc + u_3 e - u_4 f + 2u_2 a$$

$$= 2c_{n+1} + 2u_2 a$$

$$u_{2t_n} = c_{nx} - 2wb_n + 2u_1 a_n + u_3 \sigma_n + u_4 \rho_n + c_x - 2wb + u_3 e + u_4 f + 2u_1 a$$

$$= 2b_{n+1} + 2u_1 a$$

$$u_{3t_n} = \sigma_{nx} - w\sigma_n - u_1\rho_n - u_2\rho_n + u_3 a_n + u_4 b_n + u_4 c_n + e_x - we - u_1 f$$

$$- u_2 f + u_3 a + u_4 b + u_4 c$$

$$= \sigma_{n+1} + u_3 a$$

$$u_{4t_n} = \rho_{nx} + w\rho_n - u_1\sigma_n + u_2\sigma_n + u_3 b_n - u_3 c_n - u_4 a_n - u_4 a + f_x + wf$$

$$- u_1 e + u_2 e + u_3 b - u_3 c$$

$$= -\rho_{n+1} - u_4 a \qquad (8.53)$$

由上面结果可以得到下式成立：

$$\left(\frac{1}{2}u_2^2 - \frac{1}{2}u_1^2 + u_4 u_3\right)_{t_n} = 2u_2 b_{n+1} - 2u_1 c_{n+1} - u_3 p_{n+1} + u_4 \sigma_{n+1}$$

$$= a_{n+1x} \qquad (8.54)$$

选择 $a = -\varepsilon a_{n+1}$ 可得如下广义超非线性 Schrödinger-mKdV 族：

$$u_{t_n} = \begin{pmatrix} u_1 \\ u_2 \\ u_3 \\ u_4 \end{pmatrix}_{t_n} = \begin{pmatrix} 2c_{n+1} - 2\varepsilon u_2 a_{n+1} \\ 2b_{n+1} - 2\varepsilon u_1 a_{n+1} \\ \sigma_{n+1} - \varepsilon u_3 a_{n+1} \\ -\rho_{n+1} + \varepsilon u_4 a_{n+1} \end{pmatrix} \qquad (8.55)$$

其中，$n \geq 0$，当 $\varepsilon = 0$ 时，方程（8.55）正好是标准的超孤子族[194]。

在方程（8.55）中，取 $n = 1$ 时，约化的方程是平凡的。取 $n = 2$，可得到二阶广义超非线性 Schrödinger-mKdV 方程族如下：

$$u_{1t_2} = \frac{1}{2}u_{2xx} - u_2 u_1^2 + u_2^3 - 2u_2 u_3 u_4 + u_3 u_{3x} + u_4 u_{4x} + \varepsilon(2u_1 u_2 u_{2x}$$

$$- 2u_1^2 u_{1x} - u_1 u_{3x} u_4 + u_1 u_{4x} u_3 - 2u_{1x} u_3 u_4 - 2u_2 u_3 u_{4x} - 2u_2 u_4 u_{3x}$$

$$- 2u_2 u_1^2 u_3 u_4 + 2u_2^3 u_3 u_4) + 2\varepsilon^2\left(\frac{1}{2}u_1^2 - \frac{1}{2}u_2^2 + u_3 u_4\right)^2 u_2$$

$$+ 2\varepsilon^2 u_2\left(\frac{1}{2}u_1^2 - \frac{1}{2}u_2^2 + u_3 u_4\right)(u_2^2 - u_1^2)$$

$$u_{2t_2} = \frac{1}{2}u_{1xx} + u_1 u_2^2 - u_1^3 - 2u_1 u_3 u_4 + u_3 u_{3x} - u_4 u_{4x} + \varepsilon\left(2u_2^2 u_{2x} - 2u_1 u_2 u_{1x}\right.$$

$$\left. - u_2 u_{3x} u_4 + u_2 u_{4x} u_3 - 2u_{2x} u_3 u_4 - 2u_1 u_4 u_{3x} - 2u_1 u_3 u_{4x}\right)$$

$$+ 2\varepsilon^2 \left(\frac{1}{2}u_1^2 - \frac{1}{2}u_2^2 + u_3 u_4\right)^2 u_1 - 2\varepsilon^2 u_1\left(\frac{1}{2}u_1^2 - \frac{1}{2}u_2^2 + u_3 u_4\right)\left(u_1^2 - u_2^2\right)$$

$$- 4\varepsilon^2 u_1 u_3\left(\frac{1}{2}u_1^2 - \frac{1}{2}u_2^2\right)u_4$$

$$u_{3t_2} = u_{3xx} - \frac{1}{2}u_3 u_1^2 + \frac{1}{2}u_3 u_2^3 + u_1 u_{4x} + \frac{1}{2}u_4 u_{1x} + u_2 u_{4x} + \frac{1}{2}u_4 u_{2x}$$

$$+ \varepsilon\left(u_2^2 u_{3x} - u_1^2 u_{3x} - 2u_3 u_4 u_{3x} - \frac{1}{2}u_3 u_{1x} u_2 + \frac{1}{2}u_1 u_{2x} u_3\right.$$

$$\left. - u_{1x} u_3 u_1 + u_2 u_3 u_{2x}\right) + 2\varepsilon^2\left(\frac{1}{2}u_1^2 - \frac{1}{2}u_2^2 + u_3 u_4\right)^2 u_3$$

$$- \varepsilon^2 u_3\left(\frac{1}{2}u_1^2 - \frac{1}{2}u_2^2 + u_3 u_4\right)\left(u_1^2 - u_2^2\right)$$

$$u_{4t_2} = -u_{4xx} + \frac{1}{2}u_4 u_1^2 - \frac{1}{2}u_4 u_2^3 - u_1 u_{3x} - \frac{1}{2}u_3 u_{1x} + u_2 u_{3x} + \frac{1}{2}u_3 u_{2x}$$

$$+ \varepsilon\left(u_2^2 u_{4x} - u_1^2 u_{4x} - 2u_3 u_4 u_{4x} + \frac{1}{2}u_4 u_{1x} u_2 - \frac{1}{2}u_1 u_{2x} u_4 - u_{1x} u_4 u_1\right.$$

$$\left. + u_2 u_4 u_{2x}\right) - \varepsilon^2\left(\frac{1}{2}u_1^2 - \frac{1}{2}u_2^2 + u_3 u_4\right)^2 u_4$$

$$- \varepsilon^2 u_4\left(\frac{1}{2}u_1^2 - \frac{1}{2}u_2^2 + u_3 u_4\right)\left(u_1^2 - u_2^2\right) \tag{8.56}$$

从方程（8.42）和方程（8.49），可以推得如下结果：

$$V^{[2]} = \begin{pmatrix} V_{11}^{[2]} & V_{12}^{[2]} & V_{13}^{[2]} \\ V_{21}^{[2]} & -V_{11}^{[2]} & V_{23}^{[2]} \\ V_{23}^{[2]} & -V_{13}^{[2]} & 0 \end{pmatrix} \tag{8.57}$$

其中，

$$V_{11}^{[2]} = \lambda^2 + \frac{1}{2}u_2^2 - \frac{1}{2}u_1^2 - u_3 u_4 - \varepsilon\left(\frac{1}{2}u_1 u_{1x} - \frac{1}{2}u_1 u_{2x} + u_3 u_{4x} + u_4 u_{3x}\right)$$

$$-2\varepsilon^2\left(\frac{1}{2}u_1^2 - \frac{1}{2}u_2^2 + u_3u_4\right)^2$$

$$V_{12}^{[2]} = (u_1 + u_2) + \frac{1}{2}u_{1x} + \frac{1}{2}u_{2x} - \varepsilon\left(\frac{1}{2}u_1^2 - \frac{1}{2}u_2^2 + u_3u_4\right)(u_1 + u_2)$$

$$V_{13}^{[2]} = u_{3x}\lambda + u_{3x} - \varepsilon\left(\frac{1}{2}u_1^2 - \frac{1}{2}u_2^2 + u_3u_4\right)u_3$$

$$V_{21}^{[2]} = (u_1 - u_2) + \frac{1}{2}u_{2x} - \frac{1}{2}u_{1x} + \varepsilon\left(\frac{1}{2}u_1^2 - \frac{1}{2}u_2^2 + u_3u_4\right)(u_2 - u_1)$$

$$V_{23}^{[2]} = u_4\lambda + u_{4x} - \varepsilon\left(\frac{1}{2}u_1^2 - \frac{1}{2}u_2^2 + u_3u_4\right)u_4 \qquad (8.58)$$

下面将建立广义超非线性 Schrödinger-mKdV 族的超 Hamilton 结构，通过直接计算得：

$$\mathrm{Str}\left(V\frac{\partial U}{\partial \lambda}\right) = 2A$$

$$\mathrm{Str}\left(\frac{\partial U}{\partial u_1}V\right) = 2(B + \varepsilon u_1 A)$$

$$\mathrm{Str}\left(\frac{\partial U}{\partial u_2}V\right) = -2(C + \varepsilon u_2 A)$$

$$\mathrm{Str}\left(\frac{\partial U}{\partial u_3}V\right) = 2(\rho + \varepsilon u_4 A)$$

$$\mathrm{Str}\left(\frac{\partial U}{\partial u_4}V\right) = -2(B + \varepsilon u_3 A) \qquad (8.59)$$

将上述结果代入超迹恒等式[181]，比较 λ^{n+2} 的同次幂系数，可得：

$$\frac{\delta}{\delta u}\int a_{n+2}\mathrm{d}x = (\gamma_{-n-1})\begin{pmatrix} b_{n+1} + 2\varepsilon u_1 a_{n+1} \\ -c_{n+1} - \varepsilon u_2 a_{n+1} \\ \rho_{n+1} + \varepsilon u_4 a_{n+1} \\ -\sigma_{n+1} - 2\varepsilon u_3 a_{n+1} \end{pmatrix}, \quad (n \geqslant 0) \qquad (8.60)$$

于是

$$H_{n+1} = \int -\frac{a_{n+2}}{n+1}\mathrm{d}x$$

$$\frac{\delta H_{n+1}}{\delta u} = \begin{pmatrix} b_{n+1} + \varepsilon u_1 a_{n+1} \\ -c_{n+1} - \varepsilon u_2 a_{n+1} \\ \rho_{n+1} + \varepsilon u_4 a_{n+1} \\ -\sigma_{n+1} - \varepsilon u_3 a_{n+1} \end{pmatrix} \qquad (8.61)$$

另外，通过简单计算可得：

$$\begin{pmatrix} b_{n+1} \\ -c_{n+1} \\ \rho_{n+1} \\ -\sigma_{n+1} \end{pmatrix} = R_1 \begin{pmatrix} b_{n+1} + \varepsilon u_1 a_{n+1} \\ -c_{n+1} - \varepsilon u_2 a_{n+1} \\ \rho_{n+1} + \varepsilon u_4 a_{n+1} \\ -\sigma_{n+1} - \varepsilon u_3 a_{n+1} \end{pmatrix}, \quad (n \geqslant 0) \qquad (8.62)$$

这里

$$R_1 = \begin{pmatrix} 1 - 2\varepsilon u_1 \partial^{-1} u_2 & -2\varepsilon u_1 \partial^{-1} u_1 & \varepsilon u_1 \partial^{-1} u_3 & \varepsilon u_1 \partial^{-1} u_4 \\ 2\varepsilon u_2 \partial^{-1} u_2 & 1 + 2\varepsilon u_2 \partial^{-1} u_1 & \varepsilon u_2 \partial^{-1} u_3 & -\varepsilon u_2 \partial^{-1} u_4 \\ -2\varepsilon u_4 \partial^{-1} u_2 & -2\varepsilon u_4 \partial^{-1} u_1 & 1 - \varepsilon u_4 \partial^{-1} u_3 & \varepsilon u_4 \partial^{-1} u_4 \\ 2\varepsilon u_3 \partial^{-1} u_2 & 2\varepsilon u_3 \partial^{-1} u_1 & \varepsilon u_3 \partial^{-1} u_3 & 1 - \varepsilon u_3 \partial^{-1} u_4 \end{pmatrix}$$

$$(8.63)$$

因此，超可积族方程（8.55）具有如下的超 Hamilton 结构：

$$u_{t_n} = R_2 \begin{pmatrix} b_{n+1} \\ -c_{n+1} \\ \rho_{n+1} \\ -\sigma_{n+1} \end{pmatrix} = R_1 R_2 \begin{pmatrix} b_{n+1} + \varepsilon u_1 a_{n+1} \\ -c_{n+1} - \varepsilon u_2 a_{n+1} \\ \rho_{n+1} + \varepsilon u_4 a_{n+1} \\ -\sigma_{n+1} - \varepsilon u_3 a_{n+1} \end{pmatrix} = J \frac{\delta H_{n+1}}{\delta u}, \quad (n \geqslant 0) \quad (8.64)$$

这里

$$R_2 = \begin{pmatrix} -4\varepsilon u_2\partial^{-1}u_2 & -2-4\varepsilon u_2\partial^{-1}u_1 & -2\varepsilon u_2\partial^{-1}u_3 & 2\varepsilon u_2\partial^{-1}u_4 \\ 2-4\varepsilon u_1\partial^{-1}u_2 & -4\varepsilon u_1\partial^{-1}u_1 & -2\varepsilon u_1\partial^{-1}u_3 & 2\varepsilon u_1\partial^{-1}u_4 \\ -4\varepsilon u_3\partial^{-1}u_2 & -4\varepsilon u_3\partial^{-1}u_1 & -2\varepsilon u_3\partial^{-1}u_3 & -1+2\varepsilon u_2\partial^{-1}u_2 \\ 2\varepsilon u_4\partial^{-1}u_2 & 2\varepsilon u_4\partial^{-1}u_1 & -1+\varepsilon u_4\partial^{-1}u_4 & -\varepsilon u_4\partial^{-1}u_4 \end{pmatrix}$$

$$(8.65)$$

其超 Hamilton 算子 J 为：

$$J = R_1R_2 = \begin{pmatrix} -8\varepsilon u_2\partial^{-1}u_2 & -2-8\varepsilon u_2\partial^{-1}u_1 & -4\varepsilon u_2\partial^{-1}u_3 & 4\varepsilon u_2\partial^{-1}u_4 \\ 2-8\varepsilon u_1\partial^{-1}u_2 & -8\varepsilon u_1\partial^{-1}u_1 & -4\varepsilon u_1\partial^{-1}u_3 & 4\varepsilon u_1\partial^{-1}u_4 \\ -6\varepsilon u_3\partial^{-1}u_2 & -6\varepsilon u_3\partial^{-1}u_1 & -3\varepsilon u_3\partial^{-1}u_3 & -1+3\varepsilon u_3\partial^{-1}u_4 \\ 4\varepsilon u_4\partial^{-1}u_2 & 4\varepsilon u_4\partial^{-1}u_1 & -1+2\varepsilon u_4\partial^{-1}u_3 & -2\varepsilon u_4\partial^{-1}u_4 \end{pmatrix}$$

$$(8.66)$$

此外，广义超非线性 Schrödinger-mKdV 族方程（8.55），还具有如下超 Hamilton 结构形式：

$$u_{t_n} = R_2L\begin{pmatrix} b_n \\ -c_n \\ \rho_n \\ -\sigma_n \end{pmatrix} = R_2LR_1\begin{pmatrix} b_n+\varepsilon u_1 a_n \\ -c_n-\varepsilon u_2 a_n \\ \rho_n+\varepsilon u_4 a_n \\ -\sigma_n-\varepsilon u_3 a_n \end{pmatrix} = M\frac{\delta H_n}{\delta u}, \quad (n\geq 0) \quad (8.67)$$

这里 $M = R_2LR_1 = (M_{ij})_{4\times 4}$ 是第二个超 Hamilton 算子。

8.2.3 自相容源

考虑线性系统，如下：

$$\begin{pmatrix} \varphi_{1j} \\ \varphi_{2j} \\ \varphi_{3j} \end{pmatrix}_x = U\begin{pmatrix} \varphi_{1j} \\ \varphi_{2j} \\ \varphi_{3j} \end{pmatrix}$$

$$\begin{pmatrix} \varphi_{1j} \\ \varphi_{2j} \\ \varphi_{3j} \end{pmatrix}_t = V \begin{pmatrix} \varphi_{1j} \\ \varphi_{2j} \\ \varphi_{3j} \end{pmatrix} \tag{8.68}$$

基于文献［191］的结果，可得：

$$\frac{\delta \lambda_j}{\delta u_i} = \frac{1}{3} \mathrm{Str}\left(\psi_j \frac{\partial U(u, \lambda_j)}{\delta u_i} \right), \ (i=1, 2, 3, 4) \tag{8.69}$$

其中，Str 表示矩阵的超迹，这里

$$\psi_j = \begin{pmatrix} \varphi_{1j}\varphi_{2j} & -\varphi_{1j}^2 & \varphi_{1j}\varphi_{3j} \\ \varphi_{2j}^2 & -\varphi_{1j}\varphi_{2j} & \varphi_{2j}\varphi_{3j} \\ \varphi_{2j}\varphi_{3j} & -\varphi_{1j}\varphi_{3j} & 0 \end{pmatrix}, \ (j=1, 2, \cdots, N) \tag{8.70}$$

由方程（8.68），可得：

$$\sum_{j=1}^N \frac{\delta \lambda_j}{\delta u_i} = \sum_{j=1}^N \begin{pmatrix} \mathrm{Str}\left(\psi_j \frac{\delta U}{\delta u_1} \right) \\ \mathrm{Str}\left(\psi_j \frac{\delta U}{\delta u_2} \right) \\ \mathrm{Str}\left(\psi_j \frac{\delta U}{\delta u_3} \right) \\ \mathrm{Str}\left(\psi_j \frac{\delta U}{\delta u_4} \right) \end{pmatrix} = \begin{pmatrix} 2\varepsilon u_1 \langle \Phi_1, \Phi_2 \rangle - \langle \Phi_1, \Phi_1 \rangle + \langle \Phi_2, \Phi_2 \rangle \\ -2\varepsilon u_2 \langle \Phi_1, \Phi_2 \rangle + \langle \Phi_1, \Phi_1 \rangle + \langle \Phi_2, \Phi_2 \rangle \\ 2\varepsilon u_4 \langle \Phi_1, \Phi_2 \rangle - 2\langle \Phi_2, \Phi_3 \rangle \\ 2\varepsilon u_3 \langle \Phi_1, \Phi_2 \rangle - 2\langle \Phi_1, \Phi_3 \rangle \end{pmatrix}$$

$$\Phi_i = (\varphi_{i1}, \cdots, \varphi_{iN})^T, \ (i=1, 2, 3) \tag{8.71}$$

因此，可得广义超非线性 Schrödinger-mKdV 族方程（8.55）的自相容源为：

$$u_{tn} = \begin{pmatrix} u_1 \\ u_2 \\ u_3 \\ u_4 \end{pmatrix}_{tn} = J\frac{\delta H_{n+1}}{\delta u_i} + J\sum_{j=1}^N \frac{\delta \lambda_j}{\delta u_i} = J \begin{pmatrix} b_{n+1} + \varepsilon u_1 a_{n+1} \\ -c_{n+1} - \varepsilon u_2 a_{n+1} \\ \rho_{n+1} + \varepsilon u_4 a_{n+1} \\ -\sigma_{n+1} + \varepsilon u_3 a_{n+1} \end{pmatrix}$$

$$
= J \left(
\begin{array}{c}
2\varepsilon u_1 \langle \phi_1, \phi_2 \rangle - \langle \phi_1, \phi_1 \rangle + \langle \phi_2, \phi_2 \rangle \\[4pt]
-2\varepsilon u_2 \langle \phi_1, \phi_2 \rangle + \langle \phi_1, \phi_1 \rangle + \langle \phi_2, \phi_2 \rangle \\[4pt]
2\varepsilon u_4 \langle \phi_1, \phi_2 \rangle - 2 \langle \phi_2, \phi_3 \rangle \\[4pt]
2\varepsilon u_3 \langle \phi_1, \phi_2 \rangle - 2 \langle \phi_1, \phi_1 \rangle
\end{array}
\right) \tag{8.72}
$$

取 $n=2$，得到具有带自相容源超孤子方程族如下：

$$
\begin{aligned}
u_{1t_2} = {} & \frac{1}{2} u_{2xx} + u_2^3 - u_2 u_1^2 + u_3 u_{3x} - u_4 u_{4x} - 2u_1 u_3 u_4 + \varepsilon \big(2u_1 u_2 u_{2x} \\
& - 2u_1^2 u_{1x} + u_1 u_{4x} u_3 - u_1 u_{3x} u_4 - 2u_{1x} u_3 u_4 - 2u_2 u_3 u_{4x} - 2u_2 u_4 u_{3x} \\
& - 2u_2 u_4 u_3 u_1^2 + 2u_2^3 u_3 u_4 \big) + 2\varepsilon^2 u_2 \left(\frac{1}{2} u_1^2 - \frac{1}{2} u_2^2 + u_3 u_4 \right)^2 \\
& + 2\varepsilon^2 u_2 \left(\frac{1}{2} u_1^2 - \frac{1}{2} u_2^2 + u_3 u_4 \right) \times (u_2^2 - u_1^2) + 2\varepsilon u_1 \sum_{j=1}^{N} \varphi_{1j} \varphi_{2j} \\
& - \sum_{j=1}^{N} (\varphi_{1j}^2 - \varphi_{1j}^2)
\end{aligned}
$$

$$
\begin{aligned}
u_{2t_2} = {} & \frac{1}{2} u_{1xx} - u_1^3 + u_1 u_2^2 + u_3 u_{3x} - u_4 u_{4x} - 2u_1 u_3 u_4 + \varepsilon \big(2u_2^2 u_{2x} - 2u_1 u_2 u_{1x} \\
& + u_2 u_{4x} u_3 - u_2 u_{3x} u_4 - 2u_{2x} u_3 u_4 - 2u_1 u_3 u_{4x} - 2u_1 u_4 u_{3x} \big) \\
& + 2\varepsilon^2 u_1 \left(\frac{1}{2} u_1^2 - \frac{1}{2} u_2^2 + u_3 u_4 \right)^2 - 2\varepsilon^2 u_2 \left(\frac{1}{2} u_1^2 - \frac{1}{2} u_2^2 + u_3 u_4 \right) \\
& \times (u_1^2 - u_2^2) - 2\varepsilon^2 u_1 u_3 (u_1^2 - u_2^2) u_4 - 2\varepsilon u_2 \sum_{j=1}^{N} \varphi_{1j} \varphi_{2j} \\
& - \sum_{j=1}^{N} (\varphi_{1j}^2 + \varphi_{2j}^2)
\end{aligned}
$$

$$
\begin{aligned}
u_{3t_2} = {} & u_{3xx} + \frac{1}{2} u_3 u_2^2 - \frac{1}{2} u_3 u_1^2 + \frac{1}{2} u_4 u_{1x} + \frac{1}{2} u_4 u_{2x} + u_1 u_{4x} + u_2 u_{4x} \\
& + \varepsilon \Big(\frac{1}{2} u_3 u_1 u_{2x} - \frac{1}{2} u_2 u_{1x} u_3 + u_2^2 u_{3x} - u_1^2 u_{3x} + u_2 u_{3x} u_3 \\
& - u_{1x} u_1 u_3 - 2u_4 u_3 u_{3x} \Big) + \varepsilon^2 u_3 \left(\frac{1}{2} u_1^2 - \frac{1}{2} u_2^2 + u_3 u_4 \right)^2
\end{aligned}
$$

$$-\varepsilon^2 u_3\left(\frac{1}{2}u_1^2 - \frac{1}{2}u_2^2 + u_3 u_4\right)(u_1^2 - u_2^2) + 2\varepsilon u_4 \sum_{j=1}^{N}\varphi_{1j}\varphi_{2j}$$

$$-\sum_{j=1}^{N}\varphi_{2j}\varphi_{3j}$$

$$u_{4t_2} = -u_{4xx} - \frac{1}{2}u_4 u_2^2 + \frac{1}{2}u_4 u_1^2 + \frac{1}{2}u_3 u_{2x} - \frac{1}{2}u_3 u_{1x} - u_1 u_{3x} + u_2 u_{3x}$$

$$+ \varepsilon\left(\frac{1}{2}u_4 u_2 u_{1x} - \frac{1}{2}u_4 u_{2x} u_1 + u_2^2 u_{4x} - u_1^2 u_{4x} + u_2 u_{2x} u_4\right.$$

$$\left. - u_{1x} u_1 u_4 - 2u_4 u_3 u_{4x}\right) + \varepsilon^2 u_4\left(\frac{1}{2}u_1^2 - \frac{1}{2}u_2^2 + u_3 u_4\right)^2$$

$$- \varepsilon^2 u_4\left(\frac{1}{2}u_1^2 - \frac{1}{2}u_2^2 + u_3 u_4\right)(u_1^2 - u_2^2) + 2\varepsilon u_3 \sum_{j=1}^{N}\varphi_{1j}\varphi_{2j}$$

$$-2\sum_{j=1}^{N}\varphi_{1j}\varphi_{3j} \tag{8.73}$$

其中，

$$\varphi_{1jx} = (\lambda + w)\varphi_{1j} + (u_1 + u_2)\varphi_{2j} + u_3\varphi_{3j}$$

$$\varphi_{2jx} = (u_1 - u_2)\varphi_{1j} - (\lambda + w)\varphi_{2j} + u_4\varphi_{3j}$$

$$\varphi_{3jx} = u_4\varphi_{1j} - u_3\varphi_{2j}, \quad (j=1, \cdots, N)$$

8.2.4 守恒律

下面，将推导出孤子方程族的守恒定律。引入如下变量：

$$K = \frac{\varphi_2}{\varphi_1}$$

$$G = \frac{\varphi_3}{\varphi_1} \tag{8.74}$$

求导可以得到：

$$K_x = u_1 - u_2 - 2(\lambda + w)K + u_4 G - (u_1 + u_2)K^2 - u_3 KG$$

$$G_x = u_4 - u_3 K - (\lambda + w)G - (u_1 + u_2)GE - u_3 G^2 \tag{8.75}$$

把 K、G 按 λ 的级数展开，如下：

$$K = \sum_{j=1}^{\infty} k_j \lambda^j$$

$$G = \sum_{j=1}^{\infty} g_j \lambda^j \tag{8.76}$$

将方程（8.76）代入方程（8.75），给出 k_j 和 g_j 的递归公式

$$k_{j+1} = -\frac{1}{2}k_{jx} - wk_j + \frac{1}{2}u_4 g_j - \frac{1}{2}(u_1 + u_2)\sum_{e=1}^{j-1} k_l k_{j-l}$$

$$- \frac{1}{2}u_3 \sum_{e=1}^{j-1} k_l g_{j-l}$$

$$g_{j+1} = -u_3 k_j - g_{jx} - wg_j - (u_1 + u_2)\sum_{l=1}^{j-1} g_l k_{j-l}$$

$$- u_3 \sum_{e=1}^{j-1} g_l g_{j-l} , \quad (j \geqslant 2) \tag{8.77}$$

经过计算，可得前几项为

$$k_1 = \frac{1}{2}(u_1 - u_2)$$

$$g_1 = u_4$$

$$k_2 = -\frac{1}{4}(u_1 - u_2)x - \frac{1}{2}\varepsilon(u_1 - u_2)\left(\frac{1}{2}u_1^2 - \frac{1}{2}u_1^2 + u_3 u_4\right)$$

$$g_2 = -u_{4x} - \frac{1}{2}(u_1 - u_2)(u_3 + \varepsilon u_1 + \varepsilon u_2)$$

$$k_3 = \frac{1}{8}(u_1 - u_2)_{xx} + \frac{1}{4}(u_1 - u_2)w_x + \frac{1}{2}(u_1 - u_2)_x w$$

$$- \frac{1}{8}(u_1 + u_2)(u_1 - u_2)^2 + \frac{1}{2}(u_1 - u_2)w^2 - \frac{1}{2}u_4 u_{4x}$$

$$g_3 = u_{4xx} + \frac{3}{4}(u_1 - u_2)_x u_3 + \frac{1}{2}(u_1 - u_2)u_{3x} + w_x u_4 + 2wu_{4x}$$

$$+ w^2 u_4 + w(u_1 - u_2)u_3 - \frac{1}{2}(u_1^2 - u_2^2)u_4 , \quad \cdots \tag{8.78}$$

且

$$\frac{\partial}{\partial t}\left[\lambda + w + (u_1 + u_2)E + u_3 K\right] = \frac{\partial}{\partial x}\left[A + (B + C)E + \sigma K\right] \qquad (8.79)$$

设 $\delta = \lambda + w + (u_1 + u_2)K + u_3 G$, $\theta = A + (B + C)K + \sigma G$, 则可得守恒律的标准形式 $\delta_t = \theta_x$。由方程（8.57），可得：

$$A = \lambda^2 - \frac{1}{2}u_1^2 + \frac{1}{2}u_2^2 - u_3 u_4$$

$$B = u_1\lambda + \frac{1}{2}u_{2x} - \varepsilon\left(\frac{1}{2}u_1^2 - \frac{1}{2}u_2^2 + u_3 u_4\right)u_1$$

$$C = u_2\lambda + \frac{1}{2}u_{1x} - \varepsilon\left(\frac{1}{2}u_1^2 - \frac{1}{2}u_2^2 + u_3 u_4\right)u_2$$

$$\sigma = u_3\lambda + u_{3x} - \varepsilon\left(\frac{1}{2}u_1^2 - \frac{1}{2}u_2^2 + u_3 u_4\right)u_3 \qquad (8.80)$$

对 δ 和 θ 展开，如下：

$$\delta = \lambda + w + \sum_{j=1}^{\infty}\delta_j\lambda^{-j}$$

$$\theta = \lambda^2 - \frac{1}{2}u_1^2 + \frac{1}{2}u_2^2 - u_3 u_4 + \sum_{j=1}^{\infty}\theta_j\lambda^{-j} \qquad (8.81)$$

守恒密度和流分别是系数前两 δ_j、θ_j，其前两个守恒密度和流如下：

$$\delta_1 = \frac{1}{2}(u_1^2 - u_2^2) + u_3 u_4$$

$$\delta_2 = -\frac{1}{4}(u_1 + u_2)(u_1 - u_2)_x - \frac{1}{2}\varepsilon(u_1^2 - u_2^2)$$

$$\left(\frac{1}{2}u_1^2 - u_1^2 + u_3 u_4\right) - u_3 u_{4x} - \frac{1}{2}\varepsilon(u_1^2 - u_2^2)u_3$$

$$\theta_1 = -\frac{1}{4}(u_1 + u_2)(u_1 - u_2)_x + \frac{1}{4}(u_1 - u_2)(u_1 + u_2)_x - \frac{1}{4}\varepsilon(u_1^2 - u_2^2)$$

$$\left(\frac{1}{2}u_1^2 - \frac{1}{2}u_2^2 + u_3 u_4\right) - \frac{1}{2}(u_1^2 - u_2^2)\left(\frac{1}{2}u_1^2 - \frac{1}{2}u_2^2 + u_3 u_4\right) -$$

$$\frac{1}{2}\varepsilon(u_1^2 - u_2^2)u_3 - u_3 u_{4x} + u_{3x}u_4 - \frac{1}{2}\varepsilon(u_1^2 - u_2^2)u_3 u_4$$

$$\theta_2 = (u_1 + u_2)k_3 - \frac{1}{4}\Big[(u_1 + u_2)_x - \varepsilon\Big(\frac{1}{2}u_1^2 - \frac{1}{2}u_2^2 + u_3 u_4\Big)(u_1 + u_2)\Big]$$

$$\Big[\frac{1}{2}(u_1 - u_2)_x + (u_1 - u_2)\Big(\frac{1}{2}u_1^2 - \frac{1}{2}u_2^2 + u_3 u_4\Big)\Big] + u_3 g_3$$

$$-\Big[u_{3x} - \frac{1}{2}\varepsilon(u_1^2 - u_2^2)u_3\Big]\Big[u_{4x} + \frac{1}{2}(u_1 - u_2)(u_3 + \varepsilon u_1 + \varepsilon u_2)\Big] \quad (8.82)$$

其中，k_3 和 g_3 由方程 (8.78) 给出，δ_j 和 θ_j 的递归关系如下：

$$\delta_j = (u_1 + u_2)e_j + u_3 g_j$$

$$\theta_j = (u_1 + u_2)k_{j+1} + \frac{1}{2}\Big[(u_1 + u_2)_x - \varepsilon(u_1 + u_2)\Big(\frac{1}{2}u_1^2 - \frac{1}{2}u_2^2 + u_3 u_4\Big)\Big]k_j$$

$$+ u_3 g_{j+1} + \Big[u_{3x} - \varepsilon\frac{1}{2}(u_1^2 - u_2^2)u_3\Big]g_j \quad (8.83)$$

其中，k_j 和 g_j 从方程 (8.77) 递归计算可得。于是，方程 (8.56) 的前两个守恒定律为：

$$\delta_{1t} = \theta_{1x}, \quad \delta_{2t} = \theta_{2x} \quad (8.84)$$

其中，δ_1、θ_1、δ_2 和 θ_2 在方程 (8.82) 中定义。则方程 (8.55) 的无穷多守恒律可以从方程 (8.75)～方程 (8.84) 得出。

8.2.5 小结

本节利用变分恒等式构造了广义超非线性 Schrödinger-mKdV 族及其双-Hamilton 形式。此外，还建立了其自相容源和守恒律。文献 [185] 给出了 AKNS 族非线性化和超 AKNS 族双非线性化。我们能否得到方程族 (8.55) 的双非线性化？这个问题将在今后的工作中进行研究。

8.3   变系数超 AKNS 族非线性可积耦合及其自相容源

8.3.1   引言

寻找新的可积系统和超可积系统是孤子理论中一项重要又有趣的工作，屠规彰提出了一个利用 Lie 代数和超迹恒等式来构造可积系统和 Hamilton 结构方法[28]，马文秀（Ma）称之为屠格式[29]。此后，许多研究者对这一课题进行了研究，并得到了一些可积族和超可积族。

构造非线性可积耦合是模型理论研究的热点之一，Lie 代数的不可约表示已被用来研究可积耦合。非线性超可积耦合比标量超可积方程族有更丰富的数学结构。例如，为了系统地描述一种生物化学模型，普里金（Prigo gine）和勒菲弗（Lefever）在皮克林（Pickering）的研究中提出了一个耦合的数学模型[195]，它描述的是一种生物化学模型，范恩贵和张解放给出了著名的浅水波数学模型和耦合 KdV 模型[196,197]。可积耦合系统理论带来了其他有趣的结果，如块形式的 Lax 对，具有较高多重性的可积约束流，高维局部双-Hamilton 结构和高阶递归算子等。

具有自相容源的孤子方程近年来得到了广泛的关注。另外，我们对这一课题的研究具有重要的物理应用价值，例如，具有自相容源的非线性 Schrödinger 方程与等离子体物理和固体物理的一些问题有关。求解自相容源孤子方程的方法有很多，如逆散射变换法、∂-方法和规范变换，还有一些结果可以考虑自相容源的孤子族[187-189]。

寻找新的 Lax 对来构造可积系统是孤子理论中一个重要且常见的课题，张玉峰和张鸿庆通过直接方法构造一个合适的 Lax 对变换和一个新的 Lie 代数，建立了 TD 族的可积耦合[33]。基于一类特殊的非半单 Lie 代数，马文秀（Ma）给出了 AKNS 族的非线性可积耦合的 Hamilton 结构[36]。基于扩展 Lie 超代数 $sl(4，1)$，尤福财求出了超 Dirac 族的非线性超可积耦合的 Hamilton 结构[198]。张玉峰等人的工作中，应用二项式留数表示方法，给出了一个扩展的 $(2+1)$ 维可积族及其 Hamilton 结构[199]。

然而，到目前为止利用 Lax 对构造变系数超可积耦合系统及其超 Hamilton 结构的工作还很少。最近，张玉峰等人在导数 λ_t 是 λ 的二次代数曲线的情况下，导出了一组变系数可积方程[200]，为了得到新的变系数超 AKNS 族，我们引入了具有任意函数 $\alpha(x)$、$\beta(t)$ 和 $\theta(t)$ 新 Lax 对。然后，利用超迹恒等式得到了它的超可积耦合系统和 Hamilton 结构。这里我们得到的变系数孤子方程族，与以前得到的结果不同[201]。

本部分利用屠格式给出了变系数超 AKNS 孤子族及其超 Hamilton 结构。然后，我们考虑了具有 $\alpha(x)$、$\beta(t)$、$k(t)$ 和 $\theta(t)$ 函数的超 AKNS 孤子族的变系数可积耦合及其超 Hamilton 结构。最后，构造了超可积耦合族的自相容源。

8.3.2 变系数超 AKNS 族

基于 Lie 超代数 $B(0，1)$ 的基向量为：

$$e_1 = \begin{pmatrix} 1 & 0 & 0 \\ 0 & -1 & 0 \\ 0 & 0 & 0 \end{pmatrix}$$

$$e_2 = \begin{pmatrix} 0 & 1 & 0 \\ -1 & 0 & 0 \\ 0 & 0 & 0 \end{pmatrix}$$

$$e_3 = \begin{pmatrix} 0 & 1 & 0 \\ 1 & 0 & 0 \\ 0 & 0 & 0 \end{pmatrix}$$

$$e_4 = \begin{pmatrix} 0 & 0 & 1 \\ 0 & 0 & 0 \\ 0 & -1 & 0 \end{pmatrix}$$

$$e_5 = \begin{pmatrix} 0 & 0 & 0 \\ 0 & 0 & 1 \\ 1 & 0 & 0 \end{pmatrix} \tag{8.85}$$

其中，e_1、e_2、e_3 为偶元，e_4、e_5 为奇元，它们满足以下交换关系：

$$[e_1, e_2] = 2e_3$$

$$[e_1, e_3] = 2e_2$$

$$[e_1, e_4] = [e_2, e_5] = [e_3, e_5] = e_4$$

$$[e_4, e_2] = [e_5, e_1] = [e_3, e_4] = e_5$$

$$[e_2, e_3] = 2e_1$$

$$[e_4, e_4] = -e_2 - e_3$$

$$[e_4, e_5]_+ = e_1$$

$$[e_5, e_5]_+ = e_3 - e_2 \tag{8.86}$$

首先给出新的 Lax 对来获得变系数的超 AKNS 族。为此，考虑以下新的空间谱问题：

$$\begin{cases} \varphi_x = U\varphi \\ \varphi_t = V\varphi \end{cases} \tag{8.87}$$

其中，

$$U = \begin{pmatrix} i\lambda\alpha(x) & q\beta(t) & u_1\theta(t) \\ r\beta(t) & -i\lambda\alpha(x) & u_2\theta(t) \\ u_2\theta(t) & u_1\theta(t) & 0 \end{pmatrix}$$

$$V = \begin{pmatrix} A & B & \rho \\ C & -A & \delta \\ \delta & -\rho & 0 \end{pmatrix}$$

其中，λ 是谱参数，q 和 r 是偶位势，u_1 和 u_2 是奇位势，$\alpha(x)$ 是 x 的任意函数，$\beta(t)$ 和 $\theta(t)$ 是 t 的任意函数。令

$$A = \sum_{m=0}^{\infty} a_m \lambda^{-m}$$

$$B = \sum_{m=0}^{\infty} b_m \lambda^{-m}$$

$$C = \sum_{m=0}^{\infty} c_m \lambda^{-m}$$

$$\rho = \sum_{m=0}^{\infty} \rho_m \lambda^{-m}$$

$$\delta = \sum_{m=0}^{\infty} \delta_m \lambda^{-m} \tag{8.88}$$

解驻定零曲率方程

$$V_x = [\, U, \ V\,] \tag{8.89}$$

并比较 λ 的同次幂系数，可得：

$$A_x = q\beta(t)C - r\beta(t)B + u_1\theta(t)\delta + u_2\theta(t)\rho,$$

$$B_x = 2i\lambda\alpha(x)B - 2q\beta(t)A - 2u_1\theta(t)\rho,$$

$$C_x = -2i\lambda\alpha(x)C + 2r\beta(t)A + 2u_2\theta(t)\delta,$$

$$\rho_x = i\lambda\alpha(x)\rho + q\beta(t)\delta - u_1\theta(t)A - u_2\theta(t)B,$$

$$\delta_x = -i\lambda\alpha(x)\delta + r\beta(t)\rho - u_1\theta(t)C + u_2\theta(t)A. \tag{8.90}$$

取初值如下：

$$a_0 = i, \ b_0 = c_0 = \rho_0 = \delta_0 = 0. \tag{8.91}$$

根据方程（8.90）中的递推关系，前三组计算如下：

$$a_1 = C^1$$

$$b_1 = \frac{q\beta(t)}{\alpha(x)}$$

$$c_1 = \frac{r\beta(t)}{\alpha(x)}$$

$$\rho_1 = \frac{u_1\theta(t)}{\alpha(x)}$$

$$\delta_1 = \frac{u_2\theta(t)}{\alpha(x)}$$

$$a_2 = -\frac{qr\beta^2(t)}{2i\alpha^2(x)} - \frac{\theta^2(t)u_1u_2}{i\alpha^2(x)}$$

$$b_2 = \frac{1}{2i\alpha(x)}\left[-\frac{\alpha'(x)}{\alpha(x)}\beta(t)q + \frac{q_x\beta(t)}{\alpha(x)} + 2q\beta(t)C^1\right]$$

$$c_2 = \frac{1}{2i\alpha(x)}\left[\frac{\alpha'(x)}{\alpha(x)}\beta(t)r - \frac{r_x\beta(t)}{\alpha(x)} + 2r\beta(t)C^1\right]$$

$$\rho_2 = \frac{1}{i\alpha(x)}\left[-\frac{\alpha'(x)}{\alpha(x)}\theta(t)u_1 + \frac{\theta(t)u_{1x}}{\alpha(x)} + 2\theta(t)u_1C^1\right]$$

$$\delta_2 = \frac{1}{i\alpha(x)}\left[\frac{\alpha'(x)}{\alpha(x)}\theta(t)u_2 - \frac{\theta(t)u_{2x}}{\alpha(x)} + \theta(t)u_2C^1\right], \cdots \tag{8.92}$$

下面引入辅助谱问题。

$$\varphi_{t_n} = V^{(n)}\varphi \tag{8.93}$$

其中，

$$V^{(n)} = \sum_{m=0}^{n}\begin{pmatrix} a_m & b_m & \rho_m \\ c_m & -a_m & \delta_m \\ \delta_m & -\rho_m & 0 \end{pmatrix}\lambda^{n-m}$$

由谱问题方程（8.87）和方程（8.93）的相容条件可得下面零曲率方程：

$$U_{t_n} - V_x^{(n)} + [U, V^{(n)}] = 0 \tag{8.94}$$

于是得到变系数超 AKNS 族，如下：

$$U_{t_n} = \begin{pmatrix} q \\ r \\ u_1 \\ u_2 \end{pmatrix}_{t_n} = \begin{pmatrix} \frac{2i\alpha(x)}{\beta(t)}b_{n+1} - \frac{\beta'(t)}{\beta(t)}q \\ \frac{-2i\alpha(x)}{\beta(t)}c_{n+1} - \frac{\beta'(t)}{\beta(t)}r \\ \frac{i\alpha(x)}{\theta(t)}\rho_{n+1} - \frac{\theta'(t)}{\theta(t)}u_1 \\ \frac{-i\alpha(x)}{\theta(t)}\delta_{n+1} - \frac{\theta'(t)}{\theta(t)}u_2 \end{pmatrix} \tag{8.95}$$

当 $n=1$ 时，超孤子方程族（8.95）可约化为一阶变系数超 AKNS 方程族，如下：

$$q_{t_1} = \frac{-\alpha'(x)}{\alpha(x)}q + \frac{q_x}{\alpha(x)} + 2qC^1 - \frac{\beta'(t)}{\beta(t)}q$$

$$r_{t_1} = \frac{-\alpha'(x)}{\alpha(x)}r + \frac{r_x}{\alpha(x)} - 2rC^1 - \frac{\beta'(t)}{\beta(t)}r$$

$$u_{1t_1} = \frac{-\alpha'(x)}{\alpha(x)}u_1 + \frac{u_{1x}}{\alpha(x)} + u_1 C^1 - \frac{\theta'(t)}{\theta(t)}u_1$$

$$u_{2t_1} = \frac{-\alpha'(x)}{\alpha(x)}u_2 + \frac{u_{2x}}{\alpha(x)} - u_2 C^1 - \frac{\theta'(t)}{\theta(t)}u_2 \tag{8.96}$$

当 $n=2$ 时，得到二阶变系数超 AKNS 方程族，如下：

$$
\begin{cases}
q_{t_2} = \dfrac{i}{\alpha^2(x)}\left[\dfrac{\alpha''(x)q}{2\alpha(x)} + \dfrac{3}{2}\dfrac{\alpha'(x)q_x}{\alpha(x)} - \dfrac{q_{xx}}{2} - \dfrac{q\alpha'^2(x)}{2\alpha^2(x)} - \alpha(x)q_x C^1 + \beta^2(t)q^2 r \right. \\
\qquad\quad \left. + 2\theta^2(t)qu_1 u_2 - \dfrac{2u_1 u_{1x}\theta^2(t)}{\beta(t)}\right] - \dfrac{\beta'(t)}{\beta(t)}q \\[2mm]
r_{t_2} = -\dfrac{i}{\alpha^2(x)}\left[\dfrac{\alpha''(x)r}{2\alpha(x)} + \dfrac{3}{2}\dfrac{\alpha'(x)r_x}{\alpha(x)} - \dfrac{r_{xx}}{2} + \alpha(x)r_x C^1 - r\alpha(x)C^1 + \beta^2(t)qr^2 \right. \\
\qquad\quad \left. + 2\theta^2(t)ru_1 u_2 + \dfrac{2u_2 u_{2x}\theta^2(t)}{\beta(t)}\right] - \dfrac{\beta'(t)}{\beta(t)}r \\[2mm]
u_{1t_2} = \dfrac{i}{\alpha^2(x)}\left[\dfrac{\alpha''(x)u_1}{\alpha(x)} + \dfrac{\alpha'(x)u_{1x}}{\alpha(x)} - \dfrac{3\alpha'^2(x)u_1}{\alpha^2(x)} - u_{1xx} + \dfrac{2\alpha'(x)u_{1x}}{\alpha(x)} - \alpha(x)u_{1x}C^1 \right. \\
\qquad\quad \left. + u_1\alpha'(x)C^1 + \dfrac{1}{2}\beta^2(t)u_1 qr + \dfrac{3\beta(t)\alpha'(x)u_2 q}{2\alpha(x)} - \dfrac{u_2}{2}\beta(t)q_x - \beta(t)qu_{2x}\right] - \dfrac{\theta'(t)}{\theta(t)}u_1 \\[2mm]
u_{2t_2} = -\dfrac{i}{\alpha^2(x)}\left[\dfrac{\alpha''(x)u_2}{\alpha(x)} + \dfrac{\alpha'(x)u_{2x}}{\alpha(x)} - \dfrac{3\alpha'^2(x)u_2}{\alpha^2(x)} - u_{2xx} + \dfrac{2\alpha'(x)u_{2x}}{\alpha(x)} + \alpha(x)u_{2x}C^1 \right. \\
\qquad\quad \left. - u_2\alpha'(x)C^1 + \dfrac{1}{2}\beta^2(t)u_2 qr + \dfrac{3\beta(t)\alpha'(x)u_1 r}{2\alpha(x)} - \dfrac{u_1}{2}\beta(t)r_x - \beta(t)ru_{1x}\right] - \dfrac{\theta'(t)}{\theta(t)}u_2
\end{cases}
$$

$$\tag{8.97}$$

8.3.3　变系数超 AKNS 族的超 Hamilton 结构

在这一部分中，我们将建立变系数超 AKNS 族的超 Hamilton 结构。为此，利用超迹恒等式

$$\frac{\delta}{\delta u}\int \text{Str}\left(V \frac{\partial U}{\partial \lambda}\right)\mathrm{d}x \ = \ \lambda^{-\gamma}\frac{\partial}{\partial \lambda}\lambda^{\gamma}\text{Str}\left(\frac{\partial U}{\partial u}V\right) \tag{8.98}$$

其中，常数 γ 为

$$\gamma = -\frac{\lambda}{2}\frac{d}{d\lambda}\ln\mid \text{Str}(VV)\mid$$

通过直接计算，我们得出：

$$\text{Str}\left(V \frac{\partial U}{\partial \lambda}\right) = 2iA\alpha(x)$$

$$\text{Str}\left(V \frac{\partial U}{\partial q}\right) = C\beta(t)$$

$$\text{Str}\left(V \frac{\partial U}{\partial r}\right) = B\beta(t)$$

$$\text{Str}\left(V \frac{\partial U}{\partial u_1}\right) = -2\delta\theta(t)$$

$$\text{Str}\left(V \frac{\partial U}{\partial u_2}\right) = 2\rho\theta(t) \tag{8.99}$$

将上述结果代入超迹恒等式方程（8.98）并比较 λ^{n+2} 的系数，有：

$$\frac{\delta}{\delta u}\int 2i\alpha(x)a_{n+2}\mathrm{d}x \ = \ (\gamma-n-1)\begin{pmatrix} \beta(t)c_{n+1} \\ \beta(t)b_{n+1} \\ -2\theta(t)\delta_{n+1} \\ 2\theta(t)\rho_{n+1} \end{pmatrix}, \ (n\geqslant 0) \tag{8.100}$$

要确定常数 γ，这里只需在方程（8.100）中令 $n=0$，得到 $\gamma=0$，因此，我们有：

$$H_n = \int \frac{2i\alpha(x) a_{n+2}}{-(n+1)} \mathrm{d}x$$

$$\frac{\delta H_n}{\delta u} = \begin{pmatrix} \beta(t) c_{n+1} \\ \beta(t) b_{n+1} \\ -2\theta(t)\delta_{n+1} \\ 2\theta(t)\rho_{n+1} \end{pmatrix} = M_1 \begin{pmatrix} b_{n+1} \\ -c_{n+1} \\ \rho_{n+1} \\ -\delta_{n+1} \end{pmatrix}, \quad (n \geqslant 0) \tag{8.101}$$

其中，

$$M_1 = \begin{pmatrix} 0 & -\beta(t) & 0 & 0 \\ \beta(t) & 0 & 0 & 0 \\ 0 & 0 & 0 & \theta(t) \\ 0 & 0 & \theta(t) & 0 \end{pmatrix} \tag{8.102}$$

取 $\beta(t) = \xi$，其中 ξ 是任意常数且 $\xi \neq 0$。利用下列方程可以得到变系数超 AKNS 族的 Hamilton 函数 H_n 和 Hamilton 结构。因此，变系数超 AKNS 族方程（8.95）可以写为：

$$U_{t_n} = \begin{pmatrix} q \\ r \\ u_1 \\ u_2 \end{pmatrix}_{t_n} = \begin{pmatrix} \dfrac{2i\alpha(x)}{\beta(t)} b_{n+1} \\ \dfrac{-2i\alpha(x)}{\beta(t)} c_{n+1} \\ \dfrac{i\alpha(x)}{\theta(t)} \rho_{n+1} \\ \dfrac{-i\alpha(x)}{\theta(t)} \delta_{n+1} \end{pmatrix} = iM_2 \begin{pmatrix} b_{n+1} \\ -c_{n+1} \\ \rho_{n+1} \\ -\delta_{n+1} \end{pmatrix}$$

$$= iM_2 M_1^{-1} \frac{\delta H_n}{\delta u} = iJ \frac{\delta H_n}{\delta u}, \quad (n \geqslant 0) \tag{8.103}$$

其中，超 Hamilton 算子 $J = M_2 M_1^{-1}$ 和

$$M_2 = \begin{pmatrix} \dfrac{2\alpha(x)}{\xi} & 0 & 0 & 0 \\ 0 & \dfrac{2\alpha(x)}{\xi} & 0 & 0 \\ 0 & 0 & \dfrac{\alpha(x)}{\eta} & 0 \\ 0 & 0 & 0 & -\dfrac{\alpha(x)}{\eta} \end{pmatrix}$$

我们给出了变系数超 AKNS 方程族及其超 Hamilton 结构，这与李翊神所得孤子族结果不同[201]。

8.3.4 变系数超 AKNS 族非线性可积耦合及其超 Hamilton 结构

让我们利用下面基构造一个新 Lie 超代数 $sl(4, 1)$

$$e_1 = \begin{pmatrix} 1 & 0 & 0 & 0 & 0 \\ 0 & -1 & 0 & 0 & 0 \\ 0 & 0 & 1 & 0 & 0 \\ 0 & 0 & 0 & -1 & 0 \\ 0 & 0 & 0 & 0 & 0 \end{pmatrix}$$

$$e_2 = \begin{pmatrix} 0 & 1 & 0 & 0 & 0 \\ 0 & 0 & 0 & 0 & 0 \\ 0 & 0 & 0 & 1 & 0 \\ 0 & 0 & 0 & 0 & 0 \\ 0 & 0 & 0 & 0 & 0 \end{pmatrix}$$

$$e_3 = \begin{pmatrix} 0 & 0 & 0 & 0 & 0 \\ 1 & 0 & 0 & 0 & 0 \\ 0 & 0 & 0 & 0 & 0 \\ 0 & 0 & 1 & 0 & 0 \\ 0 & 0 & 0 & 0 & 0 \end{pmatrix}$$

$$e_4 = \begin{pmatrix} 0 & 0 & 0 & 1 & 0 \\ 0 & 0 & 0 & 0 & 0 \\ 0 & 0 & 0 & 1 & 0 \\ 0 & 0 & 0 & 0 & 0 \\ 0 & 0 & 0 & 0 & 0 \end{pmatrix}$$

$$e_5 = \begin{pmatrix} 0 & 0 & 0 & 0 & 0 \\ 0 & 0 & 1 & 0 & 0 \\ 0 & 0 & 0 & 0 & 0 \\ 0 & 0 & 1 & 0 & 0 \\ 0 & 0 & 0 & 0 & 0 \end{pmatrix}$$

$$e_6 = \begin{pmatrix} 0 & 0 & 1 & 0 & 0 \\ 0 & 0 & 0 & -1 & 0 \\ 0 & 0 & 1 & 0 & 0 \\ 0 & 0 & 0 & -1 & 0 \\ 0 & 0 & 0 & 0 & 0 \end{pmatrix}$$

$$e_7 = \begin{pmatrix} 0 & 0 & 0 & 0 & 1 \\ 0 & 0 & 0 & 0 & 0 \\ 0 & 0 & 0 & 0 & 0 \\ 0 & 0 & 0 & 0 & 0 \\ 0 & -1 & 0 & 1 & 0 \end{pmatrix}$$

$$e_8 = \begin{pmatrix} 0 & 0 & 0 & 0 & 0 \\ 0 & 0 & 0 & 0 & 1 \\ 0 & 0 & 0 & 0 & 0 \\ 0 & 0 & 0 & 0 & 0 \\ 1 & 0 & -1 & 0 & 0 \end{pmatrix} \tag{8.104}$$

其中，e_1、e_2、e_3、e_4、e_5、e_6 为偶元，e_7、e_8 为奇元。

Lie 超代数 $sl(4,1)$ 交换子 $e_i(1 \leqslant e_i \leqslant 8)$，满足以下（反）交换关系：

$$[e_2, e_1] = [e_4, e_4] = -2e_2$$

$$[e_3, e_1] = [e_5, e_5] = 2e_3$$

$$[e_1, e_4] = [e_2, e_5] = e_4$$

$$[e_5, e_1] = [e_3, e_4] = e_5$$

$$[e_2, e_3] = [e_4, e_5] = e_1$$

$$[e_1, e_7] = [e_2, e_8] = e_7$$

$$[e_1, e_8] = [e_7, e_3] = -e_8$$

$$[e_7, e_8]_+ = e_1 - e_6$$

$$[e_7, e_7]_+ = 2e_4 - 2e_2$$

$$[e_8, e_8]_+ = 2e_3 - 2e_5 \tag{8.105}$$

为了构造变系数超可积耦合系统，让我们引进与 $sl(4,1)$ 相关的扩展谱矩阵开始。

$$\overline{U} = \begin{pmatrix} i\lambda\alpha(x) & q\beta(t) & 0 & pk(t) & u_1\theta(t) \\ r\beta(t) & -i\lambda\alpha(x) & sk(t) & 0 & u_2\theta(t) \\ 0 & 0 & i\lambda\alpha(x) & q\beta(t)+pk(t) & 0 \\ 0 & 0 & r\beta(t)+sk(t) & -i\lambda\alpha(x) & 0 \\ u_2\theta(t) & -u_1\theta(t) & -u_2\theta(t) & u_1\theta(t) & 0 \end{pmatrix}$$

$$\tag{8.106}$$

和

$$\overline{V} = \begin{pmatrix} A & B & E & F & \rho \\ C & -A & G & -E & \delta \\ 0 & 0 & A+E & B+F & 0 \\ 0 & 0 & C+G & -A-E & 0 \\ \delta & -\rho & -\delta & \rho & 0 \end{pmatrix} \tag{8.107}$$

令

$$E = \sum_{m=0}^{\infty} e_m \lambda^{-m}$$

$$F = \sum_{m=0}^{\infty} f_m \lambda^{-m}$$

$$G = \sum_{m=0}^{\infty} g_m \lambda^{-m} \tag{8.108}$$

根据驻定零曲率方程:

$$\overline{V}_x = [\,\overline{U},\ \overline{V}\,] \tag{8.109}$$

得到以下关系:

$$a_{mx} = q\beta(t)c_m - r\beta(t)b_m + u_1\theta(t)\delta_m + u_2\theta(t)\rho_m$$

$$b_{mx} = 2i\alpha(x)b_{m+1} - 2q\beta(t)a_m - 2u_1\theta(t)\rho_m$$

$$c_{mx} = -2i\alpha(x)c_{m+1} + 2r\beta(t)a_m + 2u_2\theta(t)\delta_m$$

$$\rho_{mx} = i\alpha(x)\rho_{m+1} + q\beta(t)\delta_m - u_1\theta(t)a_m - u_2\theta(t)b_m$$

$$\delta_{mx} = -i\alpha(x)\delta_{m+1} + r\beta(t)\rho_m - u_1\theta(t)c_m + u_2\theta(t)a_m$$

$$e_{mx} = q\beta(t)g_m - r\beta(t)f_m + pk(t)c_m - sk(t)b_m + pk(t)g_m$$
$$\quad - f_m sk(t) - u_1\theta(t)\delta_m + u_2\theta(t)\rho_m$$

$$f_{mx} = 2i\alpha(x)f_{m+1} - 2q\beta(t)e_m - 2pk(t)a_m - 2pk(t)e_m$$
$$\quad + 2u_1\theta(t)\rho_m$$

$$g_{mx} = 2r\beta(t)e_m - 2i\alpha(x)g_{m+1} + 2sk(t)a_m + 2sk(t)e_m$$
$$\quad - 2u_2\theta(t)\delta_m \tag{8.110}$$

给定初值:

$$e_0 = 0,\ f_0 = 0,\ g_0 = 0 \tag{8.111}$$

由方程 (8.110) 得到以下结果:

$$a_1 = C^1$$

$$b_1 = \frac{q\beta(t)}{\alpha(x)}$$

$$c_1 = \frac{r\beta(t)}{\alpha(x)}$$

$$e_1 = C^2$$

$$\rho_1 = \frac{u_1\theta(t)}{\alpha(x)}$$

$$\delta_1 = \frac{u_2\theta(t)}{\alpha(x)}$$

$$a_2 = -\frac{qr\beta^2(t)}{2i\alpha^2(x)} - \frac{\theta^2(t)u_1u_2}{i\alpha^2(x)}$$

$$b_2 = \frac{1}{2i\alpha(x)}\left[-\frac{\alpha'(x)}{\alpha(x)}\beta(t)q + \frac{q_x\beta(t)}{\alpha(x)} + 2q\beta(t)C^1 \right]$$

$$c_2 = \frac{1}{2i\alpha(x)}\left[\frac{\alpha'(x)}{\alpha(x)}\beta(t)r - \frac{r_x\beta(t)}{\alpha(x)} + 2r\beta(t)C^1 \right]$$

$$e_2 = \frac{-\beta(t)k(t)qs}{2i\alpha^2(x)} - \frac{\beta(t)k(t)rp}{2i\alpha^2(x)} - \frac{k^2(t)ps}{2i\alpha^2(x)} + \frac{u_1u_2\theta^2(t)}{i\alpha^2(x)}$$

$$f_2 = \frac{1}{2i\alpha(x)}\left[\frac{k(t)}{\alpha(x)}p_x - \frac{\alpha'(x)k(t)p}{\alpha^2(x)} + 2q\beta(t)C^2 + 2pk(t)C^2 + 2pk(t)C^1 \right]$$

$$g_2 = \frac{1}{2i\alpha(x)}\left[-\frac{k(t)}{\alpha(x)}s_x - \frac{\alpha'(x)k(t)s}{\alpha^2(x)} + 2r\beta(t)C^2 + 2sk(t)C^2 + 2sk(t)C^1 \right]$$

$$\rho_2 = \frac{1}{i\alpha(x)}\left[-\frac{\alpha'(x)}{\alpha(x)}\theta(t)u_1 + \frac{\theta(t)u_{1x}}{\alpha(x)} + 2\theta(t)u_1C^1 \right]$$

$$\delta_2 = \frac{1}{i\alpha(x)}\left[\frac{\alpha'(x)}{\alpha(x)}\theta(t)u_2 - \frac{\theta(t)u_{2x}}{\alpha(x)} + \theta(t)u_2C^1 \right], \quad \cdots \quad (8.112)$$

从扩大的零曲率方程

$$\overline{U}_{t_n} - \overline{V}_x^{(n)} + [\overline{U}, \overline{V}^{(n)}] = 0 \qquad (8.113)$$

可以得到变系数超 AKNS 族的可积耦合，如下：

$$\overline{U}_{t_n} = \begin{pmatrix} q \\ r \\ p \\ s \\ u_1 \\ u_2 \end{pmatrix}_{t_n} = \begin{pmatrix} \dfrac{2i\alpha(x)}{\beta(t)}b_{n+1} - \dfrac{\beta'(t)}{\beta(t)}q \\[2mm] -\dfrac{2i\alpha(x)}{\beta(t)}c_{n+1} - \dfrac{\beta'(t)}{\beta(t)}r \\[2mm] \dfrac{2i\alpha(x)}{k(t)}f_{n+1} - \dfrac{k'(t)}{k(t)}p \\[2mm] -\dfrac{2i\alpha(x)}{k(t)}g_{n+1} - \dfrac{k'(t)}{k(t)}s \\[2mm] \dfrac{i\alpha(x)}{\theta(t)}\rho_{n+1} - \dfrac{\theta'(t)}{\theta(t)}u_1 \\[2mm] -\dfrac{i\alpha(x)}{\theta(t)}\delta_{n+1} - \dfrac{\theta'(t)}{\theta(t)}u_2 \end{pmatrix} = i\overline{M}_1 \begin{pmatrix} b_{n+1} \\ -c_{n+1} \\ f_{n+1} \\ -g_{n+1} \\ \rho_{n+1} \\ -\delta_{n+1} \end{pmatrix} - \overline{M}_2 \begin{pmatrix} q \\ r \\ p \\ s \\ u_1 \\ u_2 \end{pmatrix}$$

$$(8.114)$$

其中,

$$\overline{M}_1 = \begin{pmatrix} \dfrac{2\alpha(x)}{\beta(t)} & 0 & 0 & 0 & 0 & 0 \\[2mm] 0 & \dfrac{2\alpha(x)}{\beta(t)} & 0 & 0 & 0 & 0 \\[2mm] 0 & 0 & \dfrac{2\alpha(x)}{k(t)} & 0 & 0 & 0 \\[2mm] 0 & 0 & 0 & \dfrac{2\alpha(x)}{k(t)} & 0 & 0 \\[2mm] 0 & 0 & 0 & 0 & \dfrac{\alpha(x)}{\theta(t)} & 0 \\[2mm] 0 & 0 & 0 & 0 & 0 & \dfrac{\alpha(x)}{\theta(t)} \end{pmatrix}$$

$$(8.115)$$

和

$$\overline{M}_2 = \begin{pmatrix} \dfrac{\beta(t)}{\beta(t)} & 0 & 0 & 0 & 0 & 0 \\ 0 & \dfrac{\beta'(t)}{\beta(t)} & 0 & 0 & 0 & 0 \\ 0 & 0 & \dfrac{k'(t)}{k(t)} & 0 & 0 & 0 \\ 0 & 0 & 0 & \dfrac{k'(t)}{k(t)} & 0 & 0 \\ 0 & 0 & 0 & 0 & \dfrac{\theta'(t)}{\theta(t)} & 0 \\ 0 & 0 & 0 & 0 & 0 & \dfrac{\theta'(t)}{\theta(t)} \end{pmatrix} \tag{8.116}$$

当 $n=1$ 时，方程（8.114）约化为一阶变系数超可积耦合方程，如下：

$$q_{t_1} = \frac{-\alpha'(x)}{\alpha(x)}q + \frac{q_x}{\alpha(x)} + 2qC^1 - \frac{\beta'(t)}{\beta(t)}q$$

$$r_{t_1} = \frac{-\alpha'(x)}{\alpha(x)}r + \frac{r_x}{\alpha(x)} - 2rC^1 - \frac{\beta'(t)}{\beta(t)}r$$

$$u_{1t_1} = \frac{-\alpha'(x)}{\alpha(x)}u_1 + \frac{u_{1x}}{\alpha(x)} + u_1 C^1 - \frac{\theta'(t)}{\theta(t)}u_1$$

$$u_{2t_1} = \frac{-\alpha'(x)}{\alpha(x)}u_2 + \frac{u_{2x}}{\alpha(x)} - u_2 C^1 - \frac{\theta'(t)}{\theta(t)}u_2$$

$$p_{t_1} = \frac{p_x}{\alpha(x)} - \frac{\alpha'(x)p}{\alpha(x)} + \frac{2q\beta(t)C^2}{k(t)} + 2pC^2 + 2pC^1 - \frac{k'(t)}{k(t)}p$$

$$s_{t_1} = \frac{s_x}{\alpha(x)} - \frac{\alpha'(x)s}{\alpha(x)} - \frac{2r\beta(t)C^2}{k(t)} - 2sC^2 - 2sC^1 - \frac{k'(t)}{k(t)}s \tag{8.117}$$

当 $n=2$ 时，方程（8.114）约化为二阶变系数超可积耦合方程，如下：

$$q_{t_2} = \frac{i}{\alpha^2(x)}\left[\frac{\alpha''(x)q}{2\alpha(x)} + \frac{3}{2}\frac{\alpha'(x)q_x}{\alpha(x)} - \frac{q_{xx}}{2} - \frac{q\alpha'^2(x)}{2\alpha^2(x)} - \alpha(x)q_x C^1 + \beta^2(t)q^2 r \right.$$

$$\left. + 2\theta^2(t)qu_1u_2 - \frac{2u_1u_{1x}\theta^2(t)}{\beta(t)}\right] - \frac{\beta'(t)}{\beta(t)}q$$

$$r_{t_2} = -\frac{i}{\alpha^2(x)}\left[\frac{\alpha''(x)r}{2\alpha(x)} + \frac{3}{2}\frac{\alpha'(x)r_x}{\alpha(x)} - \frac{r_{xx}}{2} + \alpha(x)r_x C^1 - r\alpha(x)C^1 + \beta^2(t)qr^2\right.$$

$$\left. + 2\theta^2(t)ru_1u_2 + \frac{2u_2u_{2x}\theta^2(t)}{\beta(t)}\right] - \frac{\beta'(t)}{\beta(t)}r$$

$$u_{1t_2} = \frac{i}{\alpha^2(x)}\left[\frac{\alpha''(x)u_1}{\alpha(x)} + \frac{\alpha'(x)u_{1x}}{\alpha(x)} - \frac{3\alpha'^2(x)u_1}{\alpha^2(x)} - u_{1xx} + \frac{2\alpha'(x)u_{1x}}{\alpha(x)} - \alpha(x)u_{1x}C^1\right.$$

$$\left. + u_1\alpha'(x)C^1 + \frac{1}{2}\beta^2(t)u_1qr + \frac{3\beta(t)\alpha'(x)u_2q}{2\alpha(x)} - \frac{u_2}{2}\beta(t)q_x - \beta(t)qu_{2x}\right] - \frac{\theta'(t)}{\theta(t)}u_1$$

$$u_{2t_2} = -\frac{i}{\alpha^2(x)}\left[\frac{\alpha''(x)u_2}{\alpha(x)} + \frac{\alpha'(x)u_{2x}}{\alpha(x)} - \frac{3\alpha'^2(x)u_2}{\alpha^2(x)} - u_{2xx} + \frac{2\alpha'(x)u_{2x}}{\alpha(x)} + \alpha(x)u_{2x}C^1\right.$$

$$\left. - u_2\alpha'(x)C^1 + \frac{1}{2}\beta^2(t)u_2qr + \frac{3\beta(t)\alpha'(x)u_1r}{2\alpha(x)} - \frac{u_1}{2}\beta(t)r_x - \beta(t)ru_{1x}\right] - \frac{\theta'(t)}{\theta(t)}u_2$$

$$p_{t_2} = -\frac{i}{\alpha(x)}\left[p_x C^1 + p_x C^2 + \frac{q_x\beta(t)C^2}{k(t)} + \frac{p_{xx}}{2\alpha(x)} - \frac{p_x\alpha'(x)}{k(t)\alpha^2(x)} - \frac{\alpha''(x)p_x}{2\alpha^2(x)}\right.$$

$$+ \frac{3\alpha'^2(x)p}{2\alpha^3(x)} - \frac{2qps\beta(t)k(t)}{\alpha(x)} - \frac{2qpr\beta^2(t)}{\alpha(x)} + \frac{q\beta(t)\alpha'(x)C^2}{k(t)\alpha(x)}$$

$$- \frac{p\alpha'(x)C^2}{\alpha(x)} - \frac{p\alpha'(x)C^1}{\alpha(x)} - \frac{q^2s\beta^2(t)}{\alpha(x)} + \frac{2qu_1u_2\beta(t)\theta^2(t)}{k(t)\alpha(x)}$$

$$\left. - \frac{p^2r\beta(t)k(t)}{\alpha(x)} - \frac{p^2sk^2(t)}{\alpha(x)} - \frac{2u_1u_{1x}\theta^2(t)}{k(t)\alpha(x)}\right] - \frac{k'(t)}{k(t)}p$$

$$s_{t_2} = \frac{i}{\alpha(x)}\left[-s_x C^1 - s_x C^2 - \frac{r_x\beta(t)C^2}{k(t)} - \frac{2sqr\beta(t)}{\alpha(x)} - \frac{2rps\beta(t)k(t)}{\alpha(x)} + \frac{s_{xx}}{2\alpha(x)}\right.$$

$$- \frac{s_x\alpha'(x)}{\alpha^2(x)} - \frac{\alpha''(x)s}{\alpha(x)} - \frac{\alpha'(x)s_x}{2\alpha^2(x)} + \frac{3\alpha'^2(x)s}{2\alpha^3(x)} + \frac{r\beta(t)\alpha'(x)C^2}{\alpha(x)k(t)} + \frac{s\alpha'(x)C^2}{\alpha(x)}$$

$$+ \frac{s\alpha'(x)C^1}{\alpha(x)} - \frac{r^2p\beta^2(t)}{\alpha(x)} + \frac{2ru_1u_2\beta(t)\theta^2(t)}{k(t)\alpha(x)} - \frac{s^2q\beta(t)k(t)}{\alpha(x)} - \frac{s^2pk^2(t)}{\alpha(x)}$$

$$\left. + \frac{2u_2u_{2x}\theta^2(t)}{k(t)\alpha(x)}\right] - \frac{k'(t)}{k(t)}s, \quad \cdots \tag{8.118}$$

通过直接计算得到：

$$\mathrm{Str}\left(\overline{V}\frac{\partial \overline{U}}{\partial \lambda}\right) = 4iA\alpha(x) + 2iE\alpha(x)$$

$$\mathrm{Str}\left(\overline{V}\frac{\partial \overline{U}}{\partial q}\right) = 2c\beta(t) + G\beta(t)$$

$$\mathrm{Str}\left(\overline{V}\frac{\partial \overline{U}}{\partial r}\right) = 2B\beta(t) + F\beta(t)$$

$$\mathrm{Str}\left(\overline{V}\frac{\partial \overline{U}}{\partial p}\right) = Ck(t) + Gk(t)$$

$$\mathrm{Str}\left(\overline{V}\frac{\partial \overline{U}}{\partial s}\right) = Bk(t) + Fk(t)$$

$$\mathrm{Str}\left(\overline{V}\frac{\partial \overline{U}}{\partial u_1}\right) = -2\delta\theta(t)$$

$$\mathrm{Str}\left(\overline{V}\frac{\partial \overline{U}}{\partial u_2}\right) = 2\rho\theta(t) \tag{8.119}$$

将上述结果代入超迹恒等式方程（8.98）并比较方程两端 λ^{n+2} 的系数，有

$$\frac{\delta}{\delta u_i}\int \frac{\left[4i\alpha(x)a_{n+2} + 2i\alpha(x)e_{n+2}\right]}{-(n+1)}\mathrm{d}x = \begin{pmatrix} 2\beta(t)c_{n+1} + \beta(t)g_{n+1} \\ 2\beta(t)b_{n+1} + \beta(t)f_{n+1} \\ k(t)c_{n+1} + k(t)g_{n+1} \\ k(t)b_{n+1} + k(t)f_{n+1} \\ -2\delta_{n+1}\theta(t) \\ 2\rho_{n+1}\theta(t) \end{pmatrix}$$

$$= \overline{M}_3 \begin{pmatrix} b_{n+1} \\ -c_{n+1} \\ f_{n+1} \\ -g_{n+1} \\ \rho_{n+1} \\ -\delta_{n+1} \end{pmatrix}, \quad (n \geqslant 0) \tag{8.120}$$

因此，可得

$$\overline{H}_n = \frac{\delta}{\delta u_i} \int \frac{(4i\alpha(x)a_{n+2} + 2i\alpha(x)e_{n+2})}{-(n+1)} dx$$

$$\frac{\delta \overline{H}_n}{\delta u} = \begin{pmatrix} 2\beta(t)c_{n+1} + \beta(t)g_{n+1} \\ 2\beta(t)b_{n+1} + \beta(t)f_{n+1} \\ k(t)c_{n+1} + k(t)g_{n+1} \\ k(t)b_{n+1} + k(t)f_{n+1} \\ -2\delta_{n+1}\theta(t) \\ 2\rho_{n+1}\theta(t) \end{pmatrix}, \quad (n \geqslant 0) \tag{8.121}$$

设 $\beta(t) = \xi$、$\theta(t) = \eta$、$k(t) = \zeta$，其中 ξ、η、ζ 是任意常数，ξ、η、$\zeta \neq 0$，则变系数超可积耦合族方程（8.114）具有以下超 Hamilton 结构：

$$U_{t_n} = \begin{pmatrix} 2i\dfrac{\alpha(x)}{\beta(t)}b_{n+1} \\ -2i\dfrac{\alpha(x)}{\beta(t)}c_{n+1} \\ 2i\dfrac{\alpha(x)}{k(t)}f_{n+1} \\ -2i\dfrac{\alpha(x)}{k(t)}g_{n+1} \\ i\dfrac{\alpha(x)}{\theta(t)}\rho_{n+1} \\ -i\dfrac{\alpha(x)}{\theta(t)}\delta_{n+1} \end{pmatrix} = i\overline{M}_1 \begin{pmatrix} b_{n+1} \\ -c_{n+1} \\ f_{n+1} \\ -g_{n+1} \\ \rho_{n+1} \\ -\delta_{n+1} \end{pmatrix} = i\overline{M}_1\overline{M}_3^{-1}\frac{\delta \overline{H}_n}{\delta \overline{u}} = i\overline{J}\frac{\delta \overline{H}_n}{\delta \overline{u}}, \quad (n \geqslant 0)$$

$$\tag{8.122}$$

其中，超 Hamilton 算子 $\overline{J} = \overline{M}_1\overline{M}_3^{-1}$ 和

$$\overline{M}_3 = \begin{pmatrix} 0 & -2\beta(t) & 0 & -\beta(t) & 0 & 0 \\ 2\beta(t) & 0 & \beta(t) & 0 & 0 & 0 \\ 0 & -k(t) & 0 & -k(t) & 0 & 0 \\ k(t) & 0 & k(t) & 0 & 0 & 0 \\ 0 & 0 & 0 & 0 & 0 & 2\theta(t) \\ 0 & 0 & 0 & 0 & 2\theta(t) & 0 \end{pmatrix} \qquad (8.123)$$

这就导出了变系数超 AKNS 族的可积耦合，以及变系数超可积耦合方程族的超 Hamilton 结构。因此，我们首次利用新的具有任意函数 Lax 对导出了变系数超 AKNS 族的可积耦合。

8.3.5　变系数超 AKNS 族可积耦合的自相容源

考虑线性系统

$$\begin{pmatrix} \varphi_{1j} \\ \varphi_{2j} \\ \varphi_{3j} \\ \varphi_{4j} \\ \varphi_{5j} \end{pmatrix}_x = \overline{U} \begin{pmatrix} \varphi_{1j} \\ \varphi_{2j} \\ \varphi_{3j} \\ \varphi_{4j} \\ \varphi_{5j} \end{pmatrix}$$

$$\begin{pmatrix} \varphi_{1j} \\ \varphi_{2j} \\ \varphi_{3j} \\ \varphi_{4j} \\ \varphi_{5j} \end{pmatrix}_t = \overline{V} \begin{pmatrix} \varphi_{1j} \\ \varphi_{2j} \\ \varphi_{3j} \\ \varphi_{4j} \\ \varphi_{5j} \end{pmatrix} \qquad (8.124)$$

基于文献 [191] 的结果，我们可得以下方程：

$$\frac{\delta \overline{H}_k}{\delta \overline{u}} + \sum_{j=1}^{N} \alpha_j \frac{\delta \lambda_j}{\delta \overline{u}} = 0 \qquad (8.125)$$

其中，是 α_j 常量。由方程（8.125）可知：

$$\frac{\delta\lambda_j}{\delta u_i} = \frac{1}{3}\mathrm{Str}\left(\Phi_j\frac{\partial\overline{U}(u,\ \lambda_j)}{\delta u_i}\right),\ \ (i=1,\ 2,\ 3,\ 4,\ 5) \qquad (8.126)$$

其中，Str 表示矩阵的超迹，并且

$$\Phi_j = \begin{pmatrix} \varphi_{1j}\varphi_{2j} & -\varphi_{1j}^2 & \varphi_{3j}\varphi_{4j} & -\varphi_{3j}^2 & \varphi_{1j}\varphi_{5j} \\ \varphi_{2j}^2 & -\varphi_{1j}\varphi_{2j} & \varphi_{4j}^2 & -\varphi_{3j}\varphi_{4j} & \varphi_{2j}\varphi_{5j} \\ 0 & 0 & \varphi_{1j}\varphi_{2j}+\varphi_{3j}\varphi_{4j} & -\varphi_{1j}^2-\varphi_{3j}^2 & 0 \\ 0 & 0 & \varphi_{2j}^2+\varphi_{4j}^2 & -\varphi_{1j}\varphi_{2j}-\varphi_{3j}\varphi_{4j} & 0 \\ \varphi_{2j}\varphi_{5j} & -\varphi_{1j}\varphi_{5j} & -\varphi_{2j}\varphi_{5j} & \varphi_{1j}\varphi_{5j} & 0 \end{pmatrix},\ (j=1,\ 2,\ \cdots,\ N)$$

$$(8.127)$$

对于系统方程（8.114），令

$$\frac{\delta\overline{H}_n}{\delta\overline{u}} = \sum_{j=1}^{N}\frac{\delta\lambda_j}{\delta\overline{u}} \qquad (8.128)$$

并得到：

$$\sum_{j=1}^{N}\frac{\delta\lambda_j}{\delta\overline{u}} = \sum_{j=1}^{N}\begin{pmatrix} \mathrm{Str}\left(\Phi_j\frac{\delta\overline{U}}{\delta q}\right) \\ \mathrm{Str}\left(\Phi_j\frac{\delta\overline{U}}{\delta r}\right) \\ \mathrm{Str}\left(\Phi_j\frac{\delta\overline{U}}{\delta p}\right) \\ \mathrm{Str}\left(\Phi_j\frac{\delta\overline{U}}{\delta s}\right) \\ \mathrm{Str}\left(\Phi_j\frac{\delta\overline{U}}{\delta u_1}\right) \\ \mathrm{Str}\left(\Phi_j\frac{\delta\overline{U}}{\delta u_2}\right) \end{pmatrix} = \begin{pmatrix} \beta(t)(2\langle\Phi_2,\ \Phi_2\rangle+\langle\Phi_4,\ \Phi_4\rangle) \\ -\beta(t)(2\langle\Phi_1,\ \Phi_1\rangle+\langle\Phi_3,\ \Phi_3\rangle) \\ k(t)(\langle\Phi_2,\ \Phi_2\rangle+\langle\Phi_4,\ \Phi_4\rangle) \\ -k(t)(\langle\Phi_1,\ \Phi_1\rangle+\langle\Phi_3,\ \Phi_3\rangle) \\ -2\theta(t)\langle\Phi_2,\ \Phi_5\rangle \\ 2\theta(t)\langle\Phi_1,\ \Phi_5\rangle \end{pmatrix}$$

$$(8.129)$$

其中，$\Phi_i = (\varphi_{i1}, \cdots, \varphi_{iN})^T$，$i = 1, 2, 3, 4, 5$。

因此，变系数超 AKNS 方程族（8.114）的可积耦合自相容源如下：

$$\bar{u}_{t_n} = \begin{pmatrix} q \\ r \\ p \\ s \\ u_1 \\ u_1 \end{pmatrix}_{t_n} = \bar{J}\frac{\delta \bar{H}_n}{\delta u_i} + \bar{J}\sum_{j=1}^{N}\frac{\delta \lambda_j}{\delta u_i}$$

$$= \bar{J}\begin{pmatrix} 2\beta(t)c_{n+1}+\beta(t)g_{n+1} \\ 2\beta(t)b_{n+1}+\beta(t)f_{n+1} \\ k(t)c_{n+1}+k(t)g_{n+1} \\ k(t)b_{n+1}+k(t)f_{n+1} \\ -2\theta(t)\delta_{n+1} \\ 2\theta(t)\rho_{n+1} \end{pmatrix} + \bar{J}\begin{pmatrix} \beta(t)(2\langle\Phi_2,\Phi_2\rangle+\langle\Phi_4,\Phi_4\rangle) \\ -\beta(t)(2\langle\Phi_1,\Phi_1\rangle+\langle\Phi_3,\Phi_3\rangle) \\ k(t)(\langle\Phi_2,\Phi_2\rangle+\langle\Phi_4,\Phi_4\rangle) \\ -k(t)(\langle\Phi_1,\Phi_1\rangle+\langle\Phi_3,\Phi_3\rangle) \\ -2\theta(t)\langle\Phi_2,\Phi_5\rangle \\ 2\theta(t)\langle\Phi_1,\Phi_5\rangle \end{pmatrix}$$

$$\tag{8.130}$$

对于 $n=2$ 时，可以具有自相容源的变系数超孤子方程的可积耦合约化如下：

$$q_{t_2} = \frac{i}{\alpha^2(x)}\left[\frac{\alpha''(x)q}{2\alpha(x)}+\frac{3}{2}\frac{\alpha'(x)q_x}{\alpha(x)}-\frac{q_{xx}}{2}-\frac{q\alpha'^2(x)}{2\alpha^2(x)}-\alpha(x)q_x C^1\right.$$
$$\left.+\beta^2(t)q^2 r+2\theta^2(t)qu_1 u_2-\frac{2u_1 u_{1x}\theta^2(t)}{\beta(t)}\right]-\frac{\beta'(t)}{\beta(t)}q$$
$$+\beta(t)\sum_{j=1}^{N}(2\varphi_{2j}+\varphi_{4j}^2)$$

$$r_{t_2} = -\frac{i}{\alpha^2(x)}\left[\frac{\alpha''(x)r}{2\alpha(x)}+\frac{3}{2}\frac{\alpha'(x)r_x}{\alpha(x)}-\frac{r_{xx}}{2}+\alpha(x)r_x C^1-r\alpha(x)C^1\right.$$
$$\left.+\beta^2(t)qr^2+2\theta^2(t)ru_1 u_2+\frac{2u_2 u_{2x}\theta^2(t)}{\beta(t)}\right]-\frac{\beta'(t)}{\beta(t)}r$$

$$- \beta(t) \sum_{j=1}^{N} (2\varphi_{1j} + \varphi_{3j}^2)$$

$$u_{1t_2} = \frac{i}{\alpha^2(x)} \Big[\frac{\alpha''(x) u_1}{\alpha(x)} + \frac{\alpha'(x) u_{1x}}{\alpha(x)} - \frac{3\alpha'^2(x) u_1}{\alpha^2(x)} - u_{1xx} + \frac{2\alpha'(x) u_{1x}}{\alpha(x)}$$

$$- \alpha(x) u_{1x} C^1 + u_1 \alpha'(x) C^1 + \frac{1}{2} \beta^2(t) u_1 qr + \frac{3\beta(t) \alpha'(x) u_2 q}{2\alpha(x)}$$

$$- \frac{u_2}{2} \beta(t) q_x - \beta(t) q u_{2x} \Big] - \frac{\theta'(t)}{\theta(t)} u_1 - 2\theta(t) \sum_{j=1}^{N} \varphi_{2j} \varphi_{5j}$$

$$u_{2t_2} = \frac{i}{\alpha^2(x)} \Big[\frac{\alpha''(x) u_2}{\alpha(x)} + \frac{\alpha'(x) u_{2x}}{\alpha(x)} - \frac{3\alpha'^2(x) u_2}{\alpha^2(x)} - u_{2xx} + \frac{2\alpha'(x) u_{2x}}{\alpha(x)}$$

$$+ \alpha(x) u_{2x} C^1 - u_2 \alpha'(x) C^1 + \frac{1}{2} \beta^2(t) u_2 qr + \frac{3\beta(t) \alpha'(x) u_1 r}{2\alpha(x)}$$

$$- \frac{u_1}{2} \beta(t) r_x - \beta(t) r u_{1x} \Big] - \frac{\theta'(t)}{\theta(t)} u_2 + 2\theta(t) \sum_{j=1}^{N} \varphi_{1j} \varphi_{5j}$$

$$p_{t_2} = - \frac{i}{\alpha(x)} \Big[p_x C^1 + p_x C^2 + \frac{q_x \beta(t) C^2}{k(t)} + \frac{p_{xx}}{2\alpha(x)} - \frac{p_x \alpha'(x)}{k(t) \alpha^2(x)} - \frac{\alpha''(x) p_x}{2\alpha^2(x)}$$

$$+ \frac{3\alpha'^2(x) p}{2\alpha^3(x)} - \frac{2qps\beta(t) k(t)}{\alpha(x)} - \frac{2qpr\beta^2(t)}{\alpha(x)} + \frac{q\beta(t) \alpha'(x) C^2}{k(t) \alpha(x)}$$

$$- \frac{p\alpha'(x) C^2}{\alpha(x)} - \frac{p\alpha'(x) C^1}{\alpha(x)} - \frac{q^2 s \beta^2(t)}{\alpha(x)} + \frac{2qu_1 u_2 \beta(t) \theta^2(t)}{k(t) \alpha(x)}$$

$$- \frac{p^2 r \beta(t) k(t)}{\alpha(x)} - \frac{p^2 s k^2(t)}{\alpha(x)} - \frac{2u_1 u_{1x} \theta^2(t)}{k(t) \alpha(x)} \Big] - \frac{k'(t)}{k(t)} p$$

$$+ k(t) \sum_{j=1}^{N} (\varphi_{2j}^2 + \varphi_{4j}^2)$$

$$s_{t_2} = \frac{i}{\alpha(x)} \Big[- s_x C^1 - s_x C^2 - \frac{r_x \beta(t) C^2}{k(t)} - \frac{2sqr\beta(t)}{\alpha(x)} - \frac{2rps\beta(t) k(t)}{\alpha(x)}$$

$$+ \frac{s_{xx}}{2\alpha(x)} - \frac{s_x \alpha'(x)}{\alpha^2(x)} - \frac{\alpha''(x) s}{\alpha(x)} - \frac{\alpha'(x) s_x}{2\alpha^2(x)} + \frac{3\alpha'^2(x) s}{2\alpha^3(x)}$$

$$+ \frac{r\beta(t) \alpha'(x) C^2}{\alpha(x) k(t)} + \frac{s\alpha'(x) C^2}{\alpha(x)} + \frac{s\alpha'(x) C^1}{\alpha(x)} - \frac{r^2 p \beta^2(t)}{\alpha(x)}$$

$$+ \frac{2ru_1u_2\beta(t)\theta^2(t)}{k(t)\alpha(x)} - \frac{s^2q\beta(t)k(t)}{\alpha(x)} - \frac{s^2pk^2(t)}{\alpha(x)}$$

$$+ \frac{2u_2u_{2x}\theta^2(t)}{k(t)} \Big] - \frac{k'(t)}{k(t)}s - k(t)\sum_{j=1}^{N}\left(\varphi_{1j}^2 + \varphi_{3j}^2\right), \cdots \qquad (8.131)$$

其中，

$$\begin{cases} \varphi_{1jx} = i\lambda\alpha(x)\varphi_{1j} + q\beta(t)\varphi_{2j} + pk(t)\varphi_{4j} + u_1\theta(t)\varphi_{5j} \\ \varphi_{2jx} = r\beta(t)\varphi_{1j} - i\lambda\alpha(x)\varphi_{2j} + sk(t)\varphi_{3j} + u_2\theta(t)\varphi_{5j} \\ \varphi_{3jx} = i\lambda\alpha(x)\varphi_{3j} + [q\beta(t) + pk(t)]\varphi_{4j} \qquad\qquad, \quad (j = 1, \cdots, N) \\ \varphi_{4jx} = -i\lambda\alpha(x)\varphi_{3j} + [r\beta(t) + sk(t)]\varphi_{3j} \\ \varphi_{5jx} = u_2\theta(t)\varphi_{1j} - u_1\theta(t)\varphi_{2j} - u_2\theta(t)\varphi_{3j} + u_1\theta(t)\varphi_{4j} \end{cases}$$

$$(8.132)$$

8.3.6 小结

本节构造了变系数超 AKNS 族及其超 Hamilton 结构。此外，我们还得到了一个新的变系数超 AKNS 族可积耦合系统及其超 Hamilton 结构：具有任意函数 $\alpha(x)$、$\beta(t)$、$k(t)$ 和 $\theta(t)$ 的变系数超 AKNS 族可积耦合。关于常数 β、k 和系数 $\alpha(x)$ 的超 Hamilton 结构有大量的工作需要研究。最后，建立了具有自相容源的超孤子族结构[202]。我们必须指出，这些结果对 Lax 对的结构和一些新的超孤子族构造都有一定的指导意义，是构造变系数可积耦合系统的一种方法。最近，怪波解、有理解和相互作用解显示了可积系统精确解的一种特殊的可积性。作为约化，我们得到了非线性可积方程族。如何求解约化方程是一项非常重要而又困难的工作，下一步我们将对这个问题进行研究和讨论。

8.4 超 D-Kaup-Newell 族的非线性
可积耦合及其自相容源

8.4.1 引言

寻找新的可积系统和超可积系统是孤子理论中一项重要而有趣的工作，屠规彰提出了用一个 Lie 代数和迹恒等式来构造可积系统和 Hamilton 结构[28]，马文秀（Ma）称此方法为屠格式[29]。从那时起，许多学者对这一问题进行了研究，并得到了一些可积和超可积的结论。

构造非线性可积耦合是孤子理论中的一个有意义的课题，非线性超可积耦合比超可积标量场方程有更丰富的数学结构。例如，范恩贵和张鸿庆给出了著名的浅水波数学模型[31]和耦合 KdV 模型[32]；可积系统的柯西问题通过 Riemann-Hilbert 方法解决，可积耦合系统理论带来了其他有趣的结论。

近年来，带自相容源的孤子方程受到广泛关注。这一课题的研究具有重要的物理应用价值。例如，具有自相容源的非线性 Schrödinger 方程与等离子体物理和固体物理的一些问题有关。有许多方法得到带自相容源的孤子方程的精确解，如规范变换等[187-189]。最近，我们给出一种新的六分量超孤子族和可变系数超 AKNS 族的自相容源[202,203]。

寻找新的 Lax 对来构造可积系统是孤子理论中的一个重要课题，马文秀（Ma）基于一类特殊的非半单 Lie 代数给出了 AKNS 族的非线性连续可积耦合的 Hamilton 结构。应用文献[199]中的二项式留数表示方法，得到了一个扩展的（2 + 1）维可积族及其 Hamilton 结构。

本节介绍一个新的谱问题，利用屠格式给出了超 D-Kaup-Newell 族及其超 Hamilton 结构。然后我们考虑超 D-Kaup-Newell 孤子族的可积耦合系统及其超 Hamilton 结构。最后，我们构造了超可积耦合族的自相容源。

8.4.2　超 D-Kaup-Newell 族

基于 Lie 超代数 $B(0，1)$ 的基向量为：

$$e_1 = \begin{pmatrix} 1 & 0 & 0 \\ 0 & -1 & 0 \\ 0 & 0 & 0 \end{pmatrix}$$

$$e_2 = \begin{pmatrix} 0 & 1 & 0 \\ 0 & 0 & 0 \\ 0 & 0 & 0 \end{pmatrix}$$

$$e_3 = \begin{pmatrix} 0 & 0 & 0 \\ 1 & 0 & 0 \\ 0 & 0 & 0 \end{pmatrix}$$

$$e_4 = \begin{pmatrix} 0 & 0 & 1 \\ 0 & 0 & 0 \\ 0 & -1 & 0 \end{pmatrix}$$

$$e_5 = \begin{pmatrix} 0 & 0 & 0 \\ 0 & 0 & 1 \\ 1 & 0 & 0 \end{pmatrix} \tag{8.133}$$

它们满足以下关系：

$$[e_1，e_2] = 2e_2$$
$$[e_1，e_3] = -2e_3$$
$$[e_2，e_3] = e_1$$

$$[e_1, e_4] = [e_2, e_5] = e_4$$
$$[e_4, e_3] = [e_1, e_5] = -e_5$$
$$[e_4, e_4]_+ = -2e_2$$
$$[e_4, e_5]_+ = e_1$$
$$[e_5, e_5]_+ = 2e_3 \tag{8.134}$$

下面利用新的 Lax 对获得超 D-Kaup-Newell 方程族。我们首先介绍一个新的空间谱问题：

$$\begin{cases} \varphi_x = U\varphi \\ \varphi_t = V\varphi \end{cases} \tag{8.135}$$

其中，

$$U = \begin{pmatrix} \lambda^2 + u_3 & \lambda u_1 & \lambda\alpha \\ \lambda u_2 & -\lambda^2 - u_3 & \lambda\beta \\ \lambda\beta & -\lambda\alpha & 0 \end{pmatrix}$$

$$V = \begin{pmatrix} a & b & \rho \\ c & -a & \sigma \\ \sigma & -\rho & 0 \end{pmatrix}$$

这里 λ 是谱参数，u_1、u_2 和 u_3 是偶变量，α 和 β 是奇变量。

假设 a、b、c、ρ 和 σ 有罗朗展开式：

$$a = \sum_{m \geq 0} a_m \lambda^{-m}$$
$$b = \sum_{m \geq 0} b_m \lambda^{-m}$$
$$c = \sum_{m \geq 0} c_m \lambda^{-m}$$
$$\rho = \sum_{m \geq 0} \rho_m \lambda^{-m}$$
$$\sigma = \sum_{m \geq 0} \sigma_m \lambda^{-m} \tag{8.136}$$

利用驻定零曲率方程

$$V_x = [U, \ V] \tag{8.137}$$

可以得到：

$$b_{m+1} = \frac{1}{2}b_{m-1x} - u_3 b_{m-1} + a_m u_1 + \alpha \rho_m$$

$$c_{m+1} = -\frac{1}{2}c_{m-1x} - u_3 c_{m-1} + a_m u_2 + \beta \sigma_m$$

$$\rho_{m+1} = \rho_{m-1x} - u_3 \rho_{m-1} - \sigma_m u_1 + a_m \alpha + \beta b_m$$

$$\sigma_{m+1} = -\sigma_{m-1x} - u_3 \sigma_{m-1} + \rho_m u_2 - c_m \alpha + \beta a_m$$

$$a_{m+1x} = -\frac{1}{2}u_1 c_{mx} - \frac{1}{2}u_2 b_{mx} + \sigma_{mx}\alpha + \beta \rho_{mx}$$

$$- u_1 u_3 c_m + u_2 u_3 b_m - u_3 \alpha \sigma_m - u_3 \beta \rho_m \tag{8.138}$$

现在，取初始值为：

$$a_0 = \mu, \ b_0 = c_0 = \rho_0 = \sigma_0 = a_1 = 0$$

$$b_1 = \mu u_1, \ c_1 = \mu u_2, \ \rho_1 = \mu \beta, \ \sigma_1 = \mu \alpha \tag{8.139}$$

根据递归关系方程（8.138），可计算前三组如下：

$$b_2 = \mu \alpha \beta$$

$$c_2 = \mu \beta \alpha$$

$$\rho_2 = -\mu u_1 \alpha + \mu u_1 \beta$$

$$\sigma_2 = -\mu u_2 \beta - \mu u_2 \alpha$$

$$a_2 = -\frac{1}{2}\mu u_1 u_2$$

$$b_3 = \mu\left(\frac{1}{2}u_{1x} - \frac{1}{2}u_1^2 u_2 + u_1 u_3 + u_1 \alpha \beta\right)$$

$$c_3 = \mu\left(\frac{1}{2}u_{2x} + \frac{1}{2}u_1 u_2^2 + u_2 u_3 + u_2 \beta \alpha\right)$$

$$\rho_3 = \mu\left(\beta_x - u_3 \beta - u_1 u_2 \beta + \frac{1}{2}u_1 u_2 \alpha\right)$$

$$\sigma_3 = -\mu\left(\alpha_x + u_3\alpha + u_1u_2\alpha + \frac{1}{2}u_1u_2\beta\right), \cdots \qquad (8.140)$$

考虑辅助谱问题

$$\varphi_{t_n} = V^{(n)}\varphi \qquad (8.141)$$

其中，

$$V^{(n)} = \sum_{m=0}^{n} \begin{pmatrix} a_m & b_m & \rho_m \\ c_m & -a_m & \sigma_m \\ \sigma_m & -\rho_m & 0 \end{pmatrix} \lambda^{n-m}, \quad (n \geqslant 0)$$

谱问题方程（8.135）和方程（8.141）的相容性导出了下面的零曲率方程：

$$U_{t_n} - V_x^{(n)} + [U, V^{(n)}] = 0 \qquad (8.142)$$

我们可得到以下的超 D-Kaup-Newell 族：

$$u_{t_n} = \begin{pmatrix} u_1 \\ u_2 \\ u_3 \\ \alpha \\ \beta \end{pmatrix}_{t_n} = \begin{pmatrix} 2b_{n+1} \\ -2c_{n+1} \\ u_1c_{n+1} - u_2b_{n+1} - \sigma_{n+1}\alpha + \beta\rho_{n+1} \\ \rho_{n+1} \\ -\sigma_{n+1} \end{pmatrix} \qquad (8.143)$$

当 $\alpha = \beta = 0$ 时，方程（8.143）可约化为 D-Kaup-Newell 族。因此，我们认为方程族（8.143）是超 D-Kaup-Newell 孤子族。

在方程（8.143）中令 $n = 2$，则可以得到如下的一个非平凡的非线性方程组：

$$u_{1t_2} = \mu(u_{1x} - u_1^2 u_2 + 2u_1u_3 + 2u_1\alpha\beta)$$

$$u_{2t_2} = \mu(u_{2x} + u_1u_2^2 + 2u_2u_3 + 2u_2\beta\alpha)$$

$$u_{3t_2} = -\frac{1}{2}\mu(u_1u_{2x} + u_{1x}u_2)$$

$$\alpha_{t_2} = \mu\left(\beta_x - u_3\beta - u_1u_2\beta + \frac{1}{2}u_1u_2\alpha\right)$$

$$\beta_{t_2} = \mu\left(\alpha_x + u_3\alpha + u_1 u_2 \alpha - \frac{1}{2}u_1 u_2\beta\right) \tag{8.144}$$

8.4.3　超 D-Kaup-Newell 族的超 Hamilton 结构

利用迹恒等式[181]给出超 D-Kaup-Newell 方程族（8.143）的超 Hamilton 结构：

$$\frac{\delta}{\delta u}\int \mathrm{Str}\left(V\frac{\partial U}{\partial\lambda}\right)\mathrm{d}x = \lambda^{-\gamma}\frac{\partial}{\partial\lambda}\lambda^{\gamma}\mathrm{Str}\left(\frac{\partial U}{\partial u}V\right) \tag{8.145}$$

其中，常数 γ 为

$$\gamma = -\frac{\lambda}{2}\times\frac{\mathrm{d}}{\mathrm{d}\lambda}\log|\mathrm{Str}(VV)|$$

其中，Str 表示矩阵的超迹。

通过直接计算，我们得到：

$$\mathrm{Str}\left(V\frac{\partial U}{\partial\lambda}\right) = 4\lambda a + u_2 b + u_1 c + 2\rho\beta - 2\sigma\alpha$$

$$\mathrm{Str}\left(V\frac{\partial U}{\partial u_1}\right) = \lambda c$$

$$\mathrm{Str}\left(V\frac{\partial U}{\partial u_2}\right) = \lambda b$$

$$\mathrm{Str}\left(V\frac{\partial U}{\partial u_3}\right) = 2a$$

$$\mathrm{Str}\left(V\frac{\partial U}{\partial\alpha}\right) = -2\lambda\sigma$$

$$\mathrm{Str}\left(V\frac{\partial U}{\partial\beta}\right) = 2\lambda\rho \tag{8.146}$$

将上述结果代入到超迹恒等式方程（8.145）中，我们得到：

$$\frac{\delta H_n}{\delta u} = \begin{pmatrix} c_{n+1} \\ b_{n+1} \\ 2a_n \\ -2\sigma_{n+1} \\ 2\rho_{n+1} \end{pmatrix}, \quad (n \geqslant 1) \tag{8.147}$$

其中,

$$H_n = \int \frac{4a_{n+2} + u_2 b_{n+1} + u_1 c_{n+1} + 2\rho_{n+1}\beta - 2\sigma_{n+1}\alpha}{-n} \mathrm{d}x$$

当 $n = 1$ 时, 我们得到 $\gamma = 0$

因此, 超 D-Kaup-Newell 方程族 (8.143) 具有如下的超 Hamilton 结构:

$$u_{t_n} = \begin{pmatrix} u_1 \\ u_2 \\ u_3 \\ \alpha \\ \beta \end{pmatrix}_{t_n} = \begin{pmatrix} 2b_{n+1} \\ -2c_{n+1} \\ u_1 c_{n+1} - u_2 b_{n+1} - \sigma_{n+1}\alpha + \beta\rho_{n+1} \\ \rho_{n+1} \\ -\sigma_{n+1} \end{pmatrix} = J\frac{\delta H_n}{\delta u}, \quad (n \geqslant 0) \tag{8.148}$$

其中, 超 Hamilton 算子

$$J = \begin{pmatrix} 0 & 2 & 0 & 0 & 0 \\ -2 & 0 & 0 & 0 & 0 \\ 0 & 0 & \frac{1}{2}\partial & 0 & 0 \\ 0 & 0 & 0 & 0 & \frac{1}{2} \\ 0 & 0 & 0 & \frac{1}{2} & 0 \end{pmatrix}$$

8.4.4 超 D-Kaup-Newell 族非线性可积耦合及其超 Hamilton 结构

引进 Lie 超代数 $sl(4，1)$ 的基向量为：

$$
E_1 = \begin{pmatrix} 1 & 0 & 0 & 0 & 0 \\ 0 & -1 & 0 & 0 & 0 \\ 0 & 0 & 1 & 0 & 0 \\ 0 & 0 & 0 & -1 & 0 \\ 0 & 0 & 0 & 0 & 0 \end{pmatrix}
$$

$$
E_2 = \begin{pmatrix} 0 & 1 & 0 & 0 & 0 \\ 0 & 0 & 0 & 0 & 0 \\ 0 & 0 & 0 & 1 & 0 \\ 0 & 0 & 0 & 0 & 0 \\ 0 & 0 & 0 & 0 & 0 \end{pmatrix}
$$

$$
E_3 = \begin{pmatrix} 0 & 0 & 0 & 0 & 0 \\ 1 & 0 & 0 & 0 & 0 \\ 0 & 0 & 0 & 0 & 0 \\ 0 & 0 & 1 & 0 & 0 \\ 0 & 0 & 0 & 0 & 0 \end{pmatrix}
$$

$$
E_4 = \begin{pmatrix} 0 & 0 & 0 & 1 & 0 \\ 0 & 0 & 0 & 0 & 0 \\ 0 & 0 & 0 & 1 & 0 \\ 0 & 0 & 0 & 0 & 0 \\ 0 & 0 & 0 & 0 & 0 \end{pmatrix}
$$

$$E_5 = \begin{pmatrix} 0 & 0 & 0 & 0 & 0 \\ 0 & 0 & 1 & 0 & 0 \\ 0 & 0 & 0 & 0 & 0 \\ 0 & 0 & 1 & 0 & 0 \\ 0 & 0 & 0 & 0 & 0 \end{pmatrix}$$

$$E_6 = \begin{pmatrix} 0 & 0 & 1 & 0 & 0 \\ 0 & 0 & 0 & -1 & 0 \\ 0 & 0 & 1 & 0 & 0 \\ 0 & 0 & 0 & -1 & 0 \\ 0 & 0 & 0 & 0 & 0 \end{pmatrix}$$

$$E_7 = \begin{pmatrix} 0 & 0 & 0 & 0 & 1 \\ 0 & 0 & 0 & 0 & 0 \\ 0 & 0 & 0 & 0 & 0 \\ 0 & 0 & 0 & 0 & 0 \\ 0 & -1 & 0 & 1 & 0 \end{pmatrix}$$

$$E_8 = \begin{pmatrix} 0 & 0 & 0 & 0 & 0 \\ 0 & 0 & 0 & 0 & 1 \\ 0 & 0 & 0 & 0 & 0 \\ 0 & 0 & 0 & 0 & 0 \\ 1 & 0 & -1 & 0 & 0 \end{pmatrix} \tag{8.149}$$

这里 E_1，E_2，$\cdots$，E_6 是偶元，E_7 和 E_8 是奇元。

Lie 超代数 $sl(4,1)$，$E_i (1 \leqslant i \leqslant 8)$ 的生成元满足以下（反）交换关系：

$$[E_2, E_1] = [E_1, E_2] = -2E_2$$

$$[E_3, E_1] = [E_5, E_5] = 2E_3$$

$$[E_1, E_4] = [E_2, E_5] = E_4$$

$$[E_5, E_1] = [E_3, E_4] = E_5$$

$$[E_2, E_3] = [E_4, E_5] = E_1$$
$$[E_1, E_7] = [E_2, E_8] = E_7$$
$$[E_1, E_8] = [E_7, E_3] = -E_8$$
$$[E_7, E_8]_+ = E_1 - E_6$$
$$[E_7, E_7]_+ = 2E_4 - 2E_2$$
$$[E_8, E_8]_+ = 2E_3 - 2E_5 \tag{8.150}$$

为了构造非线性超可积耦合，引进与 Lie 超代数 $sl(4, 1)$ 相关的扩大谱矩阵，如下：

$$\overline{U}(\overline{u}) = \begin{pmatrix} \lambda^2 + u_3 & \lambda u_1 & u_6 & \lambda u_4 & \lambda\alpha \\ \lambda u_2 & -\lambda^2 - u_3 & \lambda u_5 & -u_6 & \lambda\beta \\ 0 & 0 & \lambda^2 + u_3 + u_6 & \lambda u_1 + \lambda u_4 & 0 \\ 0 & 0 & \lambda u_2 + \lambda u_5 & -\lambda^2 - u_3 - u_6 & 0 \\ \lambda\beta & -\lambda\alpha & -\lambda\beta & \lambda\alpha & 0 \end{pmatrix} \tag{8.151}$$

和

$$\overline{V} = \begin{pmatrix} a & b & e & f & \rho \\ c & -a & g & -e & \sigma \\ 0 & 0 & a+e & b+f & 0 \\ 0 & 0 & c+g & -a-e & 0 \\ \sigma & -\rho & -\sigma & \rho & 0 \end{pmatrix} \tag{8.152}$$

设

$$e = \sum_{m \geq 0} e_m \lambda^{-m}$$
$$f = \sum_{m \geq 0} f_m \lambda^{-m}$$
$$g = \sum_{m \geq 0} g_m \lambda^{-m} \tag{8.153}$$

· 212 ·

根据驻定零曲率方程:

$$\overline{V}_x = \left[\,\overline{U},\ \overline{V}\,\right] \tag{8.154}$$

可得以下递归关系:

$$a_{m+1x} = -\frac{1}{2}u_1 c_{mx} - \frac{1}{2}u_2 b_{mx} + \sigma_{mx}\alpha + \beta\rho_{mx} - u_1 u_3 c_m$$

$$+ u_2 u_3 b_m - u_3 \alpha\sigma_m + u_3\beta\rho_m$$

$$b_{m+1} = \frac{1}{2}b_{m-1x} - u_3 b_{m-1} + u_1 a_m + \alpha\rho_m$$

$$c_{m+1} = -\frac{1}{2}c_{m-1x} - u_3 c_{m-1} + a_m u_2 + \beta\sigma_m$$

$$e_{m+1x} = -\frac{1}{2}(u_1 + u_4)g_{mx} - \frac{1}{2}(u_2 + u_5)f_{mx} - \frac{1}{2}u_4 c_{mx} - \frac{1}{2}u_5 b_{mx}$$

$$+ \alpha\sigma_{mx} + \rho_{mx}\beta - (u_1 u_3 + u_3 u_4 + u_1 u_6 + u_4 u_6)g_m$$

$$+ (u_2 u_3 + u_3 u_5 + u_2 u_6 + u_5 u_6)f_m - (u_1 u_6 + u_4 u_6 + u_3 u_4)c_m$$

$$+ (u_2 u_6 + u_5 u_6 + u_3 u_5)b_m + u_3(\alpha\sigma_m - \rho_m\beta)$$

$$\rho_{m+1} = \rho_{m-1x} - u_3\rho_{m-1} - \sigma_m u_1 + a_m\alpha + \beta b_m$$

$$\sigma_{m+1} = -\sigma_{m-1x} - u_3\sigma_{m-1} + \rho_m u_2 - c_m\alpha + \beta a_m$$

$$f_{m+1} = \frac{1}{2}f_{m-1x} - u_3 f_{m-1} + u_1 e_m - u_6 b_{m-1} + u_4 a_m - u_6 f_{m-1}$$

$$+ u_4 e_m - \alpha\rho_m$$

$$g_{m+1} = -\frac{1}{2}g_{m-1x} - u_3 g_{m-1} + u_2 e_m - u_6 c_{m-1} + u_5 a_m$$

$$- u_6 g_{m-1} + u_5 e_m - \beta\sigma_m$$

$$\tag{8.155}$$

取初值

$$e_0 = \mu,\ f_0 = g_0 = e_1 = 0,\ f_1 = \mu u_4,\ g_1 = \mu u_5 \tag{8.156}$$

则方程(8.155)可以得到前几项为:

$$b_2 = \mu\alpha\beta$$

$$c_2 = \mu\beta\alpha$$

$$f_2 = -\mu\alpha\beta$$

$$g_2 = -\mu\beta\alpha$$

$$\rho_2 = -\mu u_1\alpha + \mu u_1\beta$$

$$\sigma_2 = \mu u_2\beta - \mu u_2\alpha$$

$$e_2 = -\frac{1}{2}\mu(u_1 u_5 + u_2 u_4 + u_4 u_5)$$

$$a_2 = -\frac{1}{2}\mu u_1 u_2$$

$$b_3 = \mu\left(\frac{1}{2}u_{1x} - \frac{1}{2}u_1^2 u_2 + u_1 u_3 + u_1\alpha\beta\right)$$

$$c_3 = -\mu\left(\frac{1}{2}u_{2x} + \frac{1}{2}u_1 u_2^2 + u_2 u_3 + u_2\beta\alpha\right)$$

$$f_3 = \mu\left(\frac{1}{2}u_{4x} - \frac{1}{2}u_1^2 u_5 - \frac{1}{2}u_2 u_4^2 - \frac{1}{2}u_4^2 u_5 - u_3 u_4 - u_1 u_6\right.$$
$$\left. - u_4 u_6 - u_1 u_4 u_5 - u_1 u_2 u_4 - u_1\alpha\beta\right)$$

$$\rho_3 = \mu\left(\beta_x - u_3\beta - u_1 u_2\beta + \frac{1}{2}u_1 u_2\alpha\right)$$

$$g_3 = -\mu\left(\frac{1}{2}u_{5x} + \frac{1}{2}u_2^2 u_4 + \frac{1}{2}u_1 u_5^2 + \frac{1}{2}u_4 u_5^2 + u_3 u_5 + u_2 u_6\right.$$
$$\left. + u_5 u_6 + u_1 u_2 u_5 + u_2 u_4 u_5 + u_2\beta\alpha\right)$$

$$\sigma_3 = -\mu\left(\alpha_x + u_3\alpha + u_1 u_2\alpha - \frac{1}{2}u_1 u_2\beta\right), \quad \cdots \tag{8.157}$$

借助扩大的零曲率方程 $\overline{U}_{t_n} - \overline{V}_x^{(n)} + [\overline{U}, \overline{V}^{(n)}] = 0$，我们可以得到超 D-Kaup-Newell 族的非线性可积耦合为：

$$\bar{u}_{t_n} = (u_1,\ u_2,\ u_3,\ u_4,\ u_5,\ u_6,\ \alpha,\ \beta)_{t_n}^{T}$$

$$=\begin{pmatrix} 2b_{n+1} \\ -2c_{n+1} \\ u_1 c_{n+1} - u_2 b_{n+1} - \sigma_{n+1}\alpha + \beta_{\rho_{n+1}} \\ 2b_{n+1} \\ -2c_{n+1} \\ (u_1+u_4)g_{n+1} - (u_2+u_5)f_{n+1} + u_4 c_{n+1} - u_5 b_{n+1} - \alpha\sigma_{n+1} + \rho_{n+1}\beta \\ \rho_{n+1} \\ -\sigma_{n+1} \end{pmatrix}$$

$$(8.158)$$

当 $n=2$ 时，方程（8.158）可化为二阶超可积耦合方程，如下：

$$u_{1t_2} = \mu(u_{1x} - u_1^2 u_2 + 2u_1 u_3 + 2u_1\alpha\beta)$$

$$u_{2t_2} = \mu(u_{2x} + u_1 u_2^2 + 2u_2 u_3 + 2u_2\beta\alpha)$$

$$u_{3t_2} = -\frac{1}{2}\mu(u_1 u_{2x} + u_{1x} u_2)$$

$$u_{4t_2} = \mu(u_{4x} - u_1^2 u_5 - u_2 u_4^2 - u_4^2 u_5 - 2u_3 u_4 - 2u_1 u_6 - 2u_4 u_6$$
$$- 2u_1 u_4 u_5 - 2u_1 u_2 u_4 - 2u_1\alpha\beta)$$

$$u_{5t_2} = \mu(u_{5x} + u_2^2 u_4 + u_1 u_5^2 + u_4 u_5^2 + 2u_3 u_5 + 2u_2 u_6 + 2u_5 u_6$$
$$+ 2u_1 u_2 u_5 + 2u_2 u_4 u_5 + 2u_2\beta\alpha)$$

$$u_{6t_2} = -\frac{1}{2}\mu(u_{1x} u_5 + u_1 u_{5x} + u_{2x} u_4 + u_2 u_{4x} + u_{4x} u_5 + u_4 u_{5x})$$

$$\alpha_{t_2} = \mu\left(\beta_x - u_3\beta - u_1 u_2\beta + \frac{1}{2}u_1 u_2\alpha\right)$$

$$\beta_{t_2} = \mu\left(\alpha_x + u_3\alpha + u_1 u_2\alpha - \frac{1}{2}u_1 u_2\beta\right)$$

$$(8.159)$$

下面，我们将应用马文秀（Ma）所讨论的超迹恒等式[181]给出超 D-Kaup-Newell 方程族（8.158）的非线性超可积耦合的超 Hamilton 结构。直接计算如下：

$$\text{Str}\left(\overline{V}\frac{\partial \overline{U}}{\partial \lambda}\right) = 4\lambda\left(2a+e\right) + 2\left(u_2 b + u_1 c + \rho\beta - \sigma\alpha\right)$$

$$+ u_5 b + u_4 c + \left(u_2 + u_5\right)f + \left(u_1 + u_4\right)g$$

$$\text{Str}\left(\overline{V}\frac{\partial \overline{U}}{\partial u_1}\right) = \lambda\left(2c+g\right)$$

$$\text{Str}\left(\overline{V}\frac{\partial \overline{U}}{\partial u_2}\right) = \lambda\left(2b+f\right)$$

$$\text{Str}\left(\overline{V}\frac{\partial \overline{U}}{\partial u_3}\right) = 2\left(2a+e\right)$$

$$\text{Str}\left(\overline{V}\frac{\partial \overline{U}}{\partial u_4}\right) = \lambda\left(c+g\right)$$

$$\text{Str}\left(\overline{V}\frac{\partial \overline{U}}{\partial u_5}\right) = \lambda\left(b+f\right)$$

$$\text{Str}\left(\overline{V}\frac{\partial \overline{U}}{\partial u_6}\right) = 2\left(a+e\right)$$

$$\text{Str}\left(\overline{V}\frac{\partial \overline{U}}{\partial \partial}\right) = -2\lambda\sigma$$

$$\text{Str}\left(\overline{V}\frac{\partial \overline{U}}{\partial \beta}\right) = 2\lambda\rho \tag{8.160}$$

将上述结果代入超迹恒等式中，平衡 λ^{n+2} 的系数，得到：

$$\frac{\delta \overline{H}_n}{\delta \overline{u}} = \begin{pmatrix} 2c_{n+1} + g_{n+1} \\ 2b_{n+1} + f_{n+1} \\ 4a_n + 2e_n \\ c_{n+1} + g_{n+1} \\ b_{n+1} + f_{n+1} \\ 2a_n + 2e_n \\ -2\sigma_{n+1} \\ 2\rho_{n+1} \end{pmatrix}, \quad \left(n \geqslant 1\right) \tag{8.161}$$

其中，

$$\overline{H}_n = \int \frac{1}{-n}\Big[4(2a_{n+2} + e_{n+2}) + 2(u_2 b_{n+1} + u_1 c_{n+1} + \rho_{n+1}\beta - \sigma_{n+1}\alpha)$$

$$+ u_5 b_{n+1} + u_4 c_{n+1} + (u_2 + u_5)f_{n+1} + (u_1 + u_4)g_{n+1}\Big]dx , \ (n \geqslant 1)$$

则超可积耦合方程（8.158）具有以下的超 Hamilton 结构

$$\overline{u}_{t_n} = \overline{J}\frac{\delta \overline{H}_n}{\delta \overline{u}}, \ (n \geqslant 0) \tag{8.162}$$

其中，超 Hamilton 算子为

$$\overline{J} = \begin{bmatrix} 0 & 2 & 0 & 0 & -2 & 0 & 0 & 0 \\ -2 & 0 & 0 & 2 & 0 & 0 & 0 & 0 \\ 0 & 0 & \frac{1}{2}\partial & 0 & 0 & -\frac{1}{2}\partial & 0 & 0 \\ 0 & -2 & 0 & 0 & 4 & 0 & 0 & 0 \\ 2 & 0 & 0 & -4 & 0 & 0 & 0 & 0 \\ 0 & 0 & -\frac{1}{2}\partial & 0 & 0 & \partial & 0 & 0 \\ 0 & 0 & 0 & 0 & 0 & 0 & 0 & \frac{1}{2} \\ 0 & 0 & 0 & 0 & 0 & 0 & \frac{1}{2} & 0 \end{bmatrix}$$

则得到了超 D-Kaup-Newell 族的可积耦合的超 Hamilton 结构。因此，我们通过一个新的 Lax 对给出了超 D-Kaup-Newell 族的可积耦合。

8.4.5 超 D-Kaup-Newell 族可积耦合的自相容源

考虑线性系统：

$$
\begin{pmatrix} \varphi_{1j} \\ \varphi_{2j} \\ \varphi_{3j} \\ \varphi_{4j} \\ \varphi_{5j} \end{pmatrix}_x = \overline{U} \begin{pmatrix} \varphi_{1j} \\ \varphi_{2j} \\ \varphi_{3j} \\ \varphi_{4j} \\ \varphi_{5j} \end{pmatrix} \tag{8.163}
$$

根据文献 [191] 中的结论，我们可以证明以下等式成立：

$$
\frac{\delta \overline{H}_k}{\delta \overline{u}} + \sum_{j=1}^{N} \alpha_j \frac{\delta \lambda_j}{\delta \overline{u}} = 0 \tag{8.164}
$$

其中，α_j 是常数。由方程（8.164）可知：

$$
\frac{\delta \lambda_j}{\delta u_i} = \frac{1}{3} \mathrm{Str} \left(\Phi_j \frac{\partial \overline{U}(\overline{u}, \lambda_j)}{\delta u_i} \right), \quad (i = 1, 2, 3, 4, 5) \tag{8.165}
$$

其中，

$$
\Phi_j = \begin{pmatrix}
\varphi_{1j}\varphi_{2j} & -\varphi_{1j}^2 & \varphi_{3j}\varphi_{4j} & -\varphi_{3j}^2 & \varphi_{1j}\varphi_{5j} \\
\varphi_{2j}^2 & -\varphi_{1j}\varphi_{2j} & \varphi_{4j}^2 & -\varphi_{3j}\varphi_{4j} & \varphi_{2j}\varphi_{5j} \\
0 & 0 & \varphi_{1j}\varphi_{2j}+\varphi_{3j}\varphi_{4j} & -\varphi_{1j}^2-\varphi_{3j}^2 & 0 \\
0 & 0 & \varphi_{2j}^2+\varphi_{4j}^2 & -\varphi_{1j}\varphi_{2j}-\varphi_{3j}\varphi_{4j} & 0 \\
\varphi_{2j}\varphi_{5j} & -\varphi_{1j}\varphi_{5j} & -\varphi_{2j}\varphi_{5j} & \varphi_{1j}\varphi_{5j} & 0
\end{pmatrix}
$$

$$(j = 1, 2, \cdots, N)$$

根据非线性可积耦合方程（8.158），我们令：

$$
\frac{\delta \overline{H}_n}{\delta \overline{u}} = \sum_{j=1}^{N} \frac{\delta \lambda_j}{\delta \overline{u}} \tag{8.166}
$$

得到：

$$\sum_{j=1}^{N} \frac{\delta \lambda_j}{\delta u_i} = \sum_{j=1}^{N} \begin{pmatrix} \mathrm{Str}\left(\Phi_j \frac{\delta \overline{U}}{\delta u_1} \right) \\ \mathrm{Str}\left(\Phi_j \frac{\delta \overline{U}}{\delta u_2} \right) \\ \vdots \\ \mathrm{Str}\left(\Phi_j \frac{\delta \overline{U}}{\delta u_6} \right) \\ \mathrm{Str}\left(\Phi_j \frac{\delta \overline{U}}{\delta \alpha} \right) \\ \mathrm{Str}\left(\Phi_j \frac{\delta \overline{U}}{\delta \beta} \right) \end{pmatrix} = \begin{pmatrix} \lambda\left(2\langle \Phi_2, \Phi_2 \rangle + \langle \Phi_4, \Phi_4 \rangle \right) \\ -\lambda\left(2\langle \Phi_1, \Phi_1 \rangle + \langle \Phi_3, \Phi_3 \rangle \right) \\ 2\left(2\langle \Phi_1, \Phi_2 \rangle + \langle \Phi_3, \Phi_4 \rangle \right) \\ \lambda\left(\langle \Phi_2, \Phi_2 \rangle + \langle \Phi_4, \Phi_4 \rangle \right) \\ -\lambda\left(\langle \Phi_1, \Phi_1 \rangle + \langle \Phi_3, \Phi_3 \rangle \right) \\ 2\left(\langle \Phi_1, \Phi_2 \rangle + \langle \Phi_3, \Phi_4 \rangle \right) \\ -2\lambda\langle \Phi_2, \Phi_5 \rangle \\ 2\lambda\langle \Phi_1, \Phi_5 \rangle \end{pmatrix}$$

$$(8.167)$$

其中,

$$\Phi_i = (\varphi_{i1}, \varphi_{i2}, \cdots, \varphi_{iN})^T, \quad (i = 1, 2, 3, 4, 5)$$

因此, 超 D-Kaup-Newell 方程族 (8.158) 可积耦合的自相容源如下:

$$\overline{u}_{t_n} = (u_1, u_2, u_3, u_4, u_5, u_6, \alpha, \beta)^T_{t_n}$$

$$= \overline{J} \frac{\delta \overline{H}_n}{\delta u_i} + \overline{J} \sum_{j=1}^{N} \frac{\delta \lambda_j}{\delta u_i}$$

$$= \overline{J} \begin{pmatrix} 2c_{n+1} + g_{n+1} \\ 2b_{n+1} + f_{n+1} \\ 4a_n + 2e_n \\ c_{n+1} + g_{n+1} \\ b_{n+1} + f_{n+1} \\ 2a_n + 2e_n \\ -2\sigma_{n+1} \\ 2\rho_{n+1} \end{pmatrix} + \overline{J} \begin{pmatrix} \lambda\left(2\langle \Phi_2, \Phi_2 \rangle + \langle \Phi_4, \Phi_4 \rangle \right) \\ -\lambda\left(2\langle \Phi_1, \Phi_1 \rangle + \langle \Phi_3, \Phi_3 \rangle \right) \\ 2\left(2\langle \Phi_1, \Phi_2 \rangle + \langle \Phi_3, \Phi_4 \rangle \right) \\ \lambda\left(\langle \Phi_2, \Phi_2 \rangle + \langle \Phi_4, \Phi_4 \rangle \right) \\ -\lambda\left(\langle \Phi_1, \Phi_1 \rangle + \langle \Phi_3, \Phi_3 \rangle \right) \\ 2\left(\langle \Phi_1, \Phi_2 \rangle + \langle \Phi_3, \Phi_4 \rangle \right) \\ -2\lambda\langle \Phi_2, \Phi_5 \rangle \\ 2\lambda\langle \Phi_1, \Phi_5 \rangle \end{pmatrix}$$

$$(8.168)$$

取 $n=2$ 可得到一组带有自相容源的非线性可积耦合超孤子方程，如下：

$$u_{1t_2} = \mu(u_{1x} - u_1^2 u_2 + 2u_1 u_3 + 2u_1 \alpha\beta) + \lambda \sum_{j=1}^{N} (2\varphi_{2j}^2 + \varphi_{4j}^2)$$

$$u_{2t_2} = \mu(u_{2x} + u_1 u_2^2 + 2u_2 u_3 + 2u_2 \beta\alpha) - \lambda \sum_{j=1}^{N} (2\varphi_{1j}^2 + \varphi_{3j}^2)$$

$$u_{3t_2} = -\frac{1}{2}\mu(u_1 u_{2x} + u_{1x} u_2) + 2 \sum_{j=1}^{N} (2\varphi_{1j}\varphi_{2j} + \varphi_{3j}\varphi_{4j})$$

$$u_{4t_2} = \mu(u_{4x} - u_1^2 u_5 - u_2 u_4^2 - u_4^2 u_5 - 2u_3 u_4 - 2u_1 u_6 - 2u_4 u_6$$
$$- 2u_1 u_4 u_5 - 2u_1 u_2 u_4 - 2u_1 \alpha\beta) + \lambda \sum_{j=1}^{N} (2\varphi_{2j}^2 + \varphi_{4j}^2)$$

$$u_{5t_2} = \mu(u_{5x} + u_2^2 u_4 + u_1 u_5^2 + u_4 u_5^2 + 2u_3 u_5 + 2u_2 u_6 + 2u_5 u_6$$
$$+ 2u_1 u_2 u_5 + 2u_2 u_4 u_5 + 2u_2 \beta\alpha) - \lambda \sum_{j=1}^{N} (2\varphi_{1j}^2 + \varphi_{3j}^2)$$

$$u_{6t_2} = -\frac{1}{2}\mu(u_{1x} u_5 + u_1 u_{5x} + u_{2x} u_4 + u_4 u_{4x} + u_{4x} u_5 + u_4 u_{5x})$$
$$+ 2 \sum_{j=1}^{N} (\varphi_{1j}\varphi_{2j} + \varphi_{3j}\varphi_{4j})$$

$$\alpha_{t_2} = \mu\left(\beta_x - u_3\beta - u_1 u_2\beta + \frac{1}{2}u_1 u_2\alpha\right) - 2\lambda \sum_{j=1}^{N} \varphi_{2j}\varphi_{5j}$$

$$\beta_{t_2} = \mu\left(\alpha_x + u_3\alpha + u_1 u_2\alpha - \frac{1}{2}u_1 u_2\beta\right) + 2\lambda \sum_{j=1}^{N} \varphi_{1j}\varphi_{5j} \quad (8.169)$$

和

$$\varphi_{1jx} = (\lambda^2 + u_3)\varphi_{1j} + \lambda u_2\varphi_{2j} + u_6\varphi_{3j} + \lambda u_4\varphi_{4j} + \lambda\alpha\varphi_{5j}$$

$$\varphi_{2jx} = \lambda u_2\varphi_{1j} - (\lambda^2 + u_3)\varphi_{2j} + \lambda u_5\varphi_{3j} - u_6\varphi_{4j} - \lambda\beta\varphi_{5j}$$

$$\varphi_{3jx} = (\lambda^2 + u_3 + u_6)\varphi_{3j} + \lambda(u_1 + u_4)\varphi_{4j}$$

$$\varphi_{4jx} = \lambda(u_2 + u_5)\varphi_{3j} - (\lambda^2 + u_3 + u_6)\varphi_{4j}$$

$$\varphi_{5jx} = \lambda\beta\varphi_{1j} - \lambda\alpha\varphi_{2j} - \lambda\beta\varphi_{3j} + \lambda\alpha\varphi_{4j}$$

$$(j = 1, 2, \cdots, N) \quad (8.170)$$

8.4.6 小结

本节首先构造了一个超 D-Kaup-Newell 族及其超 Hamilton 结构。其次，我们得到了新的超 D-Kaup-Newell 族非线性可积耦合及其超 Hamilton 结构，最后，建立了具有自相容源的超孤子族。这里必须指出，所得结论对 Lax 对的结构和一些新的超孤子族具有一定的指导意义，是构造超可积耦合系统的一种方法[204]。作用解、有理解和怪波解给出可积系统精确解的一类特殊的可积性。通过约化，我们得到了非线性可积方程。如何求出约化方程的解是一项非常重要的工作，值得以后做更有意义地探讨。

8.5 非线性波系统中 Guo 族可积耦合及其自相容源

8.5.1 引言

水波是学者们研究的热点[205,206]，在地球上，水是提供适合生存和调节气候变化的核心。在数学物理中，寻找新的可积耦合是一个重要的研究方向[28-33]。可积耦合是可积方程的耦合系统，它是在研究无中心 Virasoro 对称代数时产生。寻找可积耦合是一个重要的研究课题，因为它具有更丰富的数学结构和物理意义。

可积耦合是耦合系统中包含给定的可积系统作为子系统，设 $u_t = K(u)$ 是一个给定的可积系统，它的可积耦合就是一个如下形式扩大的三角系统：

$$u_t = K(u)$$
$$v_t = S(u, v) \tag{8.171}$$

可积耦合常常形式上有特殊的数学结构，例如，分块矩阵类型 Lax 表示无穷多对称，双 Hamilton 结构和三角形的守恒律[207,208]。

近年来，带源的孤子方程受到极大关注。这个问题的研究有重要的物理应用，例如，物理上这些源可以产生非恒定速度的孤立波，从而产生各种动力学物理模型。例如，具有自相容源的非线性 Schrödinger 方程与等离子体物理和固体物理的一些问题有关。求解自相容源孤子方程的方法有很多，例如 ∂-方法和规范变换，逆散射变换法等。最近，修正离散 KP 方程，广义超非线性 Schrödinger-mKdV 族等自相容源被给出[48-52,209,210]。

可积耦合一个重要的例子就是一阶扰动系统[34,211]。

$$u_t = K(u)$$
$$v_t = K'(u)[v] \qquad\qquad (8.172)$$

其中，$K'(u)[v]$ 表示 Gateaux 导数 $K'(u)[v] = \dfrac{\partial}{\partial \varepsilon}\Big|_{\varepsilon=0} K(u+\varepsilon v,\ u_x+\varepsilon v_x,\ \cdots)$。根据 Levi-Mal'tsev 定理所述，一个特征零域上的任意 Lie 代数具有可解 Lie 代数和半单 Lie 代数的半直和结构。因此，半直和 Lie 代数上的零曲率方程，即非半单 Lie 代数，为生成可积耦合提供了基础。

一个简单的非半简单 Lie 代数 $\tilde{g}$ 由如下形式的 2 阶方阵组成的块矩阵形式[211]。

$$M(A_1,\ A_2) = \begin{bmatrix} A_1 & A_2 \\ 0 & A_1 \end{bmatrix} \qquad\qquad (8.173)$$

其中，A_1 和 A_2 是两个同阶的任意方阵，两个任意子代数：$\tilde{g} = \{M(A_1,\ 0)$ 和 $\tilde{g}_c = \{M(0,\ A_2)$，它们构成一个半直和结构：$\bar{g} = \tilde{g} + \tilde{g}_c$。半直和定义意味着两个子代数 $\tilde{g}$ 和 $\tilde{g}_c$ 满足 $[\tilde{g},\ \tilde{g}_c] \subseteq \tilde{g}_c$，并要求矩阵乘积下封闭：$\tilde{g}\tilde{g}_c$，$\tilde{g}_c\tilde{g} \subseteq \tilde{g}_c$。下面我们简要介绍一下建立与 $\tilde{g}$ 有关可积耦合的步骤：

（1）选择一个合适的具有光谱参数 λ 的谱矩阵 $\bar{U} = \bar{U}(\bar{u},\ \lambda)$ 形成一个空间谱问题。

$$\varphi_x = U\varphi \tag{8.174}$$

其中，$\overline{U} = \begin{pmatrix} U & U_1 \\ 0 & U \end{pmatrix}$。事实上，$\varphi_x = U\varphi$ 是原始谱问题。

（2）构造驻定零曲率方程 $\overline{V} = [\overline{U}, \overline{V}]$ 的 λ 级数特解 $\overline{V} = \begin{pmatrix} V & V_1 \\ 0 & V \end{pmatrix}$，由此

可得递推关系，但 $\overline{V}$ 的这种关系局域性需要证明。

（3）引进辅助谱问题 $\varphi_{t_n} = \overline{V}^{(n)}\varphi$，$\overline{V}^{(n)} = (\lambda^{-n}\overline{V})_- + \overline{\Delta}_n$，然后利用零曲率

方程 $\overline{U}_{t_n} - \overline{V}_x^{(n)} + [\overline{U}, \overline{V}^{(n)}] = 0$ 导出可积耦合 $u_{t_n} = \overline{K}_n$。

（4）利用分量迹恒等式[212]：

$$\frac{\delta}{\delta\overline{u}}\int \mathrm{tr}\left(V\frac{\partial U_1}{\partial\lambda} + V_1\frac{\partial U}{\partial\lambda}\right)\mathrm{d}x = \lambda^{-\gamma}\frac{\partial}{\partial\lambda}\lambda^{\gamma}\mathrm{tr}\left(V\frac{\partial U_1}{\delta\overline{u}} + V_1\frac{\partial U}{\delta\overline{u}}\right) \tag{8.175}$$

构建导出可积耦合的双-Hamilton 结构：

$$u_{t_n} = \overline{K}_n = \overline{J}_1\frac{\delta\overline{H}_n}{\delta\overline{u}} = \overline{J}_2\frac{\delta\overline{H}_{n-1}}{\delta\overline{u}}, \quad (n \geqslant 1) \tag{8.176}$$

沈等[212]给出了与 $\overline{g}$ 相关的 AKNS 族的可积耦合。基于他们工作启发，我们首次利用扰动方法给出了 Guo 族的可积耦合，也就是加了一个非线性扰动项：

$$\overline{U} = \begin{pmatrix} U & U_1 \\ 0 & U \end{pmatrix} = \frac{1}{2}\begin{pmatrix} \lambda^{-1}+h & q+r & 0 & u_1+u_2 \\ q-r & -\lambda^{-1}-h & u_1-u_2 & 0 \\ 0 & 0 & \lambda^{-1}+h & q+r \\ 0 & 0 & q-r & -\lambda^{-1}-h \end{pmatrix} \tag{8.177}$$

其中，$h = \varepsilon(qu_1 - ru_2)$，这里 $\varphi_x = U\varphi$ 是 Guo 族的谱问题[213]。利用另加的非线性项 h，广义矩阵谱问题导出 Guo 族可积耦合。令 $\varepsilon = 0$，所得耦合系统可约化为标准的 Guo 族的可积耦合[214]，所以我们称这广义可积耦合为"可积耦合的完备过程"。

接下来基于上面广义谱问题方程（8.177），我们将从零曲率方程构造 Guo

族的可积耦合。然后，利用分量迹恒等式给出可积耦合的双-Hamilton 结构，所以导出新方程族的方程具有无穷交换对称和守恒律。最后，给出 Guo 族可积耦合的自相容源。

8.5.2　Guo 族可积耦合

由谱问题：

$$\varphi_x = \overline{U}\varphi$$

$$\varphi_t = \overline{V}\varphi \tag{8.178}$$

其中，$\overline{V}$ 具有如下形式：

$$\overline{V} = \begin{pmatrix} V & V_1 \\ 0 & V \end{pmatrix} = \frac{1}{2}\begin{pmatrix} a & b+c & e & f+g \\ b-c & -a & f-g & -e \\ 0 & 0 & a & b+c \\ 0 & 0 & b-c & -a \end{pmatrix} \tag{8.179}$$

设

$$a = \sum_{m=0}^{\infty} a_m \lambda^m$$

$$b = \sum_{m=0}^{\infty} b_m \lambda^m$$

$$c = \sum_{m=0}^{\infty} c_m \lambda^m$$

$$e = \sum_{m=0}^{\infty} e_m \lambda^m$$

$$f = \sum_{m=0}^{\infty} f_m \lambda^m$$

$$g = \sum_{m=0}^{\infty} g_m \lambda^m \tag{8.180}$$

由驻定零曲率方程 $\overline{V} = [\overline{U}, \overline{V}]$ 可得递推公式，如下：

$$a_{mx} = rb_m - qc_m$$

$$b_{mx} = c_{m+1} - ra_m + hc_m$$

$$c_{mx} = b_{m+1} - qa_m + hb_m$$

$$e_{mx} = rf_m - qg_m - u_1 c_m + u_2 b_m$$

$$f_{mx} = g_{m+1} - re_m - u_1 a_m + hg_m$$

$$g_{mx} = f_{m+1} - qe_m - u_1 a_m + hf_m, \quad (m \geqslant 0) \tag{8.181}$$

取初值

$$b_0 = c_0 = f_0 = g_0 = 0 \tag{8.182}$$

得唯一的 $\{a_m, \ b_m, \ c_m, \ e_m, \ f_m, \ g_m, \ m \geqslant 0\}$。令 $a_0 = e_0 = 1$，以及

$$a_m \mid_{u=0} = b_m \mid_{u=0} = c_m \mid_{u=0} = 0$$

$$e_m \mid_{u=0} = f_m \mid_{u=0} = g_m \mid_{u=0} = 0 \tag{8.183}$$

选择积分常数为 0。利用递推关系（2.3）可得前三组具体值为：

$$a_1 = 0, \ b_1 = q, \ c_1 = r$$

$$e_1 = 0, \ f_1 = q + u_1, \ g_1 = r + u_2$$

$$a_2 = \frac{1}{2}(r^2 - q^2)$$

$$b_2 = r_x - \varepsilon q(qu_1 - ru_2)$$

$$c_2 = q_x - \varepsilon r(qu_1 - ru_2)$$

$$e_2 = \frac{1}{2}(r^2 - q^2) + ru_2 - qu_1$$

$$f_2 = (r + u_2)_x - \varepsilon(q + u_1)(qu_1 - ru_2)$$

$$g_2 = (q + u_1)_x - \varepsilon(r + u_2)(qu_1 - ru_2)$$

$$a_3 = q_x r - qr_x + \varepsilon(q^3 u_1 + r^3 u_2 - q^2 ru_2 - qr^2 u_1)$$

$$b_3 = q_{xx} + \frac{1}{2}q(r^2 - q^2) - \varepsilon(2qr_x u_1 - 3rr_x u_2 + qru_{1x} + q_x ru_1 - r^2 u_{2x}) + \varepsilon^2 q(qu_1 - ru_2)^2$$

$$c_3 = r_{xx} + \frac{1}{2}r(r^2 - q^2) - \varepsilon(3qq_x u_1 - 2q_x ru_2 + q^2 u_{1x} - qr_x u_2 - qru_{2x}) + \varepsilon^2 r(qu_1 - ru_2)^2$$

$$e_3 = q_x r - q r_x + u_{1x} r - u_1 r_x + q_x u_2 - q u_{2x} + \varepsilon \left(r^3 u_2 - q r^2 u_1 - 4 q r u_1 u_2 \right.$$
$$\left. + 2 r^2 u_2^2 - q^2 r u_2 + q^3 u_1 + 2 q^2 u_1^2 \right)$$

$$f_3 = q_{xx} + u_{1xx} + \frac{1}{2} \left(q r^2 - q^3 + r^2 u_1 - q^2 u_1 \right) + q r u_2 - q^2 u_1 + \varepsilon \left(r^2 u_{2x} + 3 r r_x u_2 \right.$$
$$- q_x r u_1 - 2 q r_x u_1 - q r u_{1x} - q_x u_1 u_2 - q u_{1x} u_2 - 2 q u_1 u_{2x} + 3 r u_2 u_{2x}$$
$$\left. + r_x u_2^2 \right) + \varepsilon^2 \left(q^3 u_1^2 - 2 q^2 r u_1 u_2 + q^2 u_1^3 - 2 q r u_1^2 u_2 + q r^2 u_2^2 \right.$$
$$\left. + r^2 u_1 u_2^2 \right)$$

$$g_3 = r_{xx} + u_{2xx} + \frac{1}{2} \left(r^3 - q^2 r + r^3 u_2 - q^2 u_2 \right) + r^2 u_2 - q r u_1 + \varepsilon \left(2 q_x r u_2 + q r_x u_2 \right.$$
$$- 3 q q_x u_1 - q^2 u_{1x} - 3 q u_1 u_{1x} - q_x u_1^2 + r_x u_1 u_2 + 2 r u_{1x} u_2 + r u_1 u_{2x} \right)$$
$$+ \varepsilon^2 \left(q^2 r u_1^2 - 2 q r^2 u_1 u_2 + q^2 u_1^2 u_2 - q r u_1 u_2^2 + r^3 u_2^2 - q r u_1 u_2^2 + r^2 u_2^3 \right)$$

$$(8.184)$$

第一组的局域性并不一致。事实上，a_m，b_m，c_m，e_m，f_m，g_m，$m \geqslant 0$ 都是非局域的。利用：

$$\mathrm{tr}(V^2) = \frac{a^2 + b^2 - c^2}{2} \tag{8.185}$$

于是有：

$$a^2 + b^2 - c^2 = a^2 + b^2 - c^2 \big|_{u=0} = 1 \tag{8.186}$$

利用 λ 展开方程（8.180），比较方程两端 λ^{m+1} 的同次幂系数可得：

$$a_{m+1} = -\frac{1}{2} \left(\sum_{\substack{j+k=m+1 \\ j,k \geqslant 1}} a_j a_k + \sum_{j+k=m+1} b_j b_k + \sum_{j+k=m+1} c_j c_k \right) \tag{8.187}$$

同理可得：

$$ae + bf - cg = (ae + bf - cg) \big|_{u=0} = 1 \tag{8.188}$$

利用 λ 展开方程（8.180），比较方程（8.188）两端 λ^{m+1} 的同次幂系数得：

$$e_{m+1} = \frac{1}{2} \sum_{\substack{j+k=m+1 \\ j,k \geqslant 1}} a_j a_k + \frac{1}{2} \sum_{j+k=m+1} b_j b_k + \frac{1}{2} \sum_{j+k=m+1} c_j c_k - \sum_{\substack{j+k=m+1 \\ j,k \geqslant 1}} a_j e_k$$

$$- \sum_{j+k=m+1} b_j f_k - \sum_{j+k=m+1} c_j g_k \qquad (8.189)$$

递归关系方程（8.181）表明所有函数 $\{a_m, b_m, c_m, e_m, f_m, g_m, m \geq 0\}$ 都是 $\bar{u}$ 的可微函数，所以它们是局域的。

下面，我们将考虑辅助谱问题。

$$\varphi_{t_n} = \bar{V}^{(n)} \varphi, \quad \bar{V}^{(n)} = (\lambda^{-n} \bar{V})_- + \bar{\Delta}_n, \quad (n \geq 0) \qquad (8.190)$$

其中，

$$\bar{\Delta}_n = \frac{1}{2} \begin{pmatrix} -\varepsilon e_{n+1} & & & \\ & \varepsilon e_{n+1} & & \\ & & -\varepsilon e_{n+1} & \\ & & & \varepsilon e_{n+1} \end{pmatrix} \qquad (8.191)$$

将方程（8.190）带入零曲率方程：

$$\bar{U}_{t_n} - \bar{V}_x^{(n)} + [\bar{U}, \bar{V}^{(n)}] = 0 \qquad (8.192)$$

可得 Guo 族新的可积耦合：

$$u_{t_n} = \begin{pmatrix} q \\ r \\ u_1 \\ u_2 \end{pmatrix} = \begin{pmatrix} c_{n+1} - \varepsilon r e_{n+1} \\ b_{n+1} - \varepsilon q e_{n+1} \\ g_{n+1} - \varepsilon u_2 e_{n+1} \\ f_{n+1} - \varepsilon u_1 e_{n+1} \end{pmatrix} \qquad (8.193)$$

特别地，如果在方程（8.193）中令 $n = 2$，可约化一组非线性方程，如下：

$$q_{t_2} = r_{xx} + \frac{1}{2} r(r^2 - q^2) - \varepsilon(3qq_x u_1 - q_x r u_2 + q^2 u_{1x} - qr_x u_2 - 2qr u_{2x} + q_x r^2$$
$$- qrr_x + u_{1x} r^2 - u_1 rr_x) + \varepsilon^2 r(-q^2 u_1^2 - r^2 u_2^2 - 2qr u_1 u_2 - r^3 u_2$$
$$+ qr^2 u_1 + q^2 r u_2 - q^3 u_1)$$

$$r_{t_2} = q_{xx} + \frac{1}{2} q(r^2 - q^2) - \varepsilon(qr_x u_1 - 3r_x r u_2 + q_x r u_1 + 2qr u_{1x} - r^2 u_{2x} + qq_x$$
$$- q^2 r_x + qq_x u_2 - q^2 u_{2x}) + \varepsilon^2 q(-q^2 u_1^2 - r^2 u_2^2 - 2qr u_1 u_2 - r^3 u_2$$

$$+ qr^2 u_1 + q^2 r u_2 - q^3 u_1)$$

$$u_{1t_2} = r_{xx} + u_{2xx} + \frac{1}{2}(r^3 - q^2 r + r^2 u_2 - q^2 u_2) + r^2 u_2 - qru_1 + \varepsilon(qr_x u_2$$

$$+ 2qr_x u_2 + qru_{2x} - 3qq_x u_1 - q^2 u_{1x} - 3qu_1 u_{1x} - q_x u_1^2 + 2r_x u_1 u_2$$

$$+ ru_{1x} u_2 + ru_1 u_{2x} - q_x u_2^2 + qu_2 u_{2x}) + \varepsilon^2(qru_1^2 - qr^2 u_1 u_2$$

$$- qu_1^2 u_2 + 2qru_1 u_2^2 - r^2 u_2^3 + q^2 ru_2^2 - q^3 u_1 u_2)$$

$$u_{2t_2} = q_{xx} + u_{1xx} + \frac{1}{2}(qr^2 - q^3 + r^2 u_1 - q^2 u_1) - q^2 u_1 + qru_2 + \varepsilon(-2q_x ru_1$$

$$+ 3rr_x u_2 + r^2 u_{2x} - qr_x u_1 - qru_{1x} - 2q_x u_1 u_2 - qu_{1x} u_2 - qu_1 u_{2x}$$

$$+ 3ru_2 u_{2x} + r_x u_2^2 - ru_1 u_{1x} + u_1^2 r_x) + \varepsilon^2(-q^2 ru_1 u_2 - q^2 u_1^3$$

$$+ 2qru_1^2 u_2 + qr^2 u_2^2 - r^2 u_1 u_2^2 - r^3 u_1 u_2 + qr^2 u_1^2) \qquad (8.194)$$

8.5.3 可积耦合双-Hamilton 结构

下面，我们将利用分量迹恒等式构造 Guo 族（8.193）的双-Hamilton 结构，易得：

$$\mathrm{tr}\left(V \frac{\partial U_1}{\partial \lambda} + V_1 \frac{\partial U}{\partial \lambda}\right) = -\frac{1}{2}\lambda^{-2} e$$

$$\mathrm{tr}\left(V \frac{\partial U_1}{\partial q} + V_1 \frac{\partial U}{\partial q}\right) = \frac{1}{2}(f + \varepsilon u_1 e)$$

$$\mathrm{tr}\left(V \frac{\partial U_1}{\partial r} + V_1 \frac{\partial U}{\partial r}\right) = -\frac{1}{2}(g + \varepsilon u_2 e)$$

$$\mathrm{tr}\left(V \frac{\partial U_1}{\partial u_1} + V_1 \frac{\partial U}{\partial u_1}\right) = \frac{1}{2}(b + \varepsilon qe)$$

$$\mathrm{tr}\left(V \frac{\partial U_1}{\partial u_2} + V_1 \frac{\partial U}{\partial u_2}\right) = -\frac{1}{2}(c + \varepsilon re) \qquad (8.195)$$

将上面结果带入分量迹恒等式方程（8.175），并比较两端 λ^{n+2} 的系数有

$$\frac{\delta}{\delta \bar{u}} \int \frac{e_{n+2}}{n+1} \mathrm{d}x = \begin{pmatrix} f_{n+1} + \varepsilon u_1 e_{n+1} \\ g_{n+1} + \varepsilon u_2 e_{n+1} \\ b_{n+1} + \varepsilon q e_{n+1} \\ c_{n+1} + \varepsilon r e_{n+1} \end{pmatrix}, \quad (n \geqslant 0) \qquad (8.196)$$

因此，可得：

$$\bar{H}_n = \int \frac{e_{n+2}}{n+1} \mathrm{d}x$$

$$\frac{\delta \bar{H}_n}{\delta \bar{u}} = \begin{pmatrix} f_{n+1} + \varepsilon u_1 e_{n+1} \\ g_{n+1} + \varepsilon u_2 e_{n+1} \\ b_{n+1} + \varepsilon q e_{n+1} \\ c_{n+1} + \varepsilon r e_{n+1} \end{pmatrix}, \quad (n \geqslant 0) \qquad (8.197)$$

所以，Guo 族的可积耦合（8.193）具有如下的 Hamilton 结构：

$$\bar{u}_{t_n} = \bar{K}_n = \bar{J}_1 \frac{\delta \bar{H}_n}{\delta \bar{u}}, \quad (n \geqslant 0) \qquad (8.198)$$

其中，Hamilton 算子 $\bar{J}_1$ 为：

$$\bar{J}_1 = \begin{bmatrix} -2\varepsilon r \partial^{-1} r & 2\varepsilon r \partial^{-1} q & -2\varepsilon r \partial^{-1} u_2 & 1 + 2\varepsilon r \partial^{-1} u_1 \\ -2\varepsilon q \partial^{-1} r & 2\varepsilon q \partial^{-1} q & 1 - 2\varepsilon q \partial^{-1} u_2 & 2\varepsilon q \partial^{-1} u_1 \\ -2\varepsilon u_2 \partial^{-1} p & 1 + 2\varepsilon u_2 \partial^{-1} q & -2\varepsilon u_2 \partial^{-1} u_2 & 2\varepsilon u_2 \partial^{-1} u_1 \\ 1 - 2\varepsilon u_1 \partial^{-1} r & 2\varepsilon u_1 \partial^{-1} q & -2\varepsilon u_1 \partial^{-1} u_2 & 2\varepsilon u_1 \partial^{-1} u_1 \end{bmatrix}$$

通过复杂的计算可得递推关系为：

$$\begin{pmatrix} c_{n+1} - \varepsilon r e_{n+1} \\ b_{n+1} - \varepsilon q e_{n+1} \\ g_{n+1} - \varepsilon u_2 e_{n+1} \\ f_{n+1} - \varepsilon u_1 e_{n+1} \end{pmatrix} = \begin{pmatrix} L_{11} & L_{12} & L_{13} & L_{14} \\ L_{21} & L_{22} & L_{23} & L_{24} \\ L_{31} & L_{32} & L_{33} & L_{34} \\ L_{41} & L_{42} & L_{43} & L_{44} \end{pmatrix} \begin{pmatrix} c_n - \varepsilon r e_n \\ b_n - \varepsilon q e_n \\ g_n - \varepsilon u_2 e_n \\ f_n - \varepsilon u_1 e_n \end{pmatrix} = \bar{L} \begin{pmatrix} c_n - \varepsilon r e_n \\ b_n - \varepsilon q e_n \\ g_n - \varepsilon u_2 e_n \\ f_n - \varepsilon u_1 e_n \end{pmatrix}$$

$$(8.199)$$

其中，

$$L_{11} = -h - r\partial^{-1}q - \varepsilon r\partial^{-1}u_2\partial - \varepsilon\partial q\partial^{-1}u_1 - \varepsilon r\partial^{-1}hu_1$$

$$L_{12} = \partial + r\partial^{-1}r + \varepsilon r\partial^{-1}u_1\partial + \varepsilon\partial q\partial^{-1}u_2 + \varepsilon r\partial^{-1}hu_2$$

$$L_{13} = -\varepsilon r\partial^{-1}r\partial - \varepsilon\partial q\partial^{-1}q - \varepsilon r\partial^{-1}hg$$

$$L_{14} = \varepsilon r\partial^{-1}q\partial + \varepsilon\partial q\partial^{-1}r + \varepsilon r\partial^{-1}hr$$

$$L_{21} = \partial - q\partial^{-1}q - \varepsilon q\partial^{-1}u_2\partial - \varepsilon\partial r\partial^{-1}u_1 - \varepsilon q\partial^{-1}hu_1$$

$$L_{22} = -h + q\partial^{-1}r + \varepsilon q\partial^{-1}u_1\partial + \varepsilon\partial r\partial^{-1}u_2 + \varepsilon q\partial^{-1}hu_2$$

$$L_{23} = -\varepsilon q\partial^{-1}r\partial - \varepsilon\partial r\partial^{-1}q - \varepsilon q\partial^{-1}hg$$

$$L_{24} = \varepsilon q\partial^{-1}q\partial + \varepsilon\partial r\partial^{-1}r + \varepsilon q\partial^{-1}hr$$

$$L_{31} = -r\partial^{-1}u_1 - u_2\partial^{-1}q - \varepsilon u_2\partial^{-1}u_2\partial - \varepsilon\partial u_1\partial^{-1}u_1 - \varepsilon u_2\partial^{-1}hu_1$$

$$L_{32} = r\partial^{-1}u_2 + u_2\partial^{-1}r + \varepsilon u_2\partial^{-1}u_1\partial + \varepsilon\partial u_1\partial^{-1}u_2 + \varepsilon u_2\partial^{-1}hu_2$$

$$L_{33} = -h - r\partial^{-1}q - \varepsilon u_2\partial^{-1}r\partial - \varepsilon\partial u_1\partial^{-1}q - \varepsilon u_2\partial^{-1}hq$$

$$L_{34} = \partial + r\partial^{-1}r + \varepsilon u_2\partial^{-1}q\partial + \varepsilon\partial u_1\partial^{-1}r + \varepsilon u_2\partial^{-1}hr$$

$$L_{41} = -q\partial^{-1}u_1 - u_1\partial^{-1}q - \varepsilon u_1\partial^{-1}u_2\partial - \varepsilon\partial u_2\partial^{-1}u_1 - \varepsilon u_1\partial^{-1}hu_1$$

$$L_{42} = q\partial^{-1}u_2 + u_1\partial^{-1}r + \varepsilon u_1\partial^{-1}u_1\partial + \varepsilon\partial u_2\partial^{-1}u_2 + \varepsilon u_2\partial^{-1}hu_2$$

$$L_{43} = -h - r\partial^{-1}q - \varepsilon u_2\partial^{-1}r\partial - \varepsilon\partial u_1\partial^{-1}q - \varepsilon u_2\partial^{-1}hq$$

$$L_{44} = \partial + r\partial^{-1}r + \varepsilon u_2\partial^{-1}q\partial + \varepsilon\partial u_1\partial^{-1}r + \varepsilon u_2\partial^{-1}hr$$

所以，Guo 族的可积耦合方程（8.193）具有如下的双-Hamilton 结构：

$$\overline{u}_{t_n} = \overline{K}_n = \overline{J}_1\frac{\delta\overline{H}_n}{\delta\overline{u}} = \overline{J}_2\frac{\delta\overline{H}_{n-1}}{\delta\overline{u}}, \quad (n \geqslant 0) \tag{8.200}$$

其中，第二个相容的 Hamilton 算子为：

$$\overline{J}_2 = \overline{L}\overline{J}_1 \tag{8.201}$$

可以看出 Guo 族的可积耦合方程（8.193）在 Liouville 意义下是可积的。双-Hamilton 结构意味着它具有无穷多独立的交换对称和守恒律。特别地，我们可得 Abelian 代数对称：

$$[\overline{K}_i, \overline{J}_j] = \overline{K}_i'(\overline{u})[\overline{K}_j'] - \overline{K}_j'(\overline{u})[\overline{K}_i'] = 0, \quad (i, j \geqslant 0) \quad (8.202)$$

守恒函数 Abelian 代数为：

$$\{\overline{H}_i, \overline{H}_j\}_{\overline{J}_1} = \int \left(\frac{\delta \overline{H}_i}{\delta \overline{u}}\right)^T \overline{J}_1 \frac{\delta \overline{H}_j}{\delta \overline{u}} dx = 0, \quad (i, j \geqslant 0)$$

$$\{\overline{H}_i, \overline{H}_j\}_{\overline{J}_2} = \int \left(\frac{\delta \overline{H}_i}{\delta \overline{u}}\right)^T \overline{J}_2 \frac{\delta \overline{H}_j}{\delta \overline{u}} dx = 0, \quad (i, j \geqslant 0) \quad (8.203)$$

8.5.4 可积耦合自相容源

下面考虑一个新的辅助线性谱问题，对于 N 个特征值 λ_j $(j=1, 2, \cdots, N)$，系统方程（8.178）变成下面的形式：

$$\begin{pmatrix} \varphi_{1j} \\ \varphi_{2j} \\ \varphi_{3j} \\ \varphi_{4j} \end{pmatrix}_{t_n} = \overline{V}^{(n)}(\overline{u}, \lambda_j) \begin{pmatrix} \varphi_{1j} \\ \varphi_{2j} \\ \varphi_{3j} \\ \varphi_{4j} \end{pmatrix} = \left[\sum_{m=0}^{N} V_m(\overline{u})\lambda_j^{-n+m} + \overline{\Delta}_n(\overline{u}, \lambda_j)\right] \begin{pmatrix} \varphi_{1j} \\ \varphi_{2j} \\ \varphi_{3j} \\ \varphi_{4j} \end{pmatrix}$$

$$(8.204a)$$

$$\begin{pmatrix} \varphi_{1j} \\ \varphi_{2j} \\ \varphi_{3j} \\ \varphi_{4j} \end{pmatrix}_x = \overline{U}(\overline{u}, \lambda_j) \begin{pmatrix} \varphi_{1j} \\ \varphi_{2j} \\ \varphi_{3j} \\ \varphi_{4j} \end{pmatrix}, \quad (j=1, 2, \cdots, N) \quad (8.204b)$$

基于文献［191］的结果，我们知道：

$$\frac{\delta \lambda_j}{\delta u_i} = \alpha_j \mathrm{tr}\left(\Phi_j \frac{\partial \overline{U}(\overline{u}, \lambda_j)}{\delta u_i}\right), \quad (i=1, 2) \quad (8.205)$$

其中，α_j 是常数，tr 表示矩阵的迹和。

$$\Phi_j = \begin{pmatrix} \varphi_{1j}\varphi_{2j} & -\varphi_{1j}^2 & \varphi_{3j}\varphi_{4j} & -\varphi_{3j}^2 \\ \varphi_{2j}^2 & -\varphi_{1j}\varphi_{2j} & \varphi_{4j}^2 & -\varphi_{3j}\varphi_{4j} \\ 0 & 0 & \varphi_{1j}\varphi_{2j} & -\varphi_{1j}^2 \\ 0 & 0 & \varphi_{2j}^2 & -\varphi_{1j}\varphi_{2j} \end{pmatrix}, \quad (j=1, 2, \cdots, N) \quad (8.206)$$

对于 $i = 3$，4，我们定义[215]：

$$\frac{\delta\lambda_j}{\delta u_i} = \beta_j \mathrm{tr}\left[\Phi_{jA}\frac{\partial U_1(\overline{u}, \lambda_j)}{\delta u_i}\right] \quad (8.207)$$

其中，

$$\overline{U} = \begin{pmatrix} U & U_1 \\ 0 & U \end{pmatrix}$$

$$\Phi_{jA} = \begin{pmatrix} \varphi_{3j}\varphi_{4j} & -\varphi_{3j}^2 \\ \varphi_{4j}^2 & -\varphi_{3j}\varphi_{4j} \end{pmatrix}$$

这里 β_j 是常数。

利用方程（8.205）和方程（8.206），并在方程（8.205）和方程（8.207）中取常数 $\alpha_j = 1$、$\beta_j = 1$，我们可得 $\overline{u}$ 关于谱参数 λ_j 变分导数为：

$$\sum_{j=1}^{N}\frac{\delta\lambda_j}{\delta\overline{u}} = \sum_{j=1}^{N}\begin{pmatrix} \dfrac{\delta\lambda_j}{\delta q} \\[2mm] \dfrac{\delta\lambda_j}{\delta r} \\[2mm] \dfrac{\delta\lambda_j}{\delta u_1} \\[2mm] \dfrac{\delta\lambda_j}{\delta u_2} \end{pmatrix} = \begin{pmatrix} 2\varepsilon u_1\langle\Phi_1, \Phi_2\rangle - \langle\Phi_1, \Phi_1\rangle + \langle\Phi_2, \Phi_2\rangle \\[2mm] -2\varepsilon u_2\langle\Phi_1, \Phi_2\rangle + \langle\Phi_1, \Phi_1\rangle + \langle\Phi_2, \Phi_2\rangle \\[2mm] \dfrac{1}{2}\langle\Phi_4, \Phi_4\rangle - \dfrac{1}{2}\langle\Phi_3, \Phi_3\rangle \\[2mm] \dfrac{1}{2}\langle\Phi_3, \Phi_3\rangle + \dfrac{1}{2}\langle\Phi_4, \Phi_4\rangle \end{pmatrix}$$

$$(8.208)$$

因此，可得 Guo 族可积耦合的自相容源，如下：

$$u_{t_n} = \bar{K}_n = \begin{pmatrix} q \\ r \\ u_1 \\ u_2 \end{pmatrix}_{t_n} = \bar{J}_1 \begin{pmatrix} f_{n+1} + \varepsilon u_1 e_{n+1} \\ g_{n+1} + \varepsilon u_2 e_{n+1} \\ b_{n+1} + \varepsilon q e_{n+1} \\ c_{n+1} + \varepsilon r e_{n+1} \end{pmatrix} + \bar{J}_1 \begin{pmatrix} 2\varepsilon u_1 \langle \Phi_1, \Phi_2 \rangle - \langle \Phi_1, \Phi_1 \rangle + \langle \Phi_2, \Phi_2 \rangle \\ -2\varepsilon u_2 \langle \Phi_1, \Phi_2 \rangle + \langle \Phi_1, \Phi_1 \rangle + \langle \Phi_2, \Phi_2 \rangle \\ \dfrac{1}{2} \langle \Phi_4, \Phi_4 \rangle - \dfrac{1}{2} \langle \Phi_3, \Phi_3 \rangle \\ \dfrac{1}{2} \langle \Phi_3, \Phi_3 \rangle + \dfrac{1}{2} \langle \Phi_4, \Phi_4 \rangle \end{pmatrix}$$

$$(8.209)$$

其中，$\Phi_i = (\varphi_{i1}, \varphi_{i2}, \cdots, \varphi_{iN})$，$i = 1, 2, 3, 4$，$\langle \cdot, \cdot \rangle$ 是 R^N 中的标准内积。

在方程（8.209）中令 $n = 2$，可得 Guo 方程的自相容源为

$$q_{t_2} = r_{xx} + \frac{1}{2} r(r^2 - q^2) - \varepsilon(3qq_x u_1 - q_x r u_2 + q^2 u_{1x} - qr_x u_2 - 2qr u_{2x} + q_x r^2$$

$$- qrr_x + u_{1x} r^2 - u_1 rr_x) + \varepsilon^2 r(-q^2 u_1^2 - r^2 u_2^2 - 2qr u_1 u_2 - r^3 u_2 + qr^2 u_1$$

$$+ q^2 r u_2 - q^3 u_1) - 2\varepsilon r \partial^{-1} r \sum_{j=1}^{N} (2\varepsilon u_1 \varphi_{1j} \varphi_{2j} - \varphi_{1j}^2 + \varphi_{2j}^2)$$

$$+ 2\varepsilon r \partial^{-1} q \sum_{j=1}^{N} (-2\varepsilon u_2 \varphi_{1j} \varphi_{2j} + \varphi_{1j}^2 + \varphi_{2j}^2) - \varepsilon r \partial^{-1} u_2 \sum_{j=1}^{N} (\varphi_{4j}^2 - \varphi_{3j}^2)$$

$$+ \frac{1}{2} (1 + 2\varepsilon r \partial^{-1} u_1) \times \sum_{j=1}^{N} (\varphi_{3j}^2 + \varphi_{4j}^2)$$

$$r_{t_2} = q_{xx} + \frac{1}{2} q(r^2 - q^2) - \varepsilon(q r_x u_1 - 3r_x r u_2 + q_x r u_1 + 2qr u_{1x} - r^2 u_{2x} + qq_x$$

$$- q^2 r_x + qq_x u_2 - q^2 u_{2x}) + \varepsilon^2 q(-q^2 u_1^2 - r^2 u_2^2 - 2qr u_1 u_2 - r^3 u_2$$

$$+ qr^2 u_1 + q^2 r u_2 - q^3 u_1) - 2\varepsilon q \partial^{-1} r \sum_{j=1}^{N} (2\varepsilon u_1 \varphi_{1j} \varphi_{2j} - \varphi_{1j}^2 + \varphi_{2j}^2)$$

$$+ 2\varepsilon q \partial^{-1} q \sum_{j=1}^{N} (-2\varepsilon u_2 \varphi_{1j} \varphi_{2j} + \varphi_{1j}^2 + \varphi_{2j}^2) + \frac{1}{2} (1 - 2\varepsilon q \partial^{-1} u_2) \sum_{j=1}^{N} (\varphi_{4j}^2 - \varphi_{3j}^2)$$

$$+ \varepsilon q \partial^{-1} u_1 \times \sum_{j=1}^{N} (\varphi_{3j}^2 + \varphi_{4j}^2)$$

$$u_{1t_2} = r_{xx} + u_{2xx} + \frac{1}{2}(r^3 - q^2 r + r^2 u_2 - q^2 u_2) + r^2 u_2 - qr u_1 + \varepsilon(q r_x u_2$$

$$+ 2qr_x u_2 + qru_{2x} - 3qq_x u_1 - q^2 u_{1x} - 3qu_1 u_{1x} - q_x u_1^2 + 2r_x u_1 u_2$$

$$+ ru_{1x} u_2 + ru_1 u_{2x} - q_x u_2^2 + qu_2 u_{2x}) + \varepsilon^2 (qru_1^2 - qr^2 u_1 u_2$$

$$- qu_1^2 u_2 + 2qru_1 u_2^2 - r^2 u_2^3 + q^2 ru_2^2 - q^3 u_1 u_2)$$

$$- 2\varepsilon u_2 \partial^{-1} r \sum_{j=1}^{N} (2\varepsilon u_1 \varphi_{1j} \varphi_{2j} - \varphi_{1j}^2 + \varphi_{2j}^2) + (1 + 2\varepsilon u_2 \partial^{-1} q)$$

$$\times \sum_{j=1}^{N} (- 2\varepsilon u_2 \varphi_{1j} \varphi_{2j} + \varphi_{1j}^2 + \varphi_{2j}^2) - \varepsilon u_2 \partial^{-1} u_2 \sum_{j=1}^{N} (\varphi_{4j}^2 - \varphi_{3j}^2)$$

$$+ \varepsilon u_2 \partial^{-1} u_1 \sum_{j=1}^{N} (\varphi_{3j}^2 + \varphi_{4j}^2)$$

$$u_{2t_2} = q_{xx} + u_{1xx} + \frac{1}{2}(qr^2 - q^3 + r^2 u_1 - q^2 u_1) - q^2 u_1 + qru_2 + \varepsilon(- 2q_x ru_1$$

$$+ 3rr_x u_2 + r^2 u_{2x} - qr_x u_1 - qru_{1x} - 2q_x u_1 u_2 - qu_{1x} u_2 - qu_1 u_{2x}$$

$$+ 3ru_2 u_{2x} + r_x u_2^2 - ru_1 u_{1x} + u_1^2 r_x) + \varepsilon^2 (- q^2 ru_1 u_2 - q^2 u_1^3$$

$$+ 2qru_1^2 u_2 + qr^2 u_2^2 - r^2 u_1 u_2^2 - r^3 u_1 u_2 + qr^2 u_1^2)$$

$$- [1 - 2\varepsilon u_1 \partial^{-1} r \sum_{j=1}^{N} (2\varepsilon u_1 \varphi_{1j} \varphi_{2j} - \varphi_{1j}^2 + \varphi_{2j}^2)$$

$$+ 2\varepsilon u_1 \partial^{-1} q] \times \sum_{j=1}^{N} (- 2\varepsilon u_2 \varphi_{1j} \varphi_{2j} + \varphi_{1j}^2 + \varphi_{2j}^2)$$

$$- \varepsilon u_1 \partial^{-1} u_2 \sum_{j=1}^{N} (\varphi_{4j}^2 - \varphi_{3j}^2) + \varepsilon u_1 \partial^{-1} u_1 \sum_{j=1}^{N} (\varphi_{3j}^2 + \varphi_{4j}^2) \qquad (8.210)$$

其中,

$$\varphi_{1j,x} = \frac{1}{2}[(\lambda^{-1} + h)\varphi_{1j} + (q + r)\varphi_{2j} + (u_1 + u_2)\varphi_{4j}]$$

$$\varphi_{2j,x} = \frac{1}{2}[(q - r)\varphi_{1j} - (\lambda^{-1} + h)\varphi_{2j} + (u_1 - u_2)\varphi_{3j}]$$

$$\varphi_{3j,x} = \frac{1}{2}[(\lambda^{-1} + h)\varphi_{3j} + (q + r)\varphi_{4j}]$$

$$\varphi_{4j,x} = \frac{1}{2}[(q - r)\varphi_{3j} - (\lambda^{-1} + h)\varphi_{4j}], \quad (j = 1, \cdots, N)$$

8.5.5 小结

水覆盖了地球表面 71% 的面积，水和水波是我们常见的物质，水波是一种通过物质或空间传递能量的扰动。本节介绍一种在矩阵谱问题中利用扰动方法生成波系统，利用分量迹恒等式构造生成可积系统的双-Hamilton 结构。作为应用，给出了 Guo 族可积耦合双-Hamilton 结构，所得结果丰富了扰动方程和可积耦合理论[216]。接下来，我们将要做的一个有趣和富有挑战性的工作是得到分数阶 Guo 族及其分数阶可积耦合。

怪波解、作用解、有理解、亮孤子解和拟周期解展示出可积系统精确解的一种特殊可积性。作为可积耦合约化，我们得到经典非线性可积方程。下一步，我们将做的一个重要和困难的问题是如何求出这些约化方程的广义对称、精确解及其非线性行为。

参考文献

[1] 谷超豪，郭柏灵，等．孤立子理论与应用 [M]．杭州：浙江科学技术出版社，1990．

[2] Hilbert D. Mathematics problem [J]. Göttinger Nachrichten, 1900: 253 -297.

[3] Ma W X. Riemann-Hilbert problems and N-soliton solutions for a coupled mKdV system [J]. Journal of Geometry & Physics, 2018, 132: 45 - 54.

[4] Ma W X. Riemann-Hilbert problems of a six-component fourth-order AKNS system and its soliton solutions [J]. Computational and Applied Mathematics, 2018, 37 (5): 6359 -6375.

[5] Ma W X. Riemann-Hilbert problems of a six-component mKdV system and its soliton solutions [J]. Acta Mathematica Scientia, Series B, 2019, 39B (2): 509 -523.

[6] Ma W X. The inverse scattering transform and soliton solutions of a combined modified Korteweg-de Vries equation [J]. Journal of Mathematical Analysis & Applications, 2019, 471 (1 -2): 796 -811.

［7］ Guo B L, Ling L M. Riemann-Hilbert approach and N-soliton formula for coupled derivative Schrödinger equation ［J］. Journal of Mathematical Physics, 2012, 53 (7): 073506.

［8］ Wen L L. Zhang N, Fan E G. N-soliton solution of the Kundu-type equation via Riemann-Hilbert approach ［J］. Acta Mathematica Scientia, Series B, 2020, 40B (1): 113 – 126.

［9］ 范恩贵. 可积系统、正交多项式和随机矩阵-Riemann-Hilbert 方法 ［M］. 北京: 科学出版社, 2022.

［10］ Geng X G, Wu J P. Riemann-Hilbert approach and N-soliton solutions for a generalized Sasa-Satsuma equation ［J］. Wave Motion, 2016, 60: 62 – 72.

［11］ Geng X G, Nie H. N solutions for a derivative nonlinear Schrödinger-type equation via Riemann-Hilbert approach ［J］. Mathematial Methods in Appled Sciences, 2018, 41: 1653 – 1660.

［12］ Zhang Y S, Cheng Y, He J S. Riemann-Hilbert method and N-soliton for two-component Gerdjikov-Ivanov equation ［J］. Journal of Nonlinear Mathematical Physics, 2017, 24: 210 – 223.

［13］ Wang D S, Zhang D J, Yang J K. Integrable properties of the general coupled nonlinear Schröodinger equations ［J］. Journal of Mathematical Physics, 2010, 51: 023510.

［14］ Kang Z Z, Xia T C. Construction of multi-soliton solutions of the N-coupled Hirota equations in an optical fiber ［J］. Chinese Physics Letters, 2019, 36 (11): 110201

［15］ Hirota R. The Direct Method in Soliton Theory ［M］. Cambridge: Cambridge University Press, 2004.

［16］ Oishi S. A method of constructing generalized soliton solutions for certain bilinear soliton equations [J]. Journal of the Physical Society of Japan, 2007, 47 (4): 1341 – 1346.

[17] Hirota R, Ito M. Resonance of solitons in one dimension [J]. Journal of the Physical Society of Japan, 1983, 52: 744 – 748.

[18] Ablowitz M J. Solitons and rational solutions of nonlinear evolution equations [J]. Journal of Mathematical Physics, 1978, 19 (10): 2180 – 2186.

[19] Isojima S, Willox R, Satsuma J. Spider-web solutions of the coupled KP equation [J]. Journal of Physics A: Mathematical and General, 2003, 36 (36): 9533 – 9552.

[20] Nakamura A. Decay mode solution of the two-dimensional KdV equation and the generalized Baäcklund transformation [J]. Journal of Mathematical Physics, 1981, 22 (11): 2456 – 2462.

[21] Tajiri M, Arai T. Growing-and-decaying mode solution to the Davey-Stewartson equation [J]. Physical Review E, 1999, 60: 2298 – 2305.

[22] Tajiri M, Miura H, Arai T. Resonant interaction of modulational instability with a periodic soliton in the Davey-Stewartson equation [J]. Physical Review E, 2002, 66: 067601.

[23] Arai T, Tajiri M. Long-range interaction between two periodic solitons through Growing-and-Decaying mode in the Davey-Stewartson I equation [J]. Journal of the Physical Society of Japan, 2010, 79: 045002.

[24] Hietarinta J, Hirota R. Multidromion solutions to the Davey-Stewartson equation [J]. Physics Letters A, 1990, 145: 237 – 244.

[25] Gilson C R, Nimmo J J C. A direct method for dromion solutions of the Davey-Stewartson equations and their asymptotic properties [J]. Pro-

ceedings of The Royal Society A, 1991, 435: 339 – 357.

[26] Heredero R H, Alonso L S, Reus E M. Fusion and fission of dromions in the Davey-Stewartson equation [J]. Physics Letters A, 1991, 152: 37 – 41.

[27] Ohta Y, Yang J K. Rogue waves in the Davey-Stewartson I equation [J]. Physical Review E, 2012, 86: 036604.

[28] Tu G Z. The trace identity, a powerful tool for constructing the Hamiltonian structure of integrable systems [J]. Journal of Mathematical Physics, 1989, 30 (2): 330 – 338.

[29] Ma W X. A new hierarchy of Liouville integrable generalized Hamiltonian equations and its reduction [J]. Chinese Journal of Contemporary Mathematics, 1992, 13 (1): 79 – 89.

[30] Xia T C, Fan E G. The multicomponent generalized Kaup-Newell hierarchy and its multicomponent integrable couplings system with two arbitrary functions [J]. Journal of Mathematical Physics, 2005, 46: 043510.

[31] Fan E G, Zhang H Q. New exact solutions to a system of coupled KdV equations [J]. Physics Letters A, 1998, 245 (5): 389 – 392.

[32] Zhang J F. Multiple soliton solutions of the dispersive long-wave equations [J]. Chinese Physisc Letters, 1999, 16 (1): 4 – 5.

[33] Zhang Y F, Zhang H Q. A direct method for integrable couplings of TD hierarchy [J]. Journal of Mathematical Physics, 2001, 43 (1): 466 – 472.

[34] Ma W X, Fushssteiner B. Integrable theory of the perturbation equations [J]. Chaos, Soliton and Fractals, 1996, 7: 1227 – 1250.

[35] Ma W X, Fushssteiner B. The bi-Hamiltonian structure of the perturba-

tion equations of the KdV hierarchy [J]. Physics Letters A, 1996, 213: 49 – 55.

[36] Ma W X. Nonlinear continuous integrable Hamiltonian couplings [J]. Applied Mathematics and Computation, 2011, 217: 7238 – 7244.

[37] Ma W X, Zhu Z N. Constructing nonlinear discrete integrable Hamiltonian couplings [J]. Computers and Mathematics with Applications, 2010, 60: 2601 – 2608.

[38] Ma W X, Xiang X X, Zhang Y F. Semi-direct sums of Lie algebras and continuous integrable couplings [J]. Physics Letters A, 351 (2006): 125 – 130.

[39] Guo F K, Zhang Y F. A new loop algebra and a corresponding integrable hierarchy, as well as its integrable coupling [J]. Journal of Mathematical Physics, 2003, 44: 5793 – 5803.

[40] Ma W X. Enlarging spectral problems to construct integrable couplings of soliton equations [J]. Physics Letters A, 2003, 316: 72 – 76.

[41] Guo F K, Zhang Y F. The quadratic-form identity for constructing the Hamiltonian structure of integrable systems [J]. Journal of Physics A: Mathematical and General, 2005, 38 (40): 8537 – 8548.

[42] Ma W X. A Hamiltonian structure associated with a matrix spectral problem of arbitrary-order [J]. Physics Letters A, 2007, 367 (6): 473 – 477.

[43] Miura R M, Gardner C S, Kruskal M D. Korteweg-de Vries and generalizations II. Existence of conservation laws and constants of motion [J]. Journal of Mathematical Physics, 1968, 9: 1204 – 1209.

[44] Anco S C, Bluman G. Direct construction method for conservation laws of partial differential equations. II. Genera treatment [J]. European

Journal of Applied Mathematics, 2002, 13 (5): 567 – 585.

[45] Ibragimov N H, Kolsrud T. Lagrangian approach to evoLution equations: symmetries and conservation laws [J]. Nonlinear Dynamics, 2004, 36 (1): 29 – 40.

[46] Wang H, Xia T C. Conservation laws for a super G-J hierarchy with self-consistent sources [J]. Communications in Nonlinear Science and Numerical Simulation, 2012, 17 (2): 566 – 572.

[47] Nadjafikhah M, Bakhshandeh Chamazkoti R, Ahangari F. Potential symmetries and conservation laws for generalized quasilinear hyperbolic equations [J]. Applied Mathematics and Mechanics, 2011, 32 (12): 1607 – 1614.

[48] Kaup D J. Integrable ponderomotive system: cavitons aresolitons [J]. Physical Review Letters, 1987, 59 (18): 2063 – 2066.

[49] Nakazawa M, Yamada E, Kubota H. Coexistence of self-induced transparency soliton and nonlinear Schrödinger soliton [J]. Physical Review Letters, 1991, 66 (20): 2625 – 2628.

[50] Xiao T, Zeng Y. The quasiclassical limit of the symmetry constraint of the KP hierarchy and the dispersionless KP hierarchy with self-consistent sources [J]. Journal of Nonlinear Mathematical Physics, 2006, 13 (2): 193 – 204.

[51] Wang H Y, Hu X B, Tam H W. Construction of q-discrete two-dimensional Toda lattice equation with self-consistent sources [J]. Journal of Nonlinear Mathematical Physics, 2007, 14 (2): 258 – 268.

[52] 王红艳, 胡星彪. 带自相容源的孤子方程 [M]. 北京: 清华大学出版社, 2008.

[53] Zabusky N J, Kruskal M D. Interaction of "solitons" in a collisionless

plasma and the recurrence of initial states [J]. Physical Review Letters, 1965, 15: 240 – 243.

[54] Enns R H, Jones B L, Miura R M, Rangnekar S S. Nonlinear Phenomena in Physics and Biology [M]. New York: Springer, 1981.

[55] Agrawal G P. Nonlinear fiber optics [M]. San Diego: Academic Press, 2007.

[56] Solli D R, Ropers C, Koonath P, Jalali B. Optical rogue waves [J]. Nature, 2007, 450: 1054 – 1057.

[57] Ruderman M S. Freak waves in laboratory and space plasmas [J]. The European Physical Journal Special Topics, 2010, 185: 57 – 66.

[58] Ablowitz M J, Clarkson P A. Solitons, Nonlinear Evolution Equations and Inverse Scattering [M]. Cambridge: Cambridge University Press, 1991.

[59] Akhmediev N N, Ankiewicz A. Dissipative solitons: from optics to biology and medicine [M]. Berlin: Springer, 2008.

[60] Shi Z P, Huang G X, Tao R B. Solitonlike excitations in a spin chain with a biquadratic anisotropic exchange interaction [J]. Physical Review B, 1990, 42: 747 – 753.

[61] Huang G X, Shi Z P, Dai X X. Soliton excitations in the alternating ferromagnetic Heisenberg chain [J]. Physical Review B, 1991, 43: 11197 – 11206.

[62] Daniel M, Kavitha L. Localized spin excitations in an anisotropic Heisenberg ferromagnet with Dzyaloshinskii-Moriya interactions [J]. Physical Review B, 2001, 63: 172302.

[63] Daniel M, Kavitha L, Amuda R. Soliton spin excitations in an anisotropic Heisenberg ferromagnet with octupole-dipole interaction [J].

Physical Review B, 1999, 59: 13774 – 13781.

[64] Kavitha L, Sathishkumar P, Saravanan M, Gopi D. Soliton switching in an anisotropic Heisenberg ferromagnetic spin chain with octupole-dipole interaction [J]. Physica Scripta, 2011, 83 (5): 1 – 3.

[65] Lamb G L. Solitons and the motion of Helical curves [J]. Physical Review Letters, 1976, 37: 235 – 237.

[66] Kavitha L, Daniel M. Integrability and soliton in a classical one-dimensional site-dependent biquadratic Heisenberg spin chain and the effect of nonlinear inhomogeneity [J]. Journal of Physics A: Mathematical and General, 2003, 36 (42): 10471 – 10492.

[67] Antipov A G, Komarov I V. The isotropic Heisenberg chain of arbitrary spin by direct solution of the Baxter equation [J]. Physica D: Nonlinear Phenomena, 2006, 221 (2): 101 – 109.

[68] Kavitha L, Prabhu A, Gopi D. New exact shape changing solitary solutions of a generalized Hirota equation with nonlinear inhomogeneities [J]. Chaos, Solitons and Fractals, 2009, 42 (4): 2322 – 2329.

[69] Radha R, Kumar V R Z. Explode-decay solitons in the generalized inhomogeneous higher-order nonlinear Schrödinger equations [J]. Zeitschrift fur Naturforschung A, 2007, 62 (7): 381 – 386.

[70] Wang M, Shan W R, Tian B, Tan Z. Darboux transformation and conservation laws for an inhomogeneous fifth-order nonlinear Schrödinger equation from the Heisenberg ferromagnetism [J]. Communications in Nonlinear Science and Numerical Simulation, 2015, 20 (3): 692 – 698.

[71] Song N, Zhang W, Wang P, Xue Y K. Rogue wave solutions and generalized Darboux transformation for an inhomogeneous fifth-order nonlin-

ear Schrödinger equation ［J］. Journal of Function Spaces, 2017: 6910926.

［72］ Zhao W Z, Bai Y Q, Wu K. Generalized inhomogeneous Heisenberg ferromagnet model and generalized nonlinear Schröodinger equation ［J］. Physics Letters A, 2006, 352: 64 – 68.

［73］ Yang J K. Nonlinear waves in integrable and nonintegrable systems ［M］. Philadelphia: Society for Industrial and Applied Mathematics Publications Library, 2010.

［74］ Wang X B, Han B. Application of the Riemann-Hilbert method to the vector modified Korteweg-de Vries equation ［J］. Nonlinear Dynamics, 2010, 99 (2): 1363 – 1377.

［75］ Guo N, Xu J, Wen L L, Fan E G. Rogue wave and multi-pole solutions for the focusing Kundu-Eckhaus equation with nonzero background via Riemann-Hilbert problem method ［J］. Nonlinear Dynamics, 2021, 103 (2): 1851 – 1868.

［76］ Yang Y L, Fan E G. Riemann-Hilbert approach to the modified nonlinear Schrödinger equation with non-vanishing asymptotic boundary conditions ［J］. Physica D: Nonlinear Phenomena, 2021, 417: 132811.

［77］ Hu B B, Lin J, Zhang L. Dynamic behaviors of soliton solutions for a three-coupled Lakshmanan-Porsezian-Daniel model ［J］. Nonlinear Dynamics, 2022, 107 (3): 2773 – 2785.

［78］ Deift P, Zhou X. A steepest descent method for oscillatory Riemann-Hilbert problems. Asymptotics for the MKdV equation ［J］. Annals of Mathematics, 1993, 137 (2): 295 – 368.

［79］ Xu J, Fan E G. Long-time asymptotic behavior for the complex short pulse equation ［J］. Journal of Differential Equations, 2020, 269

（11）：10322 – 10349.

[80] Zhang W G, Yao Q, Bo G Q. Two-soliton solutions of the complex short pulse equation via Riemann-Hilbert approach [J]. Applied Mathemtics Letters, 2019, 98：263 – 270.

[81] Chen M M, Geng X G, Wang K D. Spectral analysis and long-time asymptotics for the potential Wadati-Konno-Ichikawa equation [J]. Journal of Mathematical Analysis Applications, 2021, 501（2）：125170.

[82] Xu L, Wang D S, Wen X Y, Jiang Y L. Exotic localized vector waves in a two-component nonlinear wave system [J]. Journal of Nonlinear Science, 2020, 30（2）：537 – 564.

[83] Liu W J, Zhang Y J, Wazwaz A M, Zhou Q. Analytic study on triple-S, triple-triangle structure interactions for solitons in inhomogeneous muli-mode fiber [J]. Applied Mathematics and Computation, 2019, 361：325 – 331.

[84] Savescu M, Khan K R, Naruka P, et al. Optical solitons in photonic nano waveguides with an improved nonlinear Schrödinger equation [J]. Journal of Computional and Theoretical Nanoscience, 2013, 10（5）：1182 – 1191.

[85] Topkara E, Milovic D, Sarma A K, et al. Optical solitons with non-Kerr law nonlinearity and inter-modal dispersion with time dependent coefficients [J]. Communications in Nonlinear Science and Numerical Simulation, 2010, 15（9）：2320 – 2330.

[86] Jia T T, Gao Y T, Feng Y J, et al. On the quintic time-dependent coefficient derivative nonlinear Schrödinger equation in hydrody namics or fiber optics [J]. Nonlinear Dynamics, 2019, 96：229 – 241.

[87] Akhemediev N, Korneev V I. Modulation instability and periodic solu-

tions of the nonlinear Schrödinger equation [J]. Theoretical and Mathematical Physics, 1986, 69: 1089 – 1093.

[88] Yang J W, Gao Y T, Feng Y J, Su C Q. Solitons and dromion-like structures in an inhomogeneous optical fiber [J]. Nonlinear Dynamics, 2017, 87: 851 – 862.

[89] Bailung H, Sharma S K, Nakamura Y. Observation of peregrine solitons in a multicomponent plasma with negative lons [J]. Physical Review Letters, 2011, 107 (25): 255005.

[90] Baronio F, Conforti M, Degasperis A, Lombardo S. Rogue waves emerging from the resonant intercaction of three waves [J]. Physical Review Letters, 2013, 111: 114101.

[91] Jia S L, Gao Y T, Zhao C, et al. Solitons, breathers and rogue waves for a sixth-order variable-coefficient nonlinear Schrödinger equatin in an ocean or optical fiber [J]. The European Physical Journal Plus, 2017, 132: 34.

[92] Baronio F, Conforti M, Degasperis A, et al. Vector rogue waves and baseband modulation instability in the defocusing regime [J]. Physical Review Letters, 2014, 113 (3): 034101.

[93] Vinoj M N, Kuriakose V C. Multisoliton solutions and intergrability aspects of coupled higher-order nonlinear Schrödinger equations [J]. Physical Review E, 2000, 62: 8719 – 8725.

[94] Liu D Y, Tian B, Xie X Y. Bound-state solutions, Lax pair and conservation laws for the coupled higher-stated nonlinear Schrödinger equations in the birefringent or two-mode fiber [J]. Modern Physics Letters B, 2017, 31 (12): 1750067.

[95] Sun W R, Liu D Y, Xie X Y. Vector semirational rouge waves and

modulation instability for the coupled higher-order nonlinear Schrödinger equations in the birefringent optical fibers [J]. Chaos, 2017, 27 (4): 043114.

[96] Xu T, He G L. Higher-order interactional solutions and rogue wave pairs for the coupled Lakshmanan-Porsezian-Daniel equations [J]. Nonlinear Dynamics, 2019, 98: 1731–1744.

[97] Fang F, Hu, B B, Zhang L. Inverse scattering transform for the generalized derivative nonlinear Schrödinger equation via matrix Riemann-Hilbert problem [J]. Mathematical Problems in Engineering, 2022: 3967328.

[98] Constantin A, Ivanov R I, Lenells J. Inverse scattering transform for the Degasperis-Procesi equation [J]. Nonlinearity, 2010, 23 (10): 2559–2575.

[99] Wu J P. Integrability aspects and multi-soliton solutions of a new coupled Gerdjikov-Ivanov derivative nonlinear Schrödinger equation [J]. Nonlinear Dynamics, 2019, 96: 789–800.

[100] Shi X J, Li J, Wu C F. Dynamics of soliton solutions of the nonlocal Kundu-nonlinear Schrödinger equation [J]. Chaos, 2019, 29 (2): 023120.

[101] Novikov S P, Manakov S V, Pitaevskii L P, Zakharov V E. Theory of Solitons: The Inverse Scattering Method [M]. New York: Consultants Bureau, 1984.

[102] Yang J K. General N-solitons and their dynamics in several nonlocal nonlinear Schrödinger equations [J]. Physics Letters A, 2019, 383 (4): 328–337.

[103] Yang J K. Physically significant nonlocal nonlinear Schrödinger equa-

tions and its soliton solutions [J]. Physical Review E, 2018, 98: 042202.

[104] Deift P, Kriecherbauer T, McLaughlin K T R, et al. Strong asymptotics of orthogonal polynomials with respect to exponential weights [J]. Communications on Pure and Applied Mathematics, 1999, 52 (12): 1491 – 1552.

[105] Xu J, Fan E G. Long-time asymptotics for the Fokaslenlls equation with decaying initial value problem: without solitons [J]. Journal of Differential Equations, 2015, 259 (3): 1098 – 1148.

[106] Wang D S, Guo B L, Wang X L. Long-time asymptotics of the focusing Kundu-Eckhaus equation with nonzero boundary conditions [J]. Journal of Differential Equations, 2019, 266 (9): 5209 – 5253.

[107] Wen L L, Chen Y, Xu J. The long-time asymptotics of the derivative nonlinear Schrödinger equation with step-like initial value [J]. Physica D: Nonlinear Phenomena, 2023, 454 (15): 133855.

[108] Liu N, Zhao X D. Long-time asymptotic behavior of the solution to the coupled Hirota equations with decaying initial data [J]. Rocky Mountain Journal of Mathematics, 2022, 52 (5): 1719 – 1740.

[109] Wang D S, Yin S J, Ye T, Liu Y F. Integrability and bright soliton solutions to the coupled nonlinear Schrödinger equation with higher-order effects [J]. Applied Mathematics and Computation, 2014, 229: 296 – 309.

[110] Liu H, Geng X G, Xue B. The Deift-Zhou steepest descent method to long-time asymptotics for the Sasa-Satsuma equation [J]. Journal of Differential Equations, 2018, 265 (11): 5984 – 6008.

[111] Ma W X. Application of the Riemann-Hilbert approach to the multicom-

ponent AKNS integrable hierarchies ［J］. Nonlinear Analysis: Real World Applications, 2019, 47: 1 – 17.

［112］ Tian S F. Initial-boundary value problems for the general coupled nonlinear Schrödinger equation on the interval via the Fokas method ［J］. Journal of Differential Equations, 2017, 262 (1): 506 – 558.

［113］ Ma X, Xia T C. Riemann-Hilbert approach and N-soliton solutions for the generalized nonlinear Schrödinger equation ［J］. Physica Scripta, 2019, 94 (9): 095203.

［114］ Wei H Y, Fan E G, Guo H D. Riemann-Hilbert approach and nonlinear dynamics of the coupled higher-order nonlinear Schrödinger equation in the birefringent or two-mode fiber ［J］. Nonlinear Dynamics, 2021, 104 (1): 649 – 660.

［115］ Osborne A R. Nonlinear ocean waves and the inverse scattering transform ［M］. New York: Academic Press, 2009.

［116］ Wang L, Zhang J H, Wang Z Q, et al. Breather-to-soliton transitions, nonlinear wave interactions, and modulational instability in a higherorder generalized nonlinear Schrödinger equation ［J］. Physical Review E, 2016, 93 (1): 012214.

［117］ 陈登远. 孤子引论 ［M］. 北京: 科学出版社, 2006.

［118］ 李翊神. 孤子与可积系统 ［M］. 上海: 上海科技教育出版社, 1999.

［119］ Ablowitz M J, Segur H. On the evolution of packets of water waves ［J］. Journal of Fluid Mechanics, 1979, 92 (4): 691 – 715.

［120］ Veni S S, Latha M M. A generalized Davydov model with interspine coupling and its integrable discretization ［J］. Physica Scripta, 2012, 86 (2): 025003.

[121] Davydov A S. The role of solitons in the energy and electron transfer in one dimensional molecular systems [J]. Physica D: Nonlinear Phenomena, 1981, 3 (1 −2): 1 −22.

[122] Hyman J M, McLaughlin D W, Scott A C. On Davydov's alpha-helix solitons [J]. Physica D: Nonlinear Phenomena, 1981, 3 (1 −2): 23 −44.

[123] Sun W R, Tian B, Wang Y F, Zhen H L. Soliton excitations and interactions for the three-coupled fourth-order nonlinear Schrödinger equations in the alpha helical proteins [J]. The European Physical Journal D, 2015, 69 (6): 146.

[124] Du Z, Tian B, Qu Q X, et al. Semirational rogue waves for the three-coupled fourth-order nonlinear Schrödinger equations in an alpha helical protein [J]. Superlattices and Microstructures, 2017, 112: 362 −373.

[125] Du Z, Tian B, Chai H P, Zhao X H. Lax pair, Darboux transformation and rogue waves for the three-coupled fourth-order nonlinear Schrödinger system in an alpha helical protein [J]. Wave in Random and Complex Media, 2021, 31 (6): 1051 −1071.

[126] Liu W H, Liu Y, Zhang Y F, Shi D D. Riemann-Hilbert approach for multi-soliton solutions of a fourt-order nonlinear Schrödinger equation [J]. Modern Physics Letters B, 2019, 33 (33): 1950416.

[127] Ma W X. N-soliton solutions and the Hirota conditions in (2 + 1)-dimensions [J]. Optical and Quantum Electronics, 2020, 52: 511 −521.

[128] Zheng H C, Ma W X, Gu X. Hirota bilinear equations with linear subspaces of hyperbolic and trigonometric function solutions [J]. Ap-

plied Mathematics and Computation, 2013, 220: 226 – 234.

[129] Ma W X. N-soliton solution and the Hirota condition of a (2 + 1)-dimensional combined equation [J]. Mathematics and Computers in Simulation, 2021, 190: 270 – 279.

[130] Ma W X. N-soliton solution of a combined pKP-BKP equation [J]. Journal of Geometry and Physics, 2021, 165: 104191.

[131] Ma W X, Yong X L, Lü X. Soliton solutions to the B-type Kadomtsev-Petviashvili equation under general dispersion relations [J]. Wave Motion, 2021, 103: 102719.

[132] Wu J P, Geng X G. Inverse scattering transform and soliton classification of the coupled modified Korteweg-de Vries equation [J]. Communications in Nonlinear Science and Numerical Simulation, 2017, 53: 83 – 93.

[133] Tian S F, Zhang T T. Long-time asymptotic behavior for the Gerdjikov-Ivanov type of derivative nonlinear Schröodinger equation with time-periodic boundary condition [J]. Proceedings of The American Mathematical Society, 2018, 146 (4): 1713 – 1729.

[134] Geng X G, Liu W H, Wang K D, Chen M M. Long-time asymptotics for the complex nonlinear transverse oscillation equation [J]. Analysis and Applications, 21 (2): 497 – 533.

[135] Yang J K, Kaup D J. Squared eigenfunctions for the Sasa-Satsuma equation [J]. Journal of Mathematical Physics, 2009, 50 (2): 023504.

[136] Kozlowski K K. Riemann-Hilbert approach to the time-dependent generalized sine kernel [J]. Advances in Theoretical and Mathematical Physics, 2011, 15 (6): 1655 – 1743.

［137］房春梅, 田守富. 约化的 (3 + 1) 维 Hirota 方程的呼吸波解、Lump 解和半有理解 ［J］. 数学物理学报, 2022, 42A（3）: 775 – 783.

［138］Ma W X. Riemann-Hilbert problems and soliton solutions of nonlocal real reverse-spacetime mKdV equations ［J］. Journal of Mathematical Analysis and Applications, 2021, 498（2）: 124980.

［139］Fokas A S, Lenells J. The unified method: I. Nonlinearizable problems on the half-line ［J］. Journal of Physics A: Mathematical and Theoretical, 2012, 45（19）: 195201.

［140］Xu J, Fan E G. The unified transform method for the Sasa-Satsuma equation on the half-line ［J］. Proceedings of The Royal Society A-Mathematical, Physical and Engineering Sciences, 2013, 469（2159）: 20130068.

［141］Zhu Q Z, Xu J, Fan E G. The Riemann-Hilbert problem and long-time asymptotics for the Kundu-Eckhaus equation with decaying initial value ［J］. Applied Mathematics Letters, 2018, 76: 81 – 89.

［142］Huang L. Asymptotics behavior for the integrable nonlinear Schrödinger equation with quartic terms: Cauchy problem ［J］. Journal of Nonlinear Mathematical Physics, 2020, 27（4）: 592 – 615.

［143］Minakov A. Long-time behavior of the solution to the mKdV equation with step-like initial data ［J］. Journal of Physics A: Mathematical and Theoretical, 2011, 44（8）: 085206.

［144］Yan Z Y. An initial-boundary value problem for the integrable spin-1 Gross-Pitaevskii equations with a 4 × 4 Lax pair on the half-line ［J］. Chaos, 2017, 27（5）: 053117.

［145］Hu B B, Xia T C, Ma W X. Riemann-Hilbert approach for an initial boundary value problem of the two-component modified Korteweg-de Vries equation on the half-line [J]. Applied Mathematics and Computation, 2018, 332: 148 – 159.

[146] Xu J. Long-time asymptotics for the short pulse equation [J]. Journal of Differential Equations, 2018, 265 (8): 3494 – 3532.

[147] Xiao Y, Fan E G. A Riemann-Hilbert approach to the Harry-Dym equation on the line [J]. Chinese Annals of Mathematics Series B, 2016, 37 (3): 373 – 384.

[148] Lü X, Wang J P, Lin F H, Zhou X W. Lump dynamics of a generalized two-dimensional Boussinesq equation in shallow water [J]. Nonlinear Dynamics, 2018, 91: 1249 – 1259.

[149] Lü X, Ma W X. Study of lump dynamics based on a dimensionally reduced Hirota bilinear equation [J]. Nonlinear Dynamics, 2016, 85: 1217 – 1222.

[150] Ma W X, You Y. Solving the Korteweg-de Vries equation by its bilinear form: Wronskian solutions [J]. Transactions of the American Mathematical Society, 2005, 357 (5): 1753 – 1778.

[151] Lü X, Chen S T, Ma W X. Constructing lump solutions to a generalized Kadomtsev-Petviashvili-Boussinesq equation [J]. Nonlinear Dynamics, 2016, 86 (1): 523 – 534.

[152] Zhao X, Tian B, Du X X. Bilinear Bäcklund transformation, kink and breather-wave solutions for a generalized (2 + 1)-dimensional Hirota-Satsuma-Ito equation in fluid mechanics [J]. European Physical Journal Plus, 2021, 136 (2): 159 – 183.

[153] Liu J E, Zhang Y F. Construction of lump soliton and mixed lump stripe solutions of (3 + 1)-dimensional soliton equation [J]. Results

in Physics, 2018, 10 (2): 94 –98.

[154] Zhang Y, Liu Y P, Tang X Y. M-lump and interactive solutions to a (3 + 1)-dimensional nonlinear system [J]. Nonlinear Dynamics, 2018, 93 (4): 2533 –2541.

[155] Willox R, Ohta Y, Gilson C R, et al. Quadrilateral lattices and eigenfunction potentials for N-component KP hierarchies [J]. Physics Letters A, 1999, 252 (3 –4): 163 –172.

[156] Esirkepov T Z, Kamenets F F, Bulanov S V, Naumova N M. Low-frequency relativistic electromagnetic solitons in collisionless plasmas [J]. Journal of Experimental and Theoretical Physics Letters, 1998, 68 (1): 36 –41.

[157] Dorizzi B, Grammaticos B, Ramani A, Winternitz P. Are all the equations of the Kadomtsev-Petviashvili hierarchy integrable? [J]. Journal of Mathematical Physics, 1986, 27 (12): 2848 –2852.

[158] Dong H H, Zhang Y, Zhang X E. The new integrable symplectic map and the symmetry of integrable nonlinear lattice equation [J]. Communications in Nonlinear Science and Numerical Simulation, 2016, 36: 354 –365.

[159] Guo H D, Xia T C. Lump and Lump-Kink soliton solutions of an extended Boiti-Leon-Manna-Pempinelli equation [J]. International Journal of Nonlinear Sciences and Numerical Simulation, 2020, 21 (3 –4): 1 –7.

[160] Yu J P, Sun Y L. Study of lump solutions to dimensionally reduced generalized KP equations [J]. Nonlinear Dynamics, 2017, 87 (4): 2755 –2763.

[161] Kofane T C, Fokou M, Mohamadou A, Yomba E. Lump solutions

and interaction phenomenon to the third-order nonlinear evolution equation [J]. The European Physical Journal Plus, 2017, 132 (11): 465.

[162] Liu Y Q, Wen X Y, Wang D S. The N-soliton solution and localized wave interaction solutions of the (2 + 1)-dimensional generalized Hirota-Satsuma-Ito equation [J]. Computational and Applied Mathematics, 2019, 77 (4): 947 – 966.

[163] Peng W Q, Tian S F, Zhang T T. Breather waves and rational solutions in the (3 + 1)-dimensional Boiti-Leon-Manna-Pempinelli equation [J]. Computational and Applied Mathematics, 2019, 77 (3): 715 – 723.

[164] He C H, Tang Y N, Ma J L. New interaction solutions for the (3 + 1)-dimensional Jimbo-Miwa equation [J]. Computational and Applied Mathematics, 2018, 76 (9): 2141 – 2147.

[165] Xu G Q, Wazwaz A M. Integrability aspects and localized wave solutions for a new (4 + 1)-dimensional Boiti-Leon-Manna-Pempinelli equation [J]. Nonlinear Dynamics, 2019, 98: 1379 – 1390.

[166] Ma W X. Lump solutions to the Kadomtsev-Petviashvili equation [J]. Physics Letters A, 2015, 379 (36): 1975 – 1978.

[167] Yue Y F, Huang L L, Chen Y. Localized waves and interaction solutions to an extended (3 + 1)-dimensional Jimbo-Miwa equation [J]. Applied Mathematics Letters, 2019, 89: 70 – 77.

[168] Ding C C, Gao Y T, Deng G F. Breather and hybrid solutions for a generalized (3 + 1)-dimensional B-type Kadomtsev-Petviashvili equation for the waterwaves [J]. Nonlinear Dynamics, 2019, 94: 2023 – 2040.

[169] Wazwaz A M. Multiple-soliton solutions for extended (3 + 1)-dimensional Jimbo-Miwa equations [J]. Applied Mathematics Letters, 2017, 64: 21 - 26.

[170] Satsuma J, Ablowitz M J. Two-dimensional lumps in nonlinear dispersive systems [J]. Journal of Mathematical Physics, 1979, 20 (7): 1496 - 1503.

[171] Dai Z D, Liu J, Zeng X P, Liu Z J. Periodic kink-wave and kinky periodic-wave solutions for the Jimbo-Miwa equation [J]. Physics Letters A, 2008, 372 (38): 5984 - 5986.

[172] Guo H D, Xia T C, Hu B B. High-order lumps, high-order breathers and hybrid solutions for an extended (3 + 1)-dimensional Jimbo-Miwa equation in fluid dynamics [J]. Nonlinear Dynamics, 2020, 100: 601 - 614.

[173] Yu S J, Toda K, Sasa N, Fukuyama T. N soliton solutions to the Bogoyavlenskii-Schiff equation and a quest for the soliton solution in (3 + 1) dimensions [J]. Journal of Physics A: Mathematical and General, 1998, 31 (14): 3337 - 3347.

[174] Guo H D, Xia T C, Hu B B. Dynamics of abundant solutions to the (3 + 1)-dimensional generalized Yu-Toda-Sasa-Fukuyama equation [J]. Applied Mathematics Letters, 2020, 105: 106301.

[175] Kruglov V I, Peacock A C, Harvey J D. Exact solutions of the generalized nonlinear Schrödinger equation with distributed coeffcients [J]. Physical Review E, 2005, 71 (5): 056619.

[176] Wazwaz A M. The variational iteration method for rational solutions for KdV, K (2, 2), Burgers, and cubic Boussinesq equations [J]. Journal of Computational and Applied Mathematics, 2007, 207 (1):

18 – 23.

[177] Amaral R L P G, Lemes V E R, Ventura O S. Gharge fluctuations in soliton-antisoliton systems without conjugation symmetry [J]. International Journal of Modern Physics A, 2011, 26 (27): 4817 – 4830.

[178] Lou S Y, Tong B, Hu H C, Tang X Y. Coupled KdV equations derived from two-layer fluids [J]. Journal of Physics A: Mathematical and General, 2006, 39 (3): 513 – 527.

[179] Fan E G. Extended tanh-function method and its applications to nonlinear equations [J]. Physics Letters A, 2000, 277 (4): 212 – 218.

[180] Wei H Y, Tong Y C, Xia T C. N-soliton solution for Hirota-Satsuma equation [J]. Chinese Quarterly Journal of Mathematics, 2012, 27 (2): 270 – 273.

[181] Ma W X, He J S, Qin Z Y. A supertrace identity and its applications to Superintegrable systems [J]. Journal of Mathematical Physics, 2008, 49 (3): 033511.

[182] Tao S X, Xia T C. Lie algebra and Lie super algebra for integrable couplings of C-KdV hierarchy [J]. Chinese Physics Letters, 2010, 27 (4): 040202.

[183] Tao S X, Xia T C. The super-classical-Boussinesq hierarchy and its super-Hamiltonian structure [J]. Chinese Physics B, 2010, 19 (7): 070202.

[184] Dong H H, Wang X Z. Lie algebras and Lie super algebra for the integrable couplings of NLS-MKdV hierarchy [J]. Communications in Nonlinear Science and Numerical Simulation, 2009, 14 (12): 4071 – 4077.

[185] He J S, Yu J, Chen Y, Zhou R G. Binary nonlinearization of the su-

per AKNS system [J]. Modern Physics Letters B, 2008, 22 (4):
275 –288.

[186] Yu J, He J S, Ma W X, Chen Y. The Bargmann symmetry constraint
and binary nonlinearization of the super Dirac systems [J]. Chinese
Annals of Mathematics Series B, 2010, 31 (3): 361 –372.

[187] Ge J Y, Xia T C. A new integrable couplings of classical-Boussinesq
hierarchy with self-consistent sources [J]. Communications in Theo-
retical Physics, 2010, 54 (1): 1 –6.

[188] Xia T C. Two new integrable couplings of the soliton hierarchies with
self-consistent sources [J]. Chinese Physics B, 2010, 19 (10):
100303.

[189] Wang H, Xia T C. Conservation laws and self-consistent sources for a
super KN hierarchy [J]. Applied Mathematics and Computation,
2013, 219 (10): 5458 –5464.

[190] Yang H X, Du J, Xu X X, Cui J P. Hamiltonian and super-Hamilto-
ni-an systems of a hierarchy of soliton equations [J]. Applied Mathe-
matics and Computation, 2010, 217 (4): 1497 –1508.

[191] Tu G Z. An extension of a theorem on gradients of conserved densities
of integrable systems [J]. Northeastern Math Journal, 1990, 6
(1): 26 –32.

[192] Geng X G. A bargmann system and a Neumann system [J]. Acta
Mathematica Scientia Series A, 1993, 18 (1): 80 –84.

[193] Wei H Y, Cui Z Y, Xia T C. Self-consistent sources and conserva-
tionlaws for super-Geng equation hierarchy [J]. Chinese Quarterly
Journal of Mathematics, 2016, 31 (2): 201 –210.

[194] Zhao Q L, Li Y X, Li X Y, Sun Y P. The finite-dimensional super

integrable system of a super NLS-mKdV equation [J]. Communica-
tions in Nonlinear Science and Numerical Simulation, 2012, 17
(11): 4044 –4052.

[195] Pickering A. A new truncation in Painleve analysis [J]. Journal of
Physics A: Mathematical and General, 1993, 26 (17): 4395 –
4405.

[196] Drinfeld V G, Sokolov V V. Lie algebras and equations of Korteweg-
deVries type [J]. Journal of Soviet Mathematics, 1985, 30: 1975 –
2036.

[197] Ma W X. A spectral problem based on so (3, R) and its associated
commuting soliton equations [J]. Journal of Mathematical Physics,
2013, 54: 103509.

[198] You F C. Nonlinear super integrable couplings of super Dirac hierarchy
and its super Hamiltonian structures [J]. Communications in Theoret-
ical Physics, 2012, 57 (6): 961 –966.

[199] Zhang Y F, Wu L X, Rui W J. A corresponding Lie algebra of a re-
ductive homogeneous group and its applications [J]. Communications
in Theoretical Physics, 2015, 63 (5): 535 –548.

[200] Zhang Y F, Tam H, Wu L X. On generating integrable dynamical sys-
tems in 1 + 1 and 2 + 1 dimensions by using semisimple Lie algebras
[J]. Zeitschrift für Naturforschung A, 2015, 70 (11): 975 –977.

[201] Li Y S, Zhang L N. Super AKNS scheme and its infinite conserved
currents [J]. Nuovo cimento A, 1986, 93 (2): 175 –183.

[202] Wei H Y, Xia T C. Constructing variable coefficient nonlinear integra-
ble coupling super AKNS hierarchy and its self-consistent sources
[J]. Mathematical Methods in the Applied Sciences, 2018, 41:

6883 – 6894.

[203] Wei H Y, Xia T C. A new six-component super soliton hierarchy and its self-consistent sources and conservation laws [J]. Chinese Physics B, 2016, 25 (1): 010201.

[204] Wei H Y, Xia T C. Constructing super D-Kaup-Newell hierarchy and its nonlinearintegrable coupling with self-consistent sources [J]. Frontiers of Mathematics in China, 2019, 14 (6): 1353 – 1366.

[205] Gao X Y, Guo Y J, Shan W R. Water-wave symbolic computation for the Earth, Enceladus and Titan: The higher-order Boussinesq-Burgers system, auto-and non-auto-Bäcklund transformations [J]. Applied Mathematics Letters, 2020, 104: 106170.

[206] Yuan Y Q, Tian B, Chai H P, et al. Vector semirational rogue waves for a coupled nonlinear Schrödinger system in a birefringent fiber [J]. Applied Mathematics Letters, 2019, 87: 50 – 56.

[207] Wang H, Xia T C. Three nonlinear integrable couplings of the nonlinear Schrödinger equations [J]. Communications in Nonlinear Science and Numerical Simulation, 2011, 16: 4232 – 4237.

[208] Zhang Y F, Fan E G. Coupling integrable couplings and bi-Hamiltonian structure associate with the Boiti-Pempinelli-Tu hierarchy [J]. Journal of Mathematical Physics, 2010, 51: 083506.

[209] Gegenhasi, Bai X R. On the modified discrete KP equation with self-consistent sources [J]. Journal of Nonlinear Mathematical Physics, 2017, 24: 224 – 238.

[210] Ma W X, Zhang Y. Component-trace identities for Hamiltonian structures [J]. Applicable Analysis, 2010, 89 (4): 457 – 472.

[211] Ma W X. Integrable couplings of soliton equations by perturbations I. A

general theory and application to the KdV hierarchy [J]. Methods and Applications of Analysis, 2000, 7 (1): 21 −56.

[212] Shen S F, Li C X, Jin Y Y, Ma W X. Completion of the Ablowitz-Kaup-Newell-Segur integrable coupling [J]. Journal of Mathematical Physics, 2018, 59 (10): 103503.

[213] Guo F K. Two hierarchies of integrable Hamiltonian equations [J]. Applied Mathematics, 1996, 9: 495 −499.

[214] Wei H Y, Xia T C. Conservation laws and Hamiltonian structure for a nonlinear integrable couplings of Guo soliton hierarchy [J]. Journal of Mathematics, 2015, 35 (3): 539 −548.

[215] Wei H Y, Xia T C. Self-consistent sources and conservation laws for nonlinear integrable couplings of the Li soliton hierarchy [J]. Abstract and Applied Analysis, 2013, 2013 (1): 598570.

[216] Wei H Y, Fan E G, Ma W X. Completion of the Guo-hierarchy integrable coupling with self-consistent sources in a nonlinear wave system [J]. East Asian Journal on Applied Mathematics, 2022, 12 (3): 521 −534.